“十二五”职业教育国家规划教材
经全国职业教育教材审定委员会审定
全国高等职业教育规划教材

Java EE 应用开发及实训

黄能耿　邱晓荣　许　敏　编著

机械工业出版社

本书介绍 Web 应用程序开发中使用的客户端编程、JSP 技术、Hibernate 数据库编程技术、Struts2 技术、Spring 技术以及 Web 应用程序的发布，最后以一个综合案例作为全书的结束。在内容的选取上，突出了 MVC 设计模式以及 ORM 和 IoC 等设计思想，关注软件企业在 Java 软件开发中所需的技术，尽量与企业岗位需求接轨。

本书的特点是注重实践，全书以“聊天室项目”的开发为主线，从第 2 章客户端编程开始，直到第 8 章的项目发布，紧紧围绕“聊天室项目”的需求来选择教学内容，因此，所有讲授的内容都能在项目开发中得到实战的演练。本书的另一个特点是随书配套提供了“Jitor 实训指导软件”以及 27 个实验和 9 个实训的指导材料，为学生在计算机机房学习提供一个交互式的学习环境，提高机房上课的教学效果。

本书采用模块化设计，适合 80、64、48 或 32 课时的“Java EE 应用程序设计”“Java Web 应用开发”“JSP 程序设计”等课程使用，既可作为高职高专院校、应用型本科院校的教学用书，也可作为自学者的参考资料。

与本书配套的“Jitor 实训指导软件”以及相关的电子资料可以从 http://www.ngweb.org/jee 下载。本书配套的电子课件可从机械工业出版社教材服务网 www.cmpedu.com 免费注册、审核通过后下载，或联系编辑索取（QQ：1239258369，电话：010-88379739）。

图书在版编目（CIP）数据

Java EE 应用开发及实训 / 黄能耿，邱晓荣，许敏编著. —北京：机械工业出版社，2015.6

全国高等职业教育规划教材

ISBN 978-7-111-50837-3

Ⅰ. ①J… Ⅱ. ①黄… ②邱… ③许… Ⅲ. ①Java 语言-程序设计-高等职业教育-教材 Ⅳ. ①TP312

中国版本图书馆 CIP 数据核字（2015）第 154691 号

机械工业出版社（北京市百万庄大街 22 号 邮政编码 100037）

策划编辑：鹿 征 责任编辑：鹿 征

责任校对：张艳霞 责任印制：康朝琦

北京振兴源印务有限公司印刷

2015 年 9 月第 1 版 · 第 1 次印刷

184mm×260mm · 16.75印张 · 415 千字

0001-3000 册

标准书号：ISBN 978-7-111-50837-3

定价：39.00 元

凡购本书，如有缺页、倒页、脱页，由本社发行部调换

电话服务

服务咨询热线：（010）88379833

读者购书热线：（010）88379649

网络服务

机 工 官 网：www.cmpbook.com

机 工 官 博：weibo.com/cmp1952

教育服务网：www.cmpedu.com

金 书 网：www.golden-book.com

全国高等职业教育规划教材计算机专业编委会成员名单

出版说明

《国务院关于加快发展现代职业教育的决定》指出：到 2020 年，形成适应发展需求、产教深度融合、中职高职衔接、职业教育与普通教育相互沟通，体现终身教育理念，具有中国特色、世界水平的现代职业教育体系，推进人才培养模式创新，坚持校企合作、工学结合，强化教学、学习、实训相融合的教育教学活动，推行项目教学、案例教学、工作过程导向教学等教学模式，引导社会力量参与教学过程，共同开发课程和教材等教育资源。机械工业出版社组织全国 60 余所职业院校（其中大部分是示范性院校和骨干院校）的骨干教师共同策划、编写并出版的“全国高等职业教育规划教材”系列丛书，已历经十余年的积淀和发展，今后将更加紧密结合国家职业教育文件精神，致力于建设符合现代职业教育教学需求的教材体系，打造充分适应现代职业教育教学模式的、体现工学结合特点的新型精品化教材。

“全国高等职业教育规划教材”涵盖计算机、电子和机电三个专业，目前在销教材 300 余种，其中“十五”“十一五”“十二五”累计获奖教材 60 余种，更有 4 种获得国家级精品教材。该系列教材依托于高职高专计算机、电子、机电三个专业编委会，充分体现职业院校教学改革和课程改革的需要，其内容和质量颇受授课教师的认可。

在系列教材策划和编写的过程中，主编院校通过编委会平台充分调研相关院校的专业课程体系，认真讨论课程教学大纲，积极听取相关专家意见，并融合教学中的实践经验，吸收职业教育改革成果，寻求企业合作，针对不同的课程性质采取差异化的编写策略。其中，核心基础课程的教材在保持扎实的理论基础的同时，增加实训和习题以及相关的多媒体配套资源；实践性较强的课程则强调理论与实训紧密结合，采用理实一体的编写模式；涉及实用技术的课程则在教材中引入了最新的知识、技术、工艺和方法，同时重视企业参与，吸纳来自企业的真实案例。此外，根据实际教学的需要对部分课程进行了整合和优化。

归纳起来，本系列教材具有以下特点：

1）围绕培养学生的职业技能这条主线来设计教材的结构、内容和形式。

2）合理安排基础知识和实践知识的比例。基础知识以“必需、够用”为度，强调专业技术应用能力的训练，适当增加实训环节。

3）符合高职学生的学习特点和认知规律。对基本理论和方法的论述容易理解、清晰简洁，多用图表来表达信息；增加相关技术在生产中的应用实例，引导学生主动学习。

4）教材内容紧随技术和经济的发展而更新，及时将新知识、新技术、新工艺和新案例等引入教材。同时注重吸收最新的教学理念，并积极支持新专业的教材建设。

5）注重立体化教材建设。通过主教材、电子教案、配套素材光盘、实训指导和习题及解答等教学资源的有机结合，提高教学服务水平，为高素质技能型人才的培养创造良好的条件。

由于我国高等职业教育改革和发展的速度很快，加之我们的水平和经验有限，因此在教材的编写和出版过程中难免出现问题和疏漏。我们恳请使用这套教材的师生及时向我们反馈质量信息，以利于我们今后不断提高教材的出版质量，为广大师生提供更多、更适用的教材。

机械工业出版社

前　言

本书讨论采用 Java EE 技术开发 Web 应用程序，内容的选取原则是采用业界主流技术 Spring + Struts2 + Hibernate（简写为 SSH）；后台数据库选用的是市场占有率最高、跨平台的 MySQL；开发环境选择开源平台 Eclipse。本书没有选择商业软件 MyEclipse 的原因有二，一是 MyEclipse 属于商业软件，如未安装或非法使用，会造成不便，也不利于引导正确的软件版权观念；二是 MyEclipse 对 SSH 的内部过程封装得比较多，不利于对 SSH 的学习和理解。本书没有讨论直接通过 JDBC 访问数据库的技术，而是采用 Hibernate 的 ORM 技术访问数据库，因为直接通过 JDBC 访问数据库，从入门来看是比较简单，但从实际的企业项目开发来看，不利于项目的测试和维护。

本书配套提供了 27 个实验和 9 个实训，27 个实验贯穿了第 2～8 章的学习内容。实验用于验证学习内容，大多比较短小精悍，一般用时在 5～20 分钟。实训则是项目开发，比较复杂一些。本书第 1 章是入门的“Hello, World!项目”，从第 2～8 章是一个循序渐进的“聊天室项目”，分为 7 个阶段完成，最后一章是综合案例“电子商店”，实训的内容无法在课堂上完成，需要学生利用课余时间进行练习。这些实验和实训全部通过“Jitor 实训指导软件”发布和管理，其安装和使用方法见本书附录“Jitor 实训指导软件使用说明”。该软件的使用，大大降低了本书的学习难度，同时也方便了教师的教学以及对学生实验实训过程的实时监控。由于大量的代码和实验实训指导材料由 Jitor 软件提供或自动生成，学生只需输入少量的与知识点密切相关的关键性代码即可，减少了学生的代码录入量，在方便学生完成实验实训的同时，也减少了教师备课的工作量。

本书采用模块化设计，适合多种课时安排和不同要求的课程，适用于 64、80 课时的“Java EE 应用开发”课程，也适用于 32、48 课时的“JSP 程序设计”课程，因此本书可供“Java EE 应用程序设计”“Java Web 应用开发”“JSP 程序设计”等课程使用，可作为高职高专院校、应用型本科院校的教学用书，也可作为自学者的参考资料。课时安排建议见表 1。

本书也可采用分层教学的方式进行授课，可以将本书的内容分为两大部分：一是课堂教学内容（包括实验），二是实训教学内容。前者是基础，相对比较简单；后者是实践，内容较多，也比较复杂，是基础知识的综合运用。对于普通学生可以只要求学习课堂教学内容，对于有能力的学生，则可以要求在课堂教学内容的基础上，再进行实训教学内容的学习。

表 1　课时安排建议

章　节	80 课时 Java EE 技术	64 课时 Java EE 技术	48 课时 JSP 技术	32 课时 JSP 技术
第 1 章　初识 Java EE——Hello, World!	4	4	4	4
第 2 章　客户端编程——聊天室界面编程	12	12	12	12
第 3 章　JSP 技术——聊天室功能实现	12	12	12	12
第 4 章　Hibernate 技术——聊天室数据持久化	14	14	16	0
第 5 章　Struts2 基础——聊天室架构改进	12	12	0	0
第 6 章　Struts2 增强——聊天室细节完善	6	0	0	0
第 7 章　Spring 技术——聊天室 SSH 集成	8	6	0	0
第 8 章　项目发布——聊天室的部署	2	2	2	2
第 9 章　综合案例——电子商店	8	0	0	0
机动	2	2	2	2
课　时　合　计	80	64	48	32

本书配套提供 PPT 电子课件、教学大纲、教案首页、教学计划、部分作业的参考答案以及“Jitor 实训指导软件”。该软件内含全书 27 个实验和 9 个实训，可以下载实验和实训需要的初始代码，并检查学生完成的情况，便于教师实时掌握学生实验实训的情况。读者可从 http://www.ngweb.org/jee 下载。

本书由无锡职业技术学院黄能耿、邱晓荣、许敏共同编写。全书根据实际情况调整编写字数，邱晓荣和许敏各执笔 100 千字，其余由黄能耿撰写。全书由黄能耿统稿和定稿，“Jitor 实训指导软件”（软件著作权登记号 2014SR079784）由黄能耿开发。在编写过程中，得到了无锡职业技术学院教师们的大力支持和院系领导的热情鼓励，在此表示由衷的感谢。

由于作者水平有限，书中难免有错误和不妥之处，敬请读者批评指正。

编　者

目　录

第1章　初识 Java EE——Hello, World!

Java EE 即 Java 平台企业版（Java Platform Enterprise Edition），是为企业级应用而推出的标准平台，它的用途是开发 Web 动态网站。

本章通过一个具体的项目——“Hello, World!”项目来认识 Java EE。

1.1　Hello, World! 项目需求分析

1.1.1　项目需求

Hello, World! 项目是本书的第 1 个 Java EE 项目，它的需求如下。

1）完成开发环境的选择和安装。

2）创建第 1 个项目 Hello, World。

3）编写如下 3 种类型的网页。

- 静态网页。
- 客户端动态网页。
- 服务器端动态网页。

4）配置项目。

5）运行这个项目，通过浏览器访问这些网页来了解 3 种网页之间的区别。

1.1.2　学习需求

为实现这个需求，需要学习 Web 应用、Java EE 的相关知识，学会 Java EE 开发环境的安装和使用。

1.2　Web 应用程序

Web 即万维网(World Wide Web，简写为“Web”、“WWW”或“W3”)，俗称为网站，是一个由许多互相链接的超文本文档组成的系统，通过 HTTP 协议访问。

1.2.1　C/S 和 B/S 结构

客户机/服务器（C/S，Client/Server）是一种网络应用模式。客户进程向服务器进程发出要求某种服务的请求，服务器进程响应该请求。在这种模式下，需要分别编写客户端程序和服务器程序，每台客户机都需要安装客户端程序。

浏览器/服务器（B/S，Browser/Server）是另一种网络应用模式。用户利用浏览器向服务器进程发出要求某种服务的请求，服务器进程响应该请求。在这种模式下，所有程序都安装

在服务器上，任何客户机都无需安装客户端程序，客户机通过浏览器访问服务器。Web 应用就是 B/S 结构的，Java EE 是实现 Web 应用的一种技术。

1.2.2 HTTP 协议

Web 应用是 B/S 结构的，浏览器和服务器的通信是通过 HTTP 协议来完成的。HTTP 协议基于请求/响应模式，即客户端与服务器的每一次交互始于客户端（浏览器）发出一个请求，服务器接收到该请求后，进行处理并返回响应信息，一次交互便告结束。客户端向服务器传递的信息称为 HTTP 请求包，服务器向客户端传递的信息称为 HTTP 响应包。

一次典型的请求/响应过程如下。

1）客户机与服务器建立连接，在用户输入网址后或单击超链接后自动进行。

2）连接建立后，浏览器向服务器发送请求包。

3）服务器接收到请求包，处理该请求，如果成功，返回成功代码以及响应的内容；如果失败，返回错误代码。

4）浏览器将服务器返回的响应显示在浏览器的窗口上。

5）断开客户机与服务器的连接。

1.2.3 Web 技术介绍

与传统的 C/S 结构应用程序开发不同，Web 开发涉及的技术非常广泛。

1．静态网页和动态网页

静态网页是指内容和界面固定不变，与用户交互性不高的网页，动态网页则提供了丰富的功能、动态变化的数据、以及多种多样的用户交互网页。二者采用的技术有较大的差别。

（1）静态网页

静态网页的内容由文本、图片、动画、音频和视频等媒体资源组成，一般采用 HTML、CSS 对这些资源进行组织和展示，采用 Dreamweaver、Photoshop、Fireworks 和 Flash 等网页、图片和动画制作工具来设计和制作。

（2）动态网页

动态网页可以分为两大类，一类是客户端动态网页，另一类是服务器端动态网页。

- 客户端动态网页：在静态网页的基础上，采用 JavaScript 语言、Ajax 技术等客户端编程技术，提供绚丽的界面，丰富的互动功能，但是数据一般不是动态变化的。
- 服务器端动态网页：采用服务器端编程技术，根据用户的操作提供动态的数据。通常服务器端动态网页的界面并不华丽，由于提供的是动态数据，因而功能强大。

一个优秀的 Web 应用程序应该综合使用客户端编程和服务器端编程技术，从而实现一个真正意义上的动态网站。

2．客户端开发技术

虽然客户机上除了浏览器之外不需要安装任何软件，但为了更好地渲染网页界面，提高用户的使用体验，Web 开发过程中往往投入大量的成本进行客户端的编程。与 C/S 应用不同，Web 应用的客户端程序不需要在客户机安装，客户端程序是在用户访问网页的同时下载到浏览器上并运行的，这就增加了 Web 客户端编程的难度。

客户端开发技术比较多，主要有如下几类。

- HTML：超文本标记语言，即通常所说的网页编程。
- CSS：层叠样式表，用于展现 HTML 文档的外观。
- XML：可扩展标记语言，用于数据交换等。
- JavaScript：一种最常用的客户端脚本语言，提供与用户交互的接口。
- Ajax：一种用于 Web 应用开发的异步通信技术。

上述技术是相辅相成的，因此客户端开发需要根据用户的需求，综合使用上述各种技术。多种技术的相互配合，也增加了客户端开发的难度。客户端开发所采用的技术与服务器端开发技术没有必然的联系，可以根据用户需求和开发人员的技能进行选择。

3．服务器端开发技术

Web 服务器提供 Web 应用需要访问的资源，即存放网站的服务器。对于静态网站，只需要一个 HTTP 服务器，并不需要服务器端编程，用户访问的是固定不变的静态内容。而对于动态网站，则需要在服务器上编写服务器软件，用以动态地为用户提供 Web 资源。

服务器端开发技术主要有下述 4 种。

- CGI：通用网关接口，这是比较早期的服务器端编程技术。
- ASP 以及 ASP.NET：这是微软提供的服务器端编程技术，缺点是局限于 Windows 平台，优点是简单易用，适合初学者学习。
- PHP：这是非常流行的 AMP（Apache、MySQL 和 PHP）技术的组成部分，可部署在 Linux 或 Windows 平台，广泛用于中小型网站的开发。
- JSP 以及 Java EE：这是基于 Java 语言的服务器端编程技术，可部署在 Linux 或 Windows 平台，适用于大中型网站的开发。

服务器端开发需要根据用户需求，选择某一种技术进行。上述几种技术是独立的，不能同时使用。

1.3 Java EE 技术

Java EE（Java Platform Enterprise Edition，Java 平台企业版）是当时的 Sun Microsystem 公司（现被 Oracle 公司收购）为企业级应用推出的标准平台。Java 平台分为 3 个主要版本 Java EE、Java SE 和 Java ME。Java EE 原名 J2EE，2005 年 6 月，因为 Java SE 5 的推出，J2EE 更名为 Java EE。随着 Java 技术的发展，Java EE 平台得到了迅速的发展，成为 Java 语言中最活跃的体系之一。Java EE 不仅仅是指一种标准平台（Platform），它更多地表达了一种软件架构和设计思想。

Java EE 有多重含义，最狭义的含义是 Sun Microsystem 公司的 Java SE，加上 Java EE 的核心规范 EJB 及其相关技术的技术规范的集合。EJB 功能强大、技术复杂、资源消耗大、难于学习和使用，通常是被大公司用来开发大型应用，因此常常称为重量级的 J2EE。

Java EE 的宽泛一点的含义是基于 Java SE 的、所有与企业级应用有关的技术的集成。在这些技术中，首推的是 SSH 架构，即 Struts + Spring + Hibernate 技术。SSH 技术的设计思想先进、技术成熟、易于学习和使用、开发成本低，得到了普遍的应用，常被称为轻量级的

J2EE。本书学习的就是 SSH 技术。

Java EE 最广的含义是指一种软件框架和设计思想，该思想的核心是采用多层、分布式和基于组件的企业级应用模型来开发企业级应用系统，任何采用这种思想进行开发的 Java 应用也可以认为是一种 Java EE。

Java EE 相关的技术涵盖许多方面，诸如 Applet、EJB、JAAS、JACC、JAF、JAX-RPC、JAX-WS、JAXM、JAXP、JAXR、JCA、JDBC、JMS、JMX、JNDI、JSF、JSP、JSTL、JTA、JavaMail、Servlet、StAX 和 WS 等。在 Java EE 开发的实践中，需要根据项目的特点，选择合适的技术满足各种需求。本书将学习 JSP、Servlet、Java Bean、Struts、Spring、JDBC 和 Hibernate 等技术。

1.4 Java EE 开发环境和运行环境

1.4.1 Java EE 开发环境

Java EE 需要下述开发环境。

- JDK：Java 开发离不开 JDK。通常 Java EE 开发需要 Java SE 5 以上版本，目前最新的版本是 Java SE 8。
- IDE 开发环境：Java EE 开发可以选择各种 IDE 环境，Eclipse 是使用最广泛的，是开源和免费的。另外还有 NetBeans、IntelliJ 和 MyEclipse，后两者是商业软件。
- 数据库：通常 Java EE 都需要数据库的支持。Java 语言支持几乎所有的数据库管理系统（商业的 Oracle、DB2、SQL Server 以及开源的 MySQL、PostgreSQL、HSQLDB 和 Derby 等）。由于 MySQL 跨平台、性能高、功能适中、稳定性好以及开源免费的特点，赢得了广大 Java 程序员的喜爱。
- JDBC 驱动程序：不同的数据库管理系统需要不同的 JDBC 驱动程序，应该根据选定的数据库管理系统来选择 JDBC 驱动程序，从开发数据库管理系统的公司可以免费下载。
- Web 容器：Web 容器（即 Web 应用服务器）是必需的。Web 容器有 IBM 公司的 WebSphere、Oracle 公司的 WebLogic 等大型商业软件，也有 JBoss、Resin、Tomcat 等中小型开源软件，其中应用最普遍的是 Tomcat，它是 Apache 基金会下的一个开源项目。
- 界面设计工具：这是为设计网页界面使用的工具，包括图片制作、动画制作以及网页美工设计等（本书不讨论图片、动画等美工设计）。
- 浏览器：用于测试网站，常用的浏览器有 Chrome、Firefox、IE 等。由于技术原因，各种浏览器对于标准的支持有些差别，本书主要使用 Google 的 Chrome 作为测试平台，理由是它的调试功能比较方便。

本书所使用的开发环境全部是开源软件，这也体现了开源软件的魅力。

1.4.2 Java EE 运行环境

Java EE 的运行环境分为服务器端和客户端。

1．服务器端

在服务器上需要安装如下软件。

- JRE：Java EE 应用的运行不需要 JDK，只要有 JRE 即可。
- 数据库：首推使用 MySQL，也可以使用 Oracle 等商业软件。
- Web 容器：首推使用 Tomcat，也可以使用 JBoss 或其他商业软件。

2．客户端

在客户端上只需要浏览器，不需安装其他软件。浏览器有许多种，Windows 平台下的常用浏览器有如下几种。

- Chrome：即谷歌浏览器，目前是 43 版，特点是标准化、兼容性好。
- Firefox：目前是 38 版，特点是标准化、兼容性好。
- IE：目前常用的是 7、8、9、10 和 11 版，特点是用户数量大，但是兼容性差、标准化程度不够。

另外还有其他平台下的浏览器，如 Linux 平台、Mac OS 平台、Android 平台以及各种手机平台等。由于 Web 应用与浏览器的兼容性关系非常大，Web 开发时对目标浏览器的定位不同，将会导致对实际支持的浏览器有一定的限制。

1.5 开发环境的安装和使用

1.5.1 JDK 的安装和配置

JDK 的下载地址是 http://www.oracle.com/technetwork/java/index.html，当前的常见版本是 1.5（Java SE 5）、1.6（Java SE 6）、1.7（Java SE 7）版和 Java SE 8，下载时应注意区分不同的操作系统版本。按常规方法安装，注意安装结束后的环境变量配置。配置实例如下。

```
JAVA_HOME= C:\Program Files\Java\jdk1.6.0_45
path=;%JAVA_HOME%/bin
CLASSPATH=.;%JAVA_HOME%/lib/tools.jar;%JAVA_HOME%/lib/dt.jar
```

本书使用 1.6（Java SE 6）版。

1.5.2 Eclipse 的安装和配置

Eclipse 的下载地址是 http://www.eclipse.org/downloads/，当前的常见版本是 3.5（代号 Galileo）、3.6（代号 Helios）、3.7（代号 Indigo）、4.2（代号 Juno）、4.3（代号 Kepler）和 4.4（代号 Luna）。Eclipse 有多达 14 种不同用途的版本，如 Java 开发、Java EE 开发、C++开发和 PHP 开发等，应该选择下载 Eclipse IDE for Java EE Developers 的版本，下载时还要注意区分不同的操作系统版本。按常规方法安装，即直接解压缩到某个文件夹中，然后直接运行其中的 eclipse.exe，或者为其设置一个快捷方式。

本书使用 4.3（代号 Kepler）版，文件名是 eclipse-jee-kepler-R-win32.zip。

Eclipse 字符编码的默认配置是 GBK 和 ISO-8859-1，前者是全局的设置，后者是 JSP 网页的设置。为了更好地处理中文，应该将这二者都改为 UTF-8。方法是从 Eclipse

的主菜单中选择 Window → Preferences，从弹出的窗口中进行选择。一共要作两处设置（见图 1-1）。

注：如果在编辑窗口中中文字号明显偏小，则需要下载专用的雅黑字体并加以配置，详见http://www.ngweb.org/jee 中的说明。

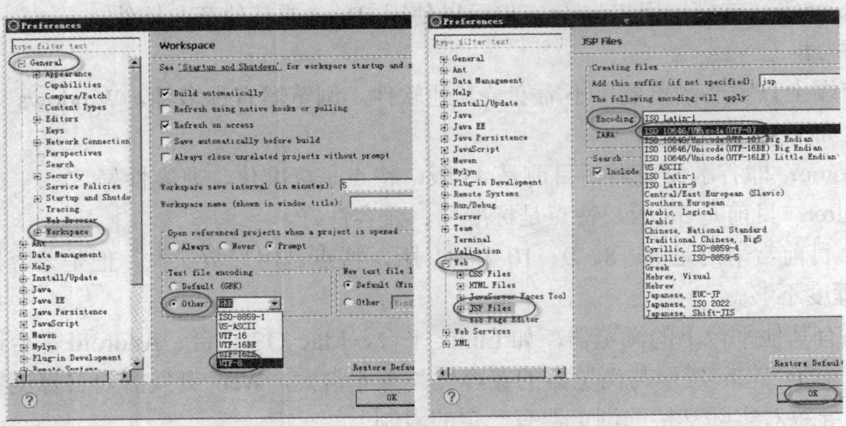

图 1-1　设置 Eclipse 的字符编码

1.5.3　MySQL 的安装和配置

1. 服务器的安装和配置

MySQL 社区版的下载地址是 http://dev.mysql.com/downloads/mysql/，当前的常见版本是 5.1、5.5 以及最新的 5.6 版，下载时注意区分不同的操作系统版本。本书使用比较稳定的 5.1 版。

MySQL 有两种版本，社区版（MySQL Community Server）是免费的，企业版（MySQL Enterprise）是商业软件。下载安装免费的社区版，安装过程非常简单，但安装后的配置中有 3 个部分需要注意。

- 选择多国语言时要用 utf8（见图 1-2）。
- 添加 MySQL 的安装目录到 Path 路径中，应该打上勾（见图 1-2）。
- 设置系统管理员（root）用户的密码，建议在开发阶段使用 sa 作为密码。

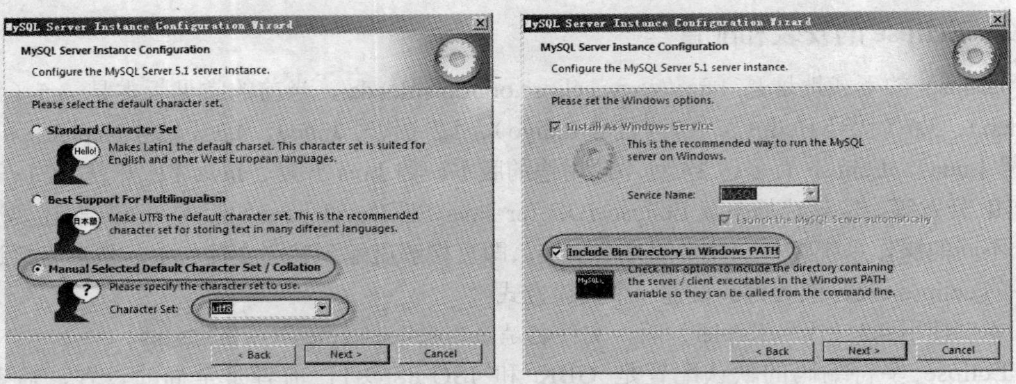

图 1-2　MySQL 配置（选择语言和添加路径）

2．下载 MySQL 的 JDBC 驱动程序

在 Java 中访问 MySQL 数据库还需要 MySQL 数据库的 JDBC 驱动程序，下载地址是 http://dev.mysql.com/downloads/connector/j/，其名称是“MySQL Connector/J”，不区分操作系统。当前版本是 5.1.30，本书使用的版本是 5.1.25，文件名 mysql-connector-java-5.1.25.tar.gz，解压后只需使用其中的 mysql-connector-java-5.1.25-bin.jar 文件。

1.5.4 Tomcat 的安装和试运行

Tomcat 的下载地址是 http://tomcat.apache.org/，常见版本有 6.x、7.x 和 8.x 版，Tomcat 有两种版本供下载，一种不区分操作系统，同一个软件可以在 Linux 和 Windows 下运行，另一种区分操作系统，主要针对 Windows 操作系统，方便其作为一个服务在 Windows 下运行。

本书使用 6.0.39 版，不区分操作系统的版本。从 http://tomcat.apache.org 下载，选择下载 tar 格式的文件，例如 6.0.39 版的文件名是 apache-tomcat-6.0.39.tar.gz。把文件解压到一个合适的目录（例如 D:/apache-tomcat-6.0.39）即可。

安装完成后运行 D:\apache-tomcat-6.0.39\bin\startup.bat 启动 Tomcat，这时将会打开一个命令行窗口，显示 Tomcat 的运行信息（图 1-3a）。不应该关闭该窗口，因为关闭该窗口意味着同时关闭 Tomcat。

注意这种启动方式仅仅用于测试 Tomcat 是否安装成功，并不能用于测试代码，因此在本书的后续部分不再使用这种方式启动。

如果无法正常启动 Tomcat，可能的原因有：

- 没有正确设置 JAVA_HOME 等环境变量，设置方法见 1.5.1 JDK 的安装一节。
- 端口号已被占用，Tomcat 的默认端口号是 8080，如果其他的 Web 服务也用了这个端口号，启动将失败。一种常见的情况是第二次启动 Tomcat，这是肯定失败的。

如果需要关闭 Tomcat，建议使用标准的方式，即通过运行 D:\tomcat6\bin\shutdown.bat 来关闭 Tomcat。直接关闭图 1-3a 所示的窗口也能关闭 Tomcat。

a)　　　　　　　　　　　　　　　　b)

图 1-3　Tomcat 的启动界面和默认页面

从 Tomcat 的启动信息，可以查找到 Tomcat 使用的端口号（图 1-3a 显示的端口号是 8080），8080 是 Tomcat 的默认端口号。

在浏览器中用 http://127.0.0.1:8080/或 http://localhost:8080/来测试 Tomcat 是否正常运行，这时应该看到 Tomcat 的默认主页（图 1-3b），这个页面上包括安装好的 Tomcat 使用文档、JSP 例子（JSP Examples）以及一些有用的链接。

1.5.5 安装 Chrome 浏览器

出于标准化和调试方面的考虑，本书采用 Chrome 浏览器。Chrome 浏览器的下载地址是 https://www.google.com.hk/，这是在线安装版本，也可以从其他网站下载离线安装版本。

可以用任何种类的浏览器，采用其他浏览器从理论上讲对学习本书没有任何影响，实际上可能有少量差别。

1.6 实训 1 Hello, World! 项目

实训 1：本实训将通过一个 Hello, World! 项目来体验 Java EE 应用开发的基本过程，在这个过程中将分别编写静态网页、客户端动态网页和服务器端动态网页，并比较三者的区别。

1．开发环境的安装

按照前面的说明，依次安装 JDK、Eclipse、Tomcat 和 Chrome 浏览器。注意本项目不需要 MySQL 和 JDBC 驱动程序，直到第 4 章才需要 MySQL 数据库的支持。

2．创建项目

启动 Eclipse，然后从主菜单选择 New → Dynamic Web Project（图 1-4a），或 New→Other，后一种选择将弹出“新建”窗口，选择 Web 中的 Dynamic Web Project，单击 Next（图 1-4b）。这两种方式都将创建一个 Dynamic Web Project（动态 Web 项目）。

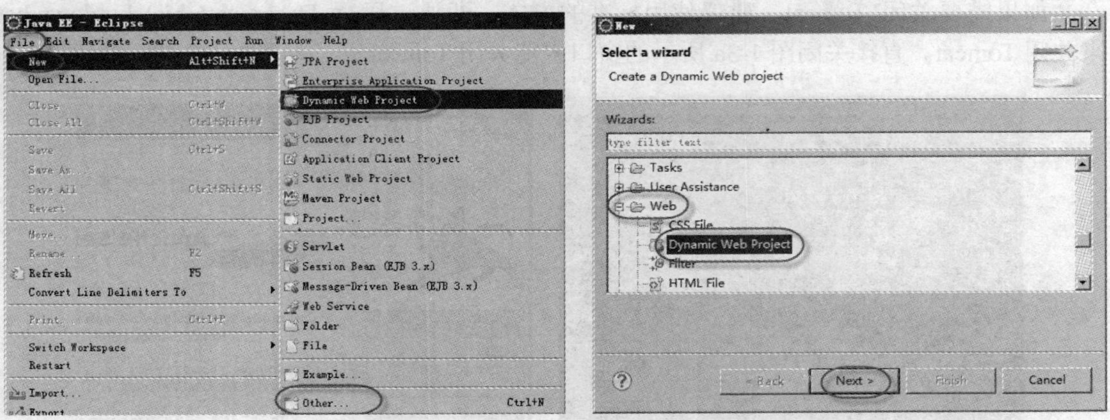

a) b)

图 1-4 选择新建项目的类型

在 New Dynamic Web Project 窗口中填写项目名称 hello（图 1-5a），单击 New Runtime 设置项目的 Web 容器（Web 服务器为 Apache Tomcat v6.0），这时会弹出 New Server Runtime Enrironment 窗口，设置 Web 容器的安装路径，即 Tomcat 的安装路径（图 1-5b）。最后将 Dynamic web module version 改为 2.5，单击“Finish”按钮，完成项目的创建（图 1-5a）。

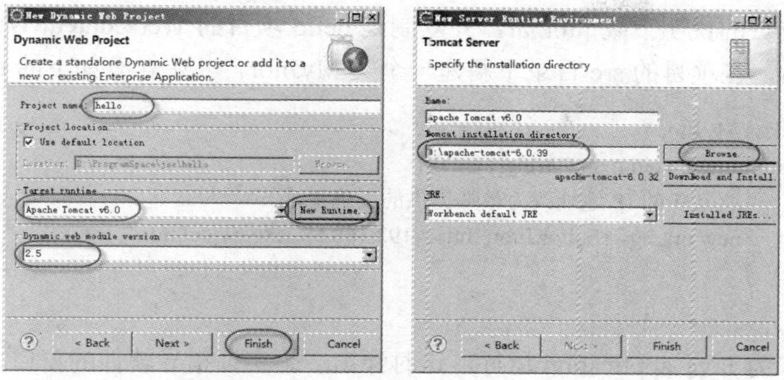

a)　　　　b)

图 1-5　创建动态 Web 项目并设置 Web 容器

这时在 Project Explorer 中可以看到新建项目的结构（图 1-6），其中 src 是 Java 源代码目录，WebContent 是网站内容目录，在这个目录中将保存所有网站内容，包括网页、图片、动画、音频和视频片段等，在这个目录下还有一个 WEB-INF 目录，它保存与网站有关的库文件（lib 目录）、Java 的字节码文件，以及网站的配置文件 web.xml。

图 1-6　新建项目的结构

注意：Dynamic web module version 的默认值是 3.0，如果忘记改为 2.5，则创建的项目中没有预先生成的 web.xml 文件，这样的项目应该在 Tomcat 7.0 下调试和运行。因此，如果出现这种情况，应该将项目彻底删除，然后重新创建。

3．使用 Jitor 实训指导软件

这不是项目开发的需要而安装的软件，而是为了学习的需要而安装的实训指导软件。

访问 Jitor 实训指导软件网站（见图 1-7a），具体的地址由教师在上课时提供，例如 http://192.168.68.1:8089/jee/jitor。自学的读者可以参考本书附录的说明下载和安装 Jitor 实训指导软件网站。

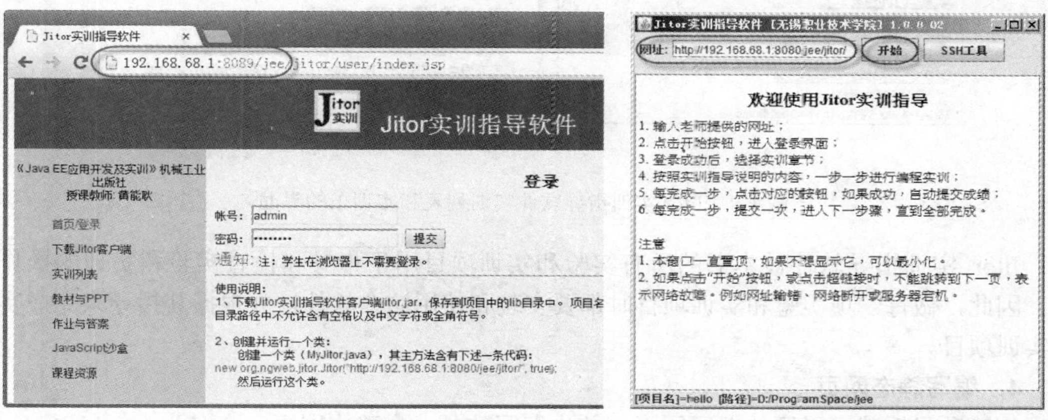

a)　　　　b)

图 1-7　Jitor 实训指导软件网站首页和客户端软件首页

按照网站首页的说明下载 jitor.jar，并复制到 hello 项目的 WebContent\WEB-INF\lib 目录中，刷新项目后，在项目的 src 目录下新建一个类 MyJitor，其中含有如下的 main 方法。

```
public class MyJitor {
    public static void main(String[] args) {
        // 其中的 IP 地址改为教师提供的正确地址
        new org.ngweb.jitor.Jitor("http://192.168.68.1:8089/jee/jitor/", true);
    }
}
```

将这个类作为 Java application 运行，这时弹出一个实训指导软件的窗口（见图 1-7b，其中的“SHH 工具”在第 4～7 章学习），单击“开始”按钮后出现登录界面（账号和密码由教师提供，自学者可以直接用 admin 用户登录，密码也是 admin），登录后将显示实训列表（见图 1-8a）。选择“实训 1 Hello, world！项目”进入实训指导界面，根据提示的步骤，按顺序进行操作或编写程序，每完成一步，单击窗口上方的步骤序号按钮或单击对应的检查步骤超链接，检查操作是否通过。通过后，成绩将会同时上传到服务器上，对应的按钮底色改为淡蓝色，如果失败，则按钮底色改为淡红色（见图 1-8b）。

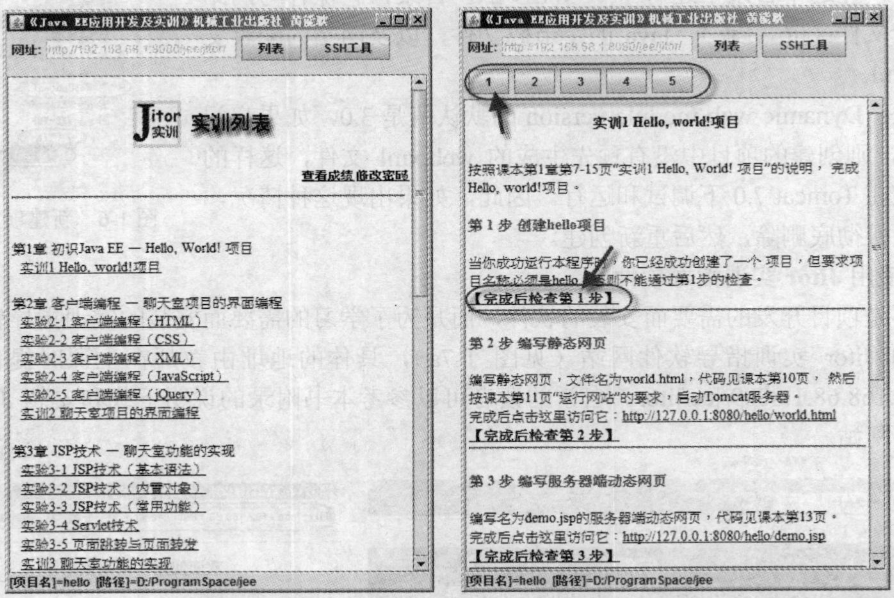

a)　　　　　　　　b)

图 1-8　Jitor 实训指导软件实训列表和实训 1 的界面

Jitor 实训指导软件被本书的所有实验和实训项目用于指导和检查实验和实训的操作过程。因此，做每一项实验和实训项目时都要安装和使用这个软件，并根据其指导来完成实验和实训项目。

4．编写静态网页

创建项目后就可以开始编写网页。首先编写的是一个静态网页，命名为 world.html。方法是从 WebContent 目录的右键菜单选择 new → HTML File。然后在弹出的“New HTML

File”窗口中填写网页的文件名为 world.html，单击“Finish”按钮，完成静态网页的创建，如图 1-9 所示。

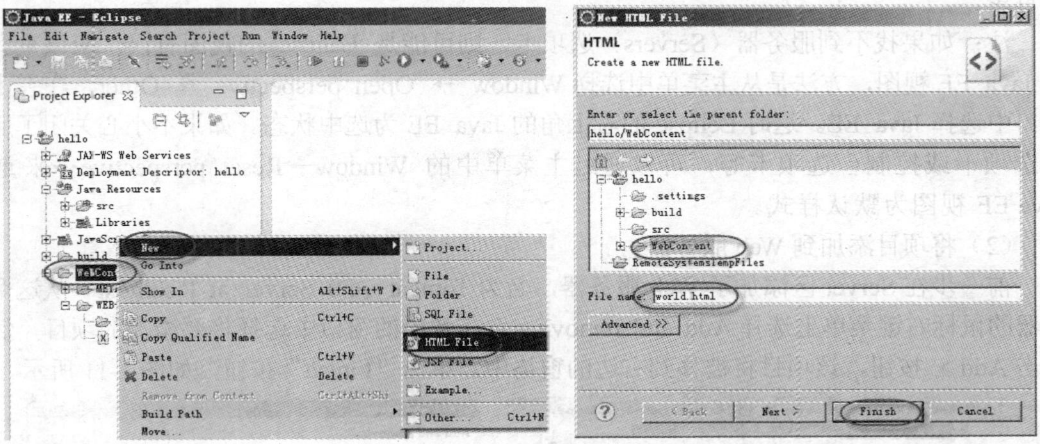

图 1-9　创建静态网页

这时 Eclipse 生成一个静态网页 world.html，它位于 WebContent 目录之下，该文件在编辑区被打开，如图 1-10a 所示。

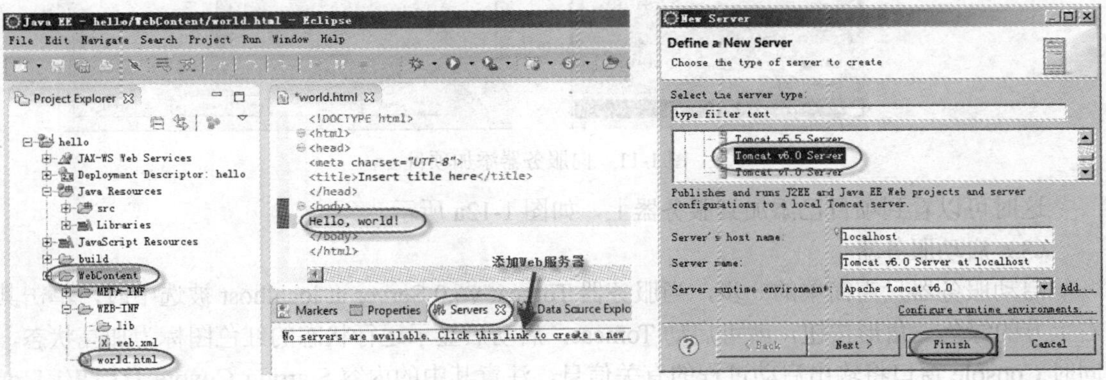

a)　　　　　　　　b)

图 1-10　编辑静态网页和添加 Web 服务器

这是一个 HTML 文件，其中包含自动生成的一些主要标签。现在需要做的是修改这个文件，在<body>标签内插入文字“Hello, world!”作为这个网页的测试内容，如图 1-10a 所示。

5．运行网站

下一步是运行这个网站，也就是添加、配置和启动 Tomcat 服务器，通过浏览器测试运行的结果。这个步骤需要分为下述几个子步骤：

（1）添加 Web 服务器

方法是通过单击服务器（Servers）选项卡的标题，打开 Servers 选项卡，单击 Servers 区第 1 行的超链接“Click this link to create a new server”（图 1-10a 的箭头所示部分），或从 Servers 区空白处的鼠标右键菜单中选择 New → Server，从弹出的“Define a New Server”

窗口中选择 Apache 下的 Tomcat v6.0 Server，单击“Finish”按钮完成，如图 1-10b 所示。如果在创建项目时没有设置 Target Runtime，还需要通过“Browser”按钮，选择 Tomcat 的安装目录。

注：如果找不到服务器（Servers）选项卡，则可能是 Eclipse 的视图有误，应该重新选择 Java EE 视图，方法是从主菜单中选择 Window → Open perspective → Other，在弹出的窗口中选择 Java EE。这时 Eclipse 的右上角的 Java EE 为选中状态。如果不小心关闭了服务器选项卡或控制台选项卡等，可以通过主菜单中的 Window→Reset perspective…来重置 Java EE 视图为默认样式。

（2）将项目添加到 Web 服务器

前一步在 Server 区添加了 Web 服务器，名为 Tomcat v6.0 Server at localhost。从这个服务器的鼠标右键菜单上选择 Add and remove...，在弹出的窗口中选择将要添加的项目，然后单击 Add> 按钮，该项目将被移到右边的窗格中。单击“Finish”按钮，如图 1-11 所示。

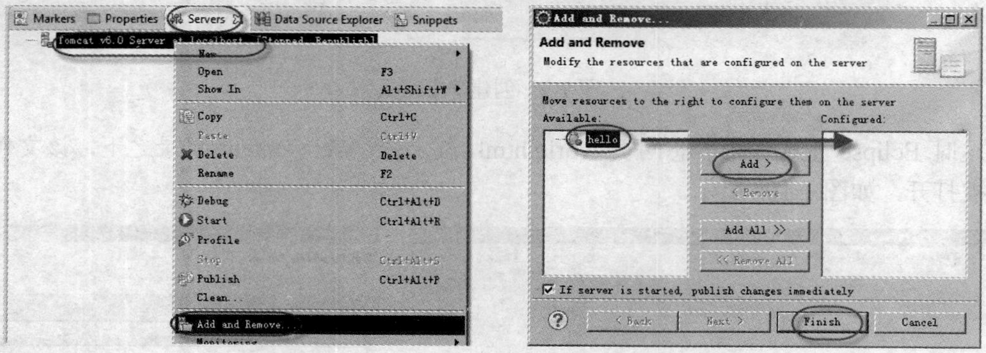

图 1-11　向服务器添加项目

这时可以看到项目已添加到服务器上，如图 1-12a 所示。

（3）启动服务器

启动服务器只需简单的一步，当服务器 Tomcat v6.0 Server at localhost 被选中时，单击其右上方的绿色三角形按钮，就可启动 Tomcat，启动后显示运行状态的红色图标为加亮状态，同时 Console 窗口将输出启动过程的有关信息，注意其中的内容 Starting Coyote HTTP/1.1 on http-8080，表示这个 Web 服务器的端口号是 8080，如图 1-12b 所示。

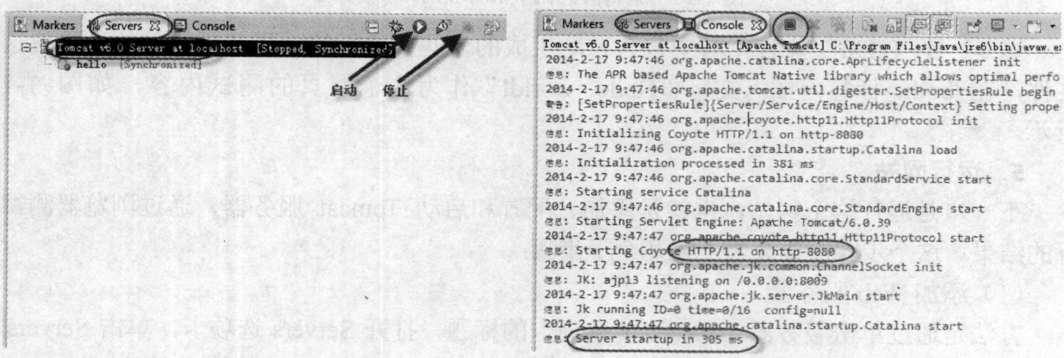

a)　　　　b)

图 1-12　Tomcat 的启动和启动信息

单击图 1-12b 的红色运行按钮，可以关闭 Tomcat 服务器。

如果 Tomcat 服务器启动失败，最可能的原因是 8080 端口被占用，即 8080 端口被另一个 Tomcat 进程所占用，例如在安装 Tomcat 时运行了 bin\startup.bat，这时先关闭这个 Tomcat 进程，再用刚才的方法从 Eclipse 启动它。

（4）用浏览器查看结果

打开一个浏览器（Chrome、Firefox 或 IE），在地址栏输入地址：

```
http://127.0.0.1:8080/hello/world.html
```

其中 127.0.0.1 是本机的 IP 地址，8080 是端口号，hello 是项目的名称，world.html 是网页的文件名。注意项目名称和文件名部分是大小写敏感的。

在 Chrome 浏览器中看到的网页如图 1-13a 所示。可以通过 Chrome 浏览器中网页上的右键菜单（如图 1-13c 所示）选择“查看网页源代码”来显示网页源代码的内容，如图 1-13b 所示。网页源代码的内容与服务器上 world.html 文件的内容完全相同。

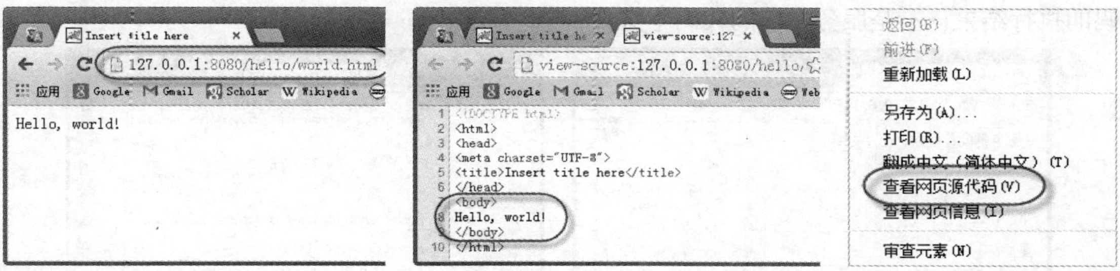

a)　　　　b)　　　　c)

图 1-13　用浏览器查看网页及网页源代码

6．服务器端动态网页

到此，我们已经创建了一个动态网站，编写了一个静态网页，并运行这个网站，通过浏览器访问网站上的静态网页。下面将编写一个动态网页作为对照。

用与创建静态网页类似的方法，创建一个动态网页（JSP），参见图 1-9 左图，但新建的不是 HTML File，而是 JSP File，文件名是 demo.jsp，然后修改为如下代码。

【例 1-1】 服务器端动态网页 demo.jsp。

```
<%@ page language="java" contentType="text/html; charset=UTF-8" pageEncoding="UTF-8"%>
<%@ page import="java.util.Date"%>
<!DOCTYPE html PUBLIC "-//W3C//DTD HTML 4.01 Transitional//EN" http://www.w3.org/TR/html4/loose.dtd">
<html>
<head>
<meta http-equiv="Content-Type" content="text/html; charset=UTF-8">
<title>Insert title here</title>
</head>
<body>
    <%
    Date date = new Date();                                    // 服务器端程序
    out.print("从服务器向你问候，");
```

```
        out.print(date.getHours() <= 12 ? "上午好!":"下午好!");
        %>
    </body>
    </html>
```

在这个页面中嵌入了 3 行 Java 代码实现了动态功能，代码由<%%>标记括起来，out.print()表示将参数的值作为服务器的响应输出到浏览器。

由于 Date 类是属于 java.util 包的，因此还需要导入这个类，导入的命令在 JSP 文件中写为<%@ page import="java.util.Date" %>，对导入命令的详细说明将在第 3 章讨论。

如果无法保存这个 JSP 文件，最可能的原因是字符编码不正确，Eclipse 创建 JSP 文件时的默认字符编码是 ISO-8859-1，当文件中含有中文字符时，必须将编码改为 UTF-8，否则 Eclipse 将提示保存时出错。上述代码中有 3 处 ISD-8859-1 需要修改为 UTF-8，最好的方法是先修改 Eclipse 的默认字符编码为 UTF-8（见 1.5.2 节），然后再创建 JSP 文件。

网页的显示效果和源代码见图 1-14。从网页源代码中可以看到，网页的内容是 Java 代码的执行结果，不是服务器端的代码本身。

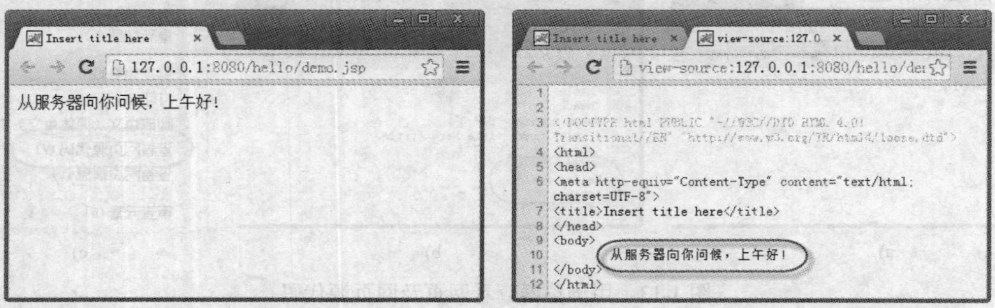

a)　　　　　　　　　　　　　　　　b)

图 1-14　服务器端动态网页及其网页源代码

7．客户端动态网页

前面我们编写了一个服务器端的动态网页 demo.jsp，现在再编写一个客户端动态网页作为比较，创建一个 JSP 文件，名为 demo-js.jsp，然后将其修改为如下代码。

【例 1-2】 客户端动态网页 demo-js.jsp。

```
<%@ page language="java" contentType="text/html; charset=UTF-8" pageEncoding="UTF-8"%>
<!DOCTYPE html PUBLIC "-//W3C//DTD HTML 4.01 Transitional//EN" http://www.w3.org
/TR/html4/loose.dtd">
<html>
<head>
<meta http-equiv="Content-Type" content="text/html; charset=UTF-8">
<title>Insert title here</title>
</head>
<body>
    <script type="text/javascript">
        var date = new Date();                                      // 客户端程序
        document.write("从客户机向你问候，");
        document.write(date.getHours() <= 12 ? "上午好!":"下午好！");
```

```
    </script>
</body>
</html>
```

在这个页面中嵌入了 3 行 JavaScript 代码，代码用一个 HTML 标签 script 括起来，document.write()方法表示直接向浏览器输出参数的值。JavaScript 将在第 2 章讨论。

对照服务器端和客户端的动态网页，它们的显示结果是相同的（比较图 1-14a 和图 1-15a），但其内部机制完全不同，这从它们的网页源代码中可以看出来（比较图 1-14b 和图 1-15b）。对于服务器端动态网页，代码的执行是在服务器上完成的，浏览器接收到的页面内容是 Java 代码的执行结果，浏览器直接显示网页的内容。而对于客户端动态网页，代码的执行是在浏览器上实现的，浏览器从服务器上接收到的页面内容是 JavaScript 代码本身，浏览器执行这些代码，然后将结果显示在浏览器上。

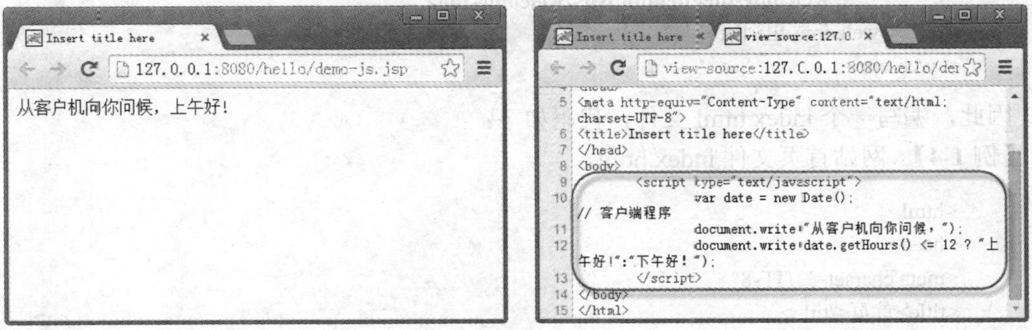

a)　　　　　　　　　　b)

图 1-15　客户端动态网页及其网页源代码

静态网页、服务器端动态网页和客户端动态网页的比较见表 1-1。

表 1-1　静态网页、服务器端动态网页和客户端动态网页的比较

比较项	静态页面	服务器端动态网页	客户端动态网页
语言	html、无动态代码	html、Java	html、JavaScript
网页类型	html	jsp	jsp 或 html
传输的数据	html 文件内容	html 文件内容和代码执行的结果	html 文件内容和 JavaScript 代码本身
代码执行的地方	无	服务器	浏览器
浏览器的作用	显示数据	显示数据	显示数据，执行代码并显示执行的结果

需要注意的是，在通常情况下一个网站同时需要使用服务器端和客户端的动态网页技术，以实现丰富的功能和良好的用户体验。本书主要讨论服务器端动态网页技术，仅在必要时，才讨论一些客户端动态网页技术。

8．默认页面和配置文件

Tomcat 的默认页面（首页）是 index.html、index.jsp 等 6 个，实际生效的是按配置中的默认页面顺序找到的第 1 个。配置保存在 web.xml 文件中，其代码如下。

【例 1-3】 项目配置文件 web.xml。

```
<?xml version="1.0" encoding="UTF-8"?>
<web-app xmlns:xsi="http://www.w3.org/2001/XMLSchema-instance"
      xmlns="http://java.sun.com/xml/ns/javaee"
      xsi:schemaLocation="http://java.sun.com/xml/ns/javaee    http://java.sun.com/xml/ns/javaee/web-app_2_5.xsd"
      id="WebApp_ID" version="2.5">
      <display-name>chat</display-name>
      <welcome-file-list>
            <welcome-file>index.html</welcome-file>
            <welcome-file>index.htm</welcome-file>
            <welcome-file>index.jsp</welcome-file>
            <welcome-file>default.html</welcome-file>
            <welcome-file>default.htm</welcome-file>
            <welcome-file>default.jsp</welcome-file>
      </welcome-file-list>
</web-app>
```

因此，编写一个 index.html 文件，代码如下：

【例 1-4】 网站首页文件 index.html。

```
<html>
<head>
<meta charset="UTF-8">
<title>首页</title>
</head>
<body>
      <h1 align="center">默认页面（首页）</h1>
      <br>单击下述超链接：
      <br><a href="world.html">静态页面</a>
      <br><a href="demo.jsp">服务器动态页面</a>
      <br><a href="demo-js.jsp">客户端动态页面</a>
</body>
</html>
```

这时，只要通过http://127.0.0.1:8080/hello/就能访问这个网站默认页面（首页）（见图 1-16），并通过首页访问其他页面。通常每个项目以及每个目录都有默认页面，可以缩短网址的长度。

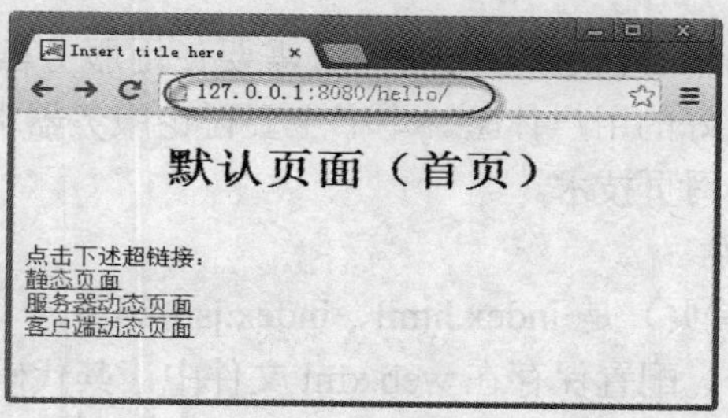

图 1-16　默认页面（首页）

1.7 小结

本章介绍了各种 Web 技术，讨论了 Java EE 的开发环境和运行环境，并通过一个实例实现了一个简单的 Java EE 应用项目的开发。本章还通过实例讨论了静态页面、服务器端动态网页和客户端动态网页，以及三者之间的区别。

此外，还介绍了 Jitor 实训指导软件的使用，该软件将用于全书的实验和实训指导以及检查。

1.8 作业

一、问答题

1．客户端开发技术有哪些？这些技术之间有什么关系？

2．服务器端开发技术有哪些？这些技术之间有什么关系？

3．简述 Java EE 的开发环境。

4．什么是静态网页和动态网页？它们有什么区别。

5．什么是服务器端动态网页和客户端动态网页？它们有什么区别。

二、探索题

1．在 Windows 操作系统中安装一个虚拟机软件 VirtualBox（https://virtualbox.org），在该虚拟机中安装一个 Linux 操作系统（CentOS 或 Ubuntu，http://www.centos.org 或http://www.ubuntu.com）。

2．在上述安装的 Linux 操作系统中安装 Java 开发环境，下载相应软件的 Linux 版本并安装，尝试在 Linux 环境下使用 Eclipse 进行 Java 开发。

第 2 章　客户端编程——聊天室界面编程

通过第 1 章的学习，我们掌握了创建 Java EE 项目的方法，用于建立一个动态的 Web 网站，并理解了静态网页、服务器端动态网页和客户端动态网页三者的区别。

本章将以一个聊天室项目为例，讨论聊天室项目中静态网页和客户端动态网页的设计和编写，因为还没有使用服务器端动态网页技术，因此这个项目仅仅是一个聊天的用户界面，无法实现聊天功能。

本书的后续章节将逐步完善聊天室项目，在第 3 章加入聊天功能，第 4 章加入数据库支持……，直到第 7 章才开发出一个完整的基于 Java EE 技术的聊天室项目。

2.1　聊天室项目需求分析

2.1.1　项目需求

作为聊天室项目开发的第 1 个阶段，其需求是设计并制作用户界面。

1）首页 index.jsp：含有一句欢迎语以及登录表单。

2）用户注册页 register.jsp：要求包含昵称、登录账号、密码、手机号码、出生日期、性别、兴趣爱好、学历和个人介绍等内容，其中前 3 项是必填项，后 6 项是可选项。

对用户界面设计的要求如下。

- 具有一致的页面风格。
- 页头统一为“Java 聊天室”，并显示当前登录用户的昵称。
- 主菜单（导航条）位于右侧。
- 页尾由版权信息组成。
- 具有数据录入校验功能，即对注册页的昵称、登录账号、密码和手机号码进行录入校验。
- 界面简洁美观。

2.1.2　学习需求

为实现这个需求，需要学习 HTML、CSS、XML、JavaScript 和 jQuery 等相关知识，实现用户界面的设计和编写。

2.2　HTML

HTML（Hyper Text Markup Language，超文本标记语言）是一种用于网页设计的语言。它不是一种编程语言，而是一种标记语言（markup language），它用一套标记标签（markup tag）说明网页，标记标签通常被称为 HTML 标签（HTML tag），或简称为标签。

2.2.1 HTML 语法

1．标签

标签是由尖括号括起来的关键词，例如<html>，它通常成对出现，例如<b>和</b>，第 1 个标签是开始标签，第 2 个标签是结束标签。需要注意如下几点。

- HTML 标签对大小写不敏感，但 HTML 4 推荐使用小写，未来将强制使用小写。
- 省略结束标签有时不会有问题，但在 HTML 4 中是不合法的，例如
不能写成
，<b>和</b>必须正确配对和嵌套，其中的结束标签不能省略。

2．元素

HTML 元素指的是从开始标签到结束标签的所有代码。其特点如下。

- HTML 元素以开始标签起始，以结束标签终止。
- 元素的内容是开始标签与结束标签之间的内容。
- 某些 HTML 元素具有空内容，具有空内容的元素在开始标签中关闭，例如
。
- 大多数 HTML 元素可以嵌套（可以包含其他 HTML 元素）。

3．属性

HTML 标签可以拥有属性，属性提供了有关 HTML 元素的更多信息。属性是以名称/值对的形式出现，例如 name="value"。属性总是在 HTML 元素的开始标签中指定。下面是<a>标签的 href 属性实例。

```
<a href="http://www.google.com.hk">点击这里访问 Google。</a>
```

- 属性名对大小写不敏感。与标签一样，在未来将强制使用小写。
- 属性值应该用单引号或双引号括起来。如果属性值本身含有引号，则应该交替使用单引号和双引号。例如 pro="it's me"或 name='w"6'。

有一些属性是许多标签所共有的，称为 HTML 标准属性（见表 2-1）。

表 2-1　HTML 标准属性

属　性	值	说　明
id	唯一标识名	指定元素的唯一 id
class	类名	指定元素的类名(class name)
style	样式定义	指定元素的内联样式(inline style)

HTML 中的 class 类与 Java 语言中的 class 类是完全不同的概念，HTML 的 class 类仅仅表示具有相同类名的元素共享同一个名称，用于标识属于同一类名的一组元素。

4．字符实体

有些字符在 HTML 中有特殊的含义，例如小于号（<）用于定义 HTML 标签的开始。如果元素的内容含有这些字符，则要用字符实体代替。字符实体有 3 部分：以符号（&）起始，一个实体名称，最后以一个分号（;）结束。其中实体名称部分也可以用 ASCII 码，因此小于号（<）的字符实体是“<”或者“<”。

常用的字符实体有 4 个，它们是“<”、“>”、“"”和“&”，分别表示小于号（<）、大于号（>）、双引号（"）和和号（&）。

还有一个很重要的字符实体“ ”，它代表空格，由于浏览器会将多个连续的空格替换成一个空格，因此当需要显示连续的多个空格时，就需要这个字符实体的连续重复。

2.2.2 常用标签

1．基本标签

基本标签有<html>、<head>、<title>和<body>，它们构成了一个网页的基本框架，每个HTML 文件都应该具有如下所示的基本结构。

```
<html>
    <head>
        <title>网页标题</title>
    </head>
    <body>
        显示内容
    </body>
</html>
```

2．文本类标签

常用的文本类标签见表 2-2。

表 2-2　常用的文本类标签

标　签	说　明	实　例	标　签	说　明	实　例
<h1>to<h6>	定义标题	<h1>一级标题</h1>	<sup>	定义上标字	x²
<p>	定义段落	<p>这是一段。</p>	<sub>	定义下标字	a₁
 	定义断行	 	<pre>	定义预定义格式文本	<pre>第 1 行文本；第 2 行文本。</pre>
<hr>	定义水平线	<hr/>			
<b>	定义粗体文本	<b>粗体文本</b>	<!-- -->	定义注释	<!--这是注释-->

- 由于屏幕大小设置上的差别，设计时无法确定网页被显示的确切效果。
- 浏览器不显示换行符或回车符，需要时应该使用断行
或段落<p></p>。
- 浏览器会移除多余的空格和空行，所有连续的空格或空行会被显示为一个空格。

3．超链接标签<a>

使用<a>标签定义超链接，从而连接到另一个资源（HTML 页面、一幅图像和一个声音或视频文件等）。<a>标签的实例如下。

```
<a href="http://www.google.com.hk" target="_blank">单击这里在新的窗口打开 Google。</a>
```

<a>标签的常用属性见表 2-3。

表 2-3　<a>标签的常用属性

属性	值	说　明	实例或解释
href	URL	指定链接的目标 URL	相对地址：news/list.html 绝对地址：/hello/news/list.html 站外地址：http://www.google.com/
target	_blank、_parent、_self 或框架名	指定目标在什么窗口打开	_blank 表示新窗口，默认为_self，即本窗口

对于超链接的 URL，应该理解相对地址、绝对地址和站外地址之间的区别，相对地址是指相对于本网页在网站当前目录下的相对地址，绝对地址是指相对本网站（一个网站可以有多个项目）从根（用“/”标识）开始的地址，站外地址是一个完整的 URL 地址。

4．图像标签<img>

使用<img>标签定义图片，用于在当前位置显示一幅图片，Web 技术支持的图像格式有 3 种：jpg、gif 和 png。<img>标签的实例如下。

```
<img src="images/header.jpg" width="800" height="64" alt="欢迎访问本网站"/>
```

<img>标签的常用属性见表 2-4。

表 2-4 <img>标签的常用属性

属 性	值	说 明	实例或解释
src	URL	指定显示图像的 URL	相对地址：images/logo.gif 绝对地址：/hello/images/logo.gif 站外地址：http://www.utid.org/utid/images/banner.png
height	像素或%	指定图像的高度	不指定时，使用图像的实际高度值
width	像素或%	指定图像的宽度	不指定时，使用图像的实际宽度值

2.2.3 列表标签

1．无序列表<ul>

无序列表是项目的列表，使用圆点（默认为小黑圆圈）对每个列表项进行标记。见图 2-1。无序列表始于<ul>标签，每个列表项始于<li>。实例如下。

```
<ul>
    <li>项目：这是无序列表。</li>
    <li>项目：这还是无序列表。</li>
</ul>
```

列表项内部可以使用段落、换行符、图片、链接以及嵌套其他列表等。

- 项目：这是无序列表。
- 项目：这还是无序列表。

图 2-1 无序列表的显示

2．有序列表<ol>

有序列表与无序列表的区别在于用数字进行顺序标记，其余完全相同。有序列表的显示见图 2-2。

1. 第一项：这是有序列表。
2. 第二项：这还是有序列表。

图 2-2 有序列表的显示

```
<ol>
    <li>第 1 项：这是有序列表。</li>
    <li>第 2 项：这还是有序列表。</li>
</ol>
```

2.2.4 文本的显示格式

对文本显示格式的控制可以从两个途径实现，一是使用标签或标签的有关属性，例如前述的<b>（定义粗体）、<sup>（上标字）和<sub>（下标字）等以及 align（对齐方式）等属性；二是使用样式 style，样式是比 align 等属性更加灵活和有效的方法，将在 2.3 CSS 中详细讨论。

2.2.5 表格标签

使用表格标签来组织表格形式的文本，可以显示表格线，也可以不显示表格线。表格的显示见图 2-3。常用的表格标签有<table>、<tr>和<td>，表格标签的常用属性（见表 2-5），三者需要配合使用。一个简单的实例如下。

```
<table border="1">
    <tr>
        <td>第 1 行、第 1 列</td>
        <td>第 1 行、第 2 列</td>
    </tr>
    <tr>
        <td>第 2 行、第 1 列</td>
        <td>第 2 行、第 2 列</td>
    </tr>
</table>
```

第1行、第1列	第1行、第2列
第2行、第1列	第2行、第2列

图 2-3　表格的显示

表 2-5　表格标签的常用属性

属　性	值	说　明	实例或解释
表格：<table>			
border	像素	指定表格边框的宽度	值为 0 时，为无线表格
cellpadding	像素	指定单元边沿与其内容之间的空白	cellpadding="4"
cellspacing	像素	指定单元格之间的空白	cellspacing="2"
width	像素或%	指定表格的宽度	width="100%"
align	left、center、right	指定表格整体相对周围元素的对齐方式	align="right"
表格行：<tr>			
align	right、left、center、justify	定义表格行的内容对齐方式	align="center"
valign	top、middle、bottom	指定表格行中内容的垂直对齐方式	valign="top"
表格单元：<td>			
align	left、right、center、justify	指定单元格内容的水平对齐方式	align="right"
valign	top、middle、bottom	指定单元格内容的垂直排列方式	valign="top"
colspan	数字	指定单元格可横跨的列数(横向合并单元格）	colspan="3"
rowspan	数字	指定单元格可横跨的行数(纵向合并单元格）	rowspan="2"
width	像素	指定表格单元格的宽度	width="120"

表格还可以用于网页布局（不显示表格线，即 border="0"），例如下述代码创建一个有 3 块区域的布局。

```
<table border="0" width="100%" id="table1" cellpadding="12">
    <tr>
        <td colspan="2" height="120" bgcolor="#c0c0c0" valign="top">页眉区</td>
    </tr>
    <tr>
        <td width="25%" height="600" bgcolcr="#c0c0c0" valign="top">导航区</td>
        <td width="75%" valign="top">
            <h2 align="center">内容区</h2>
            <p>内容
        </td>
    </tr>
</table>
```

2.2.6 表单和表单元素标签

1．表单<form>

表单是包含表单元素的区域，表单元素是允许用户在表单中输入信息的元素，表单使用表单标签（<form>）定义。实例如下。

```
<form name="registerForm" method="POST" action="save.jsp">
    <!--表单元素-->
</form>
```

<form>的常用属性见表 2-6。

表 2-6　<form>的常用属性

属　性	值	说　明	实例或解释
name	名称	指定表单的名称	
action	URL	当提交表单时，指定向何处发送表单数据	由该 URL 指定的网页处理提交的数据
method	GET、POST	指定如何发送表单数据	常用的方法是 POST

表单（Form）和表格（Table）的区别是前者用于填写数据（录入或修改数据），提交给服务器，是 Web 应用中最常用的数据录入手段，而后者是以表格的形式显示数据，这些数据是不可编辑的。

2．表单元素

常用的表单元素有输入标签（<input>）、文本区标签（<textarea>）和选择标签（<select>与<option>）3 种。其中输入标签的输入类型是由类型属性（type）定义的。

表单元素的常用属性见表 2-7。

表 2-7　表单元素的常用属性

属　性	值	说　明	实例或解释
		输入标签：<input>	
name	名称	定义 input 元素的名称	name="password"
type	text、password file radio、checkbox hidden button、reset、submit	文本输入框、密码输入框 上传文件输入框 单选按钮、多选框 隐藏字段 普通按钮、重置按钮、提交按钮	
value	文本值	指定 input 元素的初始值 该值修改后将被提交到服务器	text、password 的初始值 radio、checkbox、hidden 的内部值 文本按钮的显示文字
checked	checked	指定此 input 元素首次加载时应当被选中	radio、checkbox 初始化为选择中
size	数字	定义输入字段的宽度	text、password、file 的显示宽度
disabled	disabled	指定禁用此元素	disabled
		文本区标签：<textarea>	
name	名称	指定文本区的名称	name="description"
cols	数字	指定文本区内的可见宽度	cols="60"
rows	数字	指定文本区内的可见行数	rows="8"
disabled	disabled	指定禁用该文本区	disabled
		选择域：<select>	
name	名称	指定下拉列表的名称	name="choice"
multiple	multiple	指定可选择多个选项	multiple
size	数字	指定下拉列表中可见选项的数目	当设置为 multiple 时，下拉列表的行数
disabled	disabled	指定禁用该下拉列表	disabled
		选择标签：<option>（需与<select>配合使用）	
value	值	定义送往服务器的选项值	value="c1"
selected	selected	指定选项初始化为选中状态	selected
disabled	disabled	指定禁用此选项	disabled

如果多个表单元素具有相同名字（name 属性），则服务器接收到的数据将以数组方式表示，但单选按钮除外，同名的单选按钮中只能有一个被选中。多选的<select>元素的数据同样是以数组的方式提交。表单是实现动态功能的重要一环，将在本章的实训 2 和第 3 章详细讨论。

2.2.7　<meta>标签

<meta>标签提供有关页面的元信息（meta-information）。<meta>标签位于文档的头部，内含元信息的名称/值对。

1．字符集的设定

例如，下述标签指示浏览器这是一个中文的、字符编码为 UTF-8 的网页。

```
<meta http-equiv="Content-Language" content="zh-cn">
<meta http-equiv="Content-Type" content="text/html;charset=UTF-8">
```

字符编码建议不要用 GB2312 或 GBK，而是统一使用 UTF-8。

2．自动刷新（跳转）页面

利用<meta>标签可以实现自动刷新（跳转）页面。下述是 3 个实例。

```
<meta http-equiv="refresh" content="5"/>
<meta http-equiv="refresh" content="5;url=new.html"/>
<meta http-equiv="refresh" content="0;url=http://www.qq.com/' />
```

第 1 个例子是每隔 5s 刷新当前页面，如果这是一个动态显示股票行情的页面，则自动刷新页面就能够及时显示最新的信息。第 2 个例子是在 5s 后跳转到 new.html 页面，当前页面的内容将保留显示 5s，然后跳转到新的页面，并在地址栏显示新的地址。而第 3 个例子是直接跳转到新的页面（例中是 QQ 的主页），地址栏上将显示新的地址。

3．浏览器缓存

浏览器会将访问过的网页的内容缓存在本地硬盘上，当用户再次访问该页面时，浏览器直接从缓存中取出页面的内容显示，而不需再次获取服务器上的页面内容，从而提高速度，降低网络负载。但如果页面的内容是动态更新的，该技术将导致浏览器显示的是过时的内容，因此需要在网页中加入对浏览器缓存行为的指示，不对网页的内容进行缓存。下述是通常使用的一组缓存指示。

```
<meta http-equiv="pragma" content="no-cache">
<meta http-equiv="cache-control" content="no-cache">
<meta http-equiv="expires" content="0">
```

上述 3 条标签都指示浏览器不对页面内容进行缓存，不同的是它们分别作用于不同的浏览器（IE、Firefox、Opera 等），因此这 3 条标签要同时使用，以适应不同的浏览器。

实验 2-1：客户端编程（HTML）。本章的实验项目是 helloClient，按第 1 章实训 1 所述步骤，创建一个名为 helloClient 的动态 Web 项目，然后在这个项目中安装并运行 Jitor 实训指导软件，根据指导软件的要求进行实验，实验内容是本小节讨论的 HTML 网页设计。

2.3 CSS

2.3.1 CSS 概述

HTML 文档的负担太重，既包含数据信息，也包含格式信息，本节讨论的 CSS，将把 HTML 文档从这个困境中解脱出来。

CSS（Cascading Style Sheets，层叠样式表）从根本上改变了网页设计的思路，它让网页样式与网页基本元素分离。网页的外观由 CSS 文件负责，因此只需要通过样式文件，对各类元素定义共同的属性，就可以实现整个网站的外观设计。

1．内联样式（Inline Styles）

内联样式是在相关的元素内使用样式（style）属性。Style 属性可以包含任何样式。例如：

```
<p style="color:red">第 1 行</p>
<p>第二行</p>
```

设置后，只有第 1 个段落的文字是红色的。由于将表现和内容混杂在一起，内联样式损失了样式表的许多优势。应该严格限制这种用法。

2．内部样式表（Internal Style Sheet）

在<head>内定义，该样式的作用范围是整个 HTML 文档。写法如下。

```
<style type="text/css">
    p{color:red;}
</style>
```

在定义了上述内部样式表后，该文档内的所有段落的文字都是红色的。

3．外部样式表（External Style Sheet）

将样式表的内容保存成外部文件，例如将上述内容保存到 css/my-style.css 文件中。

【例 2-1】 外部样式表(css/my-style.css)。

```
p{color:red);}
```

通常样式表文件的后缀使用.css。然后在<head>内用<link>标签定义到样式表文件的引用。

```
<link rel="stylesheet" type="text/css" href="css/my-style.css" />
```

设置后，所有引用了该样式表的网页内所有段落的文字都是红色的。以这种方法使用样式表，可以将所有引用该样式表的网页设置为统一的样式，如果需要修改样式，也只要修改样式表文件，而不必对每个网页进行修改。

由于外部样式表完美地将内容与显示样式分离，并能够方便地控制整个网站一致的风格，因此建议尽量采用这种方法。

2.3.2 CSS 语法

CSS 样式由两部分构成：选择器、属性:值对的列表，格式如下。

```
selector{property:value}
```

- 选择器（selector）：选择器是需要改变样式的 HTML 元素（标签名、标签的 id 标识或标签的 class 名）。
- 属性:值对（property:value）：表示要改变的属性的名称和属性的值。属性和值被冒号分开，而多个属性:值对则由分号分隔。全部属性用花括号括起来。

例如，下述代码的作用是将 body 元素内的文字颜色定义为红色，将背景定义为蓝色。

```
body{corlor:red; background-color:blue}
```

1．书写格式

CSS 应该全部用小写，值中有空格时加上引号，在每个属性:值对后加上分号。例如下述代码。

```
p{text-align:center;color:red;font-family:"sans serif"}
```

CSS 也可写成如下多行的形式，以便于阅读。最后一个属性对之后的分号可以存在，也可以省略。

```
p{
    text-align:center;
    color:red;
    font-family:"sans serif";
}
```

本书为了节省印刷篇幅，多数情况下写成一行。

2．空格和大小写

- 空格对 CSS 没有影响，除非空格是在属性的值中，因此含有空格的值必须加上引号。
- CSS 应该全部用小写，除非是 class 和 id 名称，因此 class 和 id 名称要注意大小写。
- 在属性值中，如果有单位，则在数字和单位之间不应留空格。例如 10 像素应该写为 10px(10 后无空格)，而不应写为 10 px（10 后带空格）。

3．颜色的写法

- 表示颜色的单词：包括 red（红）、yellow（黄）、blue（蓝）、green（绿）、black（黑）、white（白）、navy（海蓝）、silver（银灰）、limegreen（石灰绿）和 tomato（西红柿红）等。
- 十六进制：表示为#ff0000，其中 3 组数字分别是红绿蓝的分量。
- 十六进制缩写：在 CSS 中可以将每个分量缩写，如#ff0000 可以表示为#f00

2.3.3　选择器

1．标签选择器

直接将 HTML 标签作为选择器，可以是 p、tr、b 等 HTML 标签。如：

```
p{font:12px;}
b{color:blue;}
tr{text-align:center;color:blue;}
```

2．id 选择器

可以为任意一个元素定义 id。例如定义一个<div>元素，将其命名为 div1。

```
<div id="div1">一个段落。</div>
```

然后在样式表里定义这个元素的样式。

```
#div1{text-align:center;color:blue;}
```

其中"div1"是前述代码中命名的 id 名称，注意如下两点。

- id 名在文档中必须唯一，万一存在两个同名的 id，则选择器只对第 1 个 id 有效。
- id 名本身不带"#"号，作为选择器时，在名称前必须加"#"号。

3．类（class）选择器

可以为任意一个元素定义其所属的 class。例如定义一个<div>以及<p>元素的类名为 class2。

```
<p class="class2">一个段落。</p>
<div class="class2">一个段落。</div>
```

然后在样式表里这样定义所有属于这个类的元素（例中为<div>和<p>）的样式。

```
.class2{text-align:center;color:blue;}
```

其中"class2"是前述代码中命名的类名称，注意如下两点。

- 类名在文档中不是唯一的，多个元素可以共用同一个类名，选择器对属于该类名的所有元素有效。
- 类名本身不带"."号，作为选择器时，在名称前必须加"."号。

4．伪类

CSS 中用 4 个伪类来定义超链接的样式，分别是：a:link、a:visited、a:hover 和 a:active。它们分别表示链接、已访问过的链接、鼠标停在上方时、点下鼠标时。例如定义下述样式表。

```
a:link{font-weight:bold;text-decoration:none;color:blue;}
a:visited{font-weight:bold;text-decoration:none;color:red;}
a:hover{font-weight:bold;text-decoration:underline;color:yellow;}
a:active{font-weight:bold;text-decoration:none;color:dark;}
```

上述样式使所有超链接中的文本显示为粗体，仅鼠标停在超链接上时文本出现底划线(a:hover 的 text-decoration:underline)，其他情况下没有底划线。没有访问过的超链接为蓝色，访问过的为红色，鼠标放在超链接上为黄色，而点下鼠标时又显示为黑色。

注意必须按以上顺序写，否则效果可能和预期的不一致。简便的记忆法是"LVHA"。

2.3.4 常用样式

常用样式属性见表 2-8。

表 2-8 常用样式属性

属性名称	属性含义	属性值
		文字属性(font)
font-family	字体	如 Serif 或 Monospace，注意浏览器所在的计算机上可用字体比较少
font-style	是否斜体	normal|italic|oblique
font-weight	粗细	normal|bold|bolder|lithter 等
font-size	大小	absolute-size|relative-size|length|percentage 等，例如 font-size:12
		颜色和背景属性
color	前景色	颜色
background-color	背景色	颜色
background-image	背景图案	路径和文件名
		文本属性
text-decoration	文字的装饰样式	none|underline|overline|line-through|blink
vertical-align	垂直方向的对齐方式	baseline|sub|super|top|text-top|middle|bottom|text-bottom|
text-align	对齐方式	left|right|center|justify
text-indent	首行的缩进方式	<length>|<percentage>
		边距属性
margin	边距	length|percentage|auto

（续）

属性名称	属性含义	属性值
margin-top	顶端边距	length|percentage|auto
margin-right	右侧边距	同上
margin-bottom	底端边距	同上
margin-left	左侧边距	同上
		填充距属性
padding	填充距	length|percentage
padding-top	顶端填充距（还有左右底）	length|percentage
		边框属性
border-width	边框宽度	length|percentage
border-color	边框颜色	颜色
border-style	边框样式	none|dotted|dash|solid 等
width	宽度属性	length|percentage|auto
height	高度属性	length|auto
float	文字环绕	left|right|none
clear	哪一边环绕	left|right|none|both

这是一个使用样式属性的例子。

```
<p style="background-color: #ff00ff; color: #0000ff; text-decoration: line-through;">
    待删除的文字。
</p>
```

2.3.5 <div>和<span>标签与 CSS

HTML 中有两个比较特别的标签<div>和<span>。<div>用于定义文档中的节或分区（division），它把文档分割为独立的、不同的部分，从而能够对这些独立的部分进行组织，例如设定其位置、格式等。

<div>是一个块级元素，就是说它的内容自动地开始一个新行。实际上，换行是<div>预设的唯一格式表现。可以通过样式 style 属性设置其显示格式，也可以通过 class 或 id 属性应用额外的样式。

<span>用于定义文档中的行内元素。<span>没有预设的格式表现，只有对它应用样式时，才会产生视觉上的变化。

<div>和<span>的实例如下。

```
<div style="font-family:黑体;color:red;background-color:yellow;text-align:center">红色黄底对中黑体字</div>
<div style="color:green">绿色字(<span style="color:white;background-color:blue">白色蓝底</span>)</div>
```

显示效果见图 2-4。

图 2-4　CSS 设置<div>和<span>的显示效果

2.3.6 CSS 定位

定位的基本思想很简单，即指定元素框的位置，这个位置是相对于父元素、另一个元素甚至浏览器窗口本身的位置。CSS 的定位机制有普通流、相对定位、绝对定位和浮动定位。本章实训 2 的聊天室项目将通过一个 CSS 布局的例子对此加以说明。

实验 2-2：客户端编程（CSS）。在实验 2-1 创建的项目 helloClient 中运行 Jitor 实训指导软件，根据指导软件的要求进行实验，实验内容是本小节讨论的 CSS。

2.4 XML

前面两节分别讨论了 HTML 和 CSS，前者负责数据和格式，后者只负责格式（样式），而本节要讨论的 XML 则只负责数据。

XML（EXtensible Markup Language，可扩展标记语言）是一种标记语言，在形式上与 HTML 非常相似，XML 和 HTML 都是 SGML（标准通用标记语言）的子集，但它们也有许多不同，一是 XML 主要用来传输数据，而 HTML 主要用来传输和显示数据；二是 XML 标签没有被预定义，所有的标签都需要自行定义，而 HTML 的标签全部是预定义好的。

2.4.1 XML 文档规则

1．XML 文档结构

首先观察一个实例。

【例 2-2】 简单的 XML 文档例子(note.xml)。

```
<?xml version="1.0" encoding="UTF-8"?>
<note>
    <to>李丽  收</to>
    <from>张明  发</from>
    <heading>备忘</heading>
    <body>别忘记下午开会!</body>
</note>
```

从这个实例，可以看出一个 XML 文档的结构。XML 的语法规则很简单，下面列出了 XML 的基本规则。

- XML 文档的第 1 行必须是 XML 文档声明。
- XML 文档由元素组成，而元素则是由标签和数据组成，标签还可能含有属性。
- 一个 XML 文档必须有且只能有一个根元素。
- 标签是自由定义的，没有任何预定义的标签。
- 标签必须是闭合的，例如<from>张明</from>。
- 标签是大小写敏感的，例如<message>这是错误的</Message>。
- 标签必须正确地嵌套。
- 标签的属性值必须加引号，例如<note date="08/08/2008">。

2．元素中的数据

数据必须是下述 3 种类型的数据，如下所示。

- 字符数据：可以是任意的字符串，但不能含有下述字符或字符组合：“<”、“>”、“"”、“'”和“&”、“]]> ”。
- 字符实体引用：有 5 个字符是需要特别处理的，它们是“<”、“>”、“"”、“'”和“&”，可以分别用“<”、“> ”、“"”、“apos;”和“&”表示。
- CDATA 段：有时字符数据是一大段文本，其中有许多<、>、"、'和&符号，如果都要处理成字符实体引用，会带来很多不便，这时可以使用 CDATA 段。实例如下。

```
<lecture>
        <title>if 语句例子</title>
        <content><![CDATA[
        if(age<0 & age>110){
                message = "年龄输入错误";
        }
        ]]>
        </content>
</lecture>
```

2.4.2 文档类型声明

XML 没有预定义标签，所有的标签都需要自行定义，这就造成了标签定义的非标准化。解决这个问题的办法是针对某个问题领域制定自己的标签标准，指定哪些元素可出现在文档中，以及元素的内容和属性的要求等，用来规范和验证 XML 文档。例如针对图书出版建立一个规范，所有出版社和图书流通环节都使用这个标准，就有利于出版社和书店之间的数据交换。

这样的规范可通过两种方式实现：一种是 DTD（Document Type Definition，文档类型定义），DTD 是一个文本文件，文件后缀名为.dtd。DTD 本身并不是一个 XML 文档，功能也比较弱。另一种是 XML Schema，它本身就是一个 XML 文档，文件扩展名是.xsd，它是 DTD 的替代者，功能比 DTD 强大。

2.4.3 XML 文档的种类

XML 文档的种类有 3 种。

1．无效的 XML 文档

如果一个 XML 文档没有遵守 XML 文档规则，则这个文档是无效的 XML 文档，无效的 XML 文档是没有任何用处的。例如下述一份文档就是无效的 XML 文档。

```
<?xml version="1.0" encoding="UTF-8"?>
<note>
        <to>李丽 收</to>
        <from>张明 发</From>
        <body>别忘记下午开会!</body>
</note>
```

原因是其中有违反前一小节所述的文档规则的情况，<from>和结束标签</From>不匹配。

2．格式良好的 XML 文档

如果一个 XML 文档遵守了 XML 文档规则，则这个文档是格式良好的 XML 文档。格式良好的 XML 文档可用于一般性的数据交换或其他的用途。

3．有效的 XML 文档

如果一个 XML 文档不仅遵守了 XML 文档规则，还显式地使用 DTD 或 XML Schema 定义 XML 文档的语义约束，并且完全遵守该约束，则这个文档是有效的 XML 文档。有效的 XML 文档满足了标准的要求，可以用在各种规范的场合。

有效的 XML 文档必须符合 DTD 或 XML Schema 定义的 XML 文档语义约束，因此，符合 DTD 约束的有效 XML 文档的开始必须有下述类似的代码，其中指定 DTD 约束文件 book.dtd。

```
<?xml version="1.0" encoding="UTF-8" standalone="no"?>
<!DOCTYPE book SYSTEM "book.dtd">
```

而符合 XML Schema 约束的有效 XML 文档的开始必须有下述类似的代码，其中指定 XML Schema 约束文件 book.xsd。

```
<?xml version="1.0" encoding="UTF-8"?>
<b:book xmlns:b="http://www.ngweb.org/book"
    xmlns:xsi="http://www.w3.org/2001/XMLSchema-instance"
    xsi:schemaLocation="http://www.ngweb.org/book    schema/book.xsd">
```

2.4.4 XML 的应用

XML 的应用非常广泛，包括了数据交换、数据存储和软件系统的配置，甚至还可以作为编程语言的载体。在 Web 应用开发中，主要用于数据传输和服务器端程序的配置。

目前几乎所有语言都提供了对 XML 的支持，这些语言包括 Java、C、C++、C#、Delphi、Lisp、Object C、PHP、Python、Perl 和 Ruby 等。

Jitor 实验　实验 2-3：客户端编程（XML）。在实验 2-1 创建的项目 helloClient 中运行 Jitor 实训指导软件，根据指导软件的要求进行实验，实验内容是本小节讨论的 XML。

2.5 JavaScript

2.5.1 JavaScript 概述

前面 3 节讨论的都是静态的内容，要使网页在客户端动起来，就需要一种编程语言，这种语言就是 JavaScript。

1．JavaScript 与 Java

JavaScript 不是 Java 语言的变种，同 Java 语言没有任何关系。Java 是由 Sun Microsystem 公司开发的，而 JavaScript 是由 Netscape 公司开发的，最初命名为 LiveScript，后来才改名

为 JavaScript。JavaScript 语言与 Java 语言的区别见表 2-9。

表 2-9　JavaScript 语言与 Java 语言的区别

	Java 语言	JavaScript 语言
是否需要编译	需编译为字节码，并通过 Java 虚拟机执行	直接执行
执行地点	在服务器上执行	在客户端的浏览器中执行的
变量类型	强类型语言，所有变量在声明时必须指定数据类型	弱类型语言，定义变量时不必声明变量的类型

2．编写和运行

JavaScript 嵌入在 HTML 文档中，在浏览器打开这个 HTML 网页时运行，因此，运行时需要 Chrome、Firefox 或 IE 等浏览器访问含有 JavaScript 的页面。实例如下（见图 2-5）。

【例 2-3】 JavaScript 实例。

```
<!DOCTYPE html>
<html>
<head>
<meta charset="UTF-8">
<title>JavaScript 测试</title>
</head>
<body>
      我的网站。
      <script type="text/javascript">
            alert("欢迎访问。");
            document.write("JavaScript 的输出内容。");
      </script>
</body>
</html>
```

当用浏览器打开含有 JavaScript 代码的 HTML 文档，其中的 JavaScript 代码随之执行，例中的 alert 函数弹出一个对话框，显示“欢迎访问。”，这段代码还向浏览器输出一串文字。

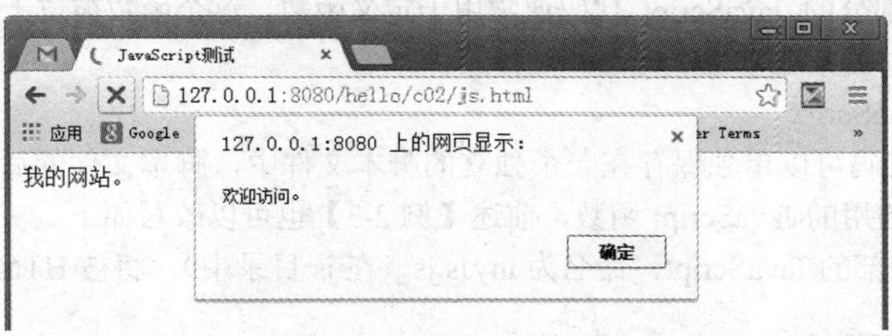

图 2-5　JavaScript 实例

3．调试

JavaScript 的调试是非常棘手的一件事，不同的浏览器有不同的调试工具，例如基于 Firefox 的调试工具有 Firebug 和 Venkman，基于 IE 的调试工具有 Companion.JS。本书统一使用 Chrome 浏览器，它的调试工具是内置的，按〈F12〉键可以开启调试模式，因此比较方便。

4．JavaScript 与 HTML

JavaScript 是完全为 Web 而设计的，它在浏览器中执行，因此，JavaScript 与 HTML 文档有密切的联系。JavaScript 代码可以放在 HTML 文档中的下述部分。

（1）body 部分

JavaScript 代码可以位于 HTML 文档的<body>部分，实例如【例 2-3】。位于<body>部分的代码通常是立即执行的，它的输出将嵌入在代码的当前位置。

（2）head 部分

JavaScript 代码可以位于 HTML 文档的<head>部分，【例 2-3】可以改写如下。

【例 2-4】 位于 head 部分的 JavaScript 实例。

```
<!DOCTYPE html>
<html>
<head>
<meta charset="UTF-8">
<title>JavaScript 测试</title>
<script type="text/javascript">
    function test() {
        alert("欢迎访问。");
        document.write("JavaScript 的输出内容。");
    }
</script>
</head>
<body>
    我的网站。
    <script type="text/javascript">
        test();
    </script>
</body>
</html>
```

位于<head>部分的 JavaScript 代码通常用于定义函数，这个函数被位于<body>的代码调用。为便于阅读，函数通常位于<head>部分。

（3）外部 JavaScript

JavaScript 代码可以单独保存在一个独立的脚本文件中，脚本文件的后缀为.js。这种方式主要用于编写通用的 JavaScript 函数，前述【例 2-3】也可以改写如下。

【例 2-5】 外部的 JavaScript，命名为 myJs.js（在 js 目录中），将被 HTML 文件引用。

```
function test() {
    alert("欢迎访问。");
    document.write("JavaScript 的输出内容。");
}
```

然后在 HTML 文档中包含这个脚本文件，并在正文中调用其中的函数。

【例 2-6】 引用外部 JavaScript 的例子。

```
<!DOCTYPE html>
```

```
<html>
<head>
<meta charset="UTF-8">
<title>JavaScript 测试</title>
<script src="js/myJs.js">
</script>
</head>
<body>
    我的网站。
    <script type="text/javascript">
        test();
    </script>
</body>
</html>
```

5．JavaScript 沙盒

本书提供了一个 JavaScript 沙盒（见图 2-5），用于测试独立的小段 JavaScript 代码。JavaScript 沙盒由 Jitor 实训指导软件网站提供，参见本书第 9 页“使用 Jitor 实训指导软件”一节，自学者可以直接访问网站http://www.ngweb.org/jee。

本节后面的所有代码和下一节的大部分代码都可以用这个沙盒进行测试。测试时将 JavaScript 代码复制到网页中的文本区，单击“执行”按钮就能看到执行的结果。注意有时前次运行的全局变量会对后续测试带来影响，这时需要重新加载这个网页。

图 2-6　JavaScript 沙盒

2.5.2　语法基础

1．关键字、标识符和运算符

（1）关键字

表 2-10 列出了 JavaScript 的关键字，它们不应该用于变量或函数的命名。

表 2-10　JavaScript 的关键字

关键字分类	关键字数量	关键字列表
数据定义和类型	3	var, typeof, void
字面常量	3	true, false, null
流程控制	11	if, else, switch, case, default, break, do, while, for, continue, return
对象相关	3	new, this, instanceof
异常处理	4	try, catch, finally, throw
其他	5	function, with, in, delete, (debugger)

除上述关键字以外，JavaScript 还把所有的 Java 语言关键字作为保留字，以备将来使用。

（2）标识符

JavaScript 对标识符的命名规则与 Java 语言相同。

（3）分隔符和运算符

分隔符和运算符几乎与 Java 语言完全相同。其中不同的是===、!==，分别表示严格相等和严格不相等（严格的意思是同时比较数据类型和值）。例如下述代码。

```
alert(4=="4");          // 输出 true，因为二者的值相等，虽然类型不同
alert(4==="4");         // 输出 false，因为虽然值相等，但类型不同
```

2．变量和数据类型

JavaScript 是弱类型语言，数据类型是动态变化的，与 C++或 Java 语言有较大的区别。因此理解其数据类型的变化就成为学习这门语言一个关键环节。

（1）变量

JavaScript 中的变量没有类型。变量定义有两种形式。

- 隐式定义：不事先声明，直接给变量赋值。
- 显式定义：用 var 关键字声明。

这两种形式的区别如下

- 在函数外，两种形式的效果完全相同。JavaScript 的函数在 2.5.4 节中讨论。
- 在函数内，隐式定义的是全局变量，显式定义的是局部变量。

```
var name;               // 声明一个变量
alert(name);            // 声明后的变量并没有值
name = "test string";   // 为变量赋值
alert(name);

var a = 5;              // 声明变量并为变量赋值
b = 6;                  // 还可以不声明直接使用一个变量
var a;                  // 可以重复声明一个变量
alert(a);               // 重复声明后，原来的值不会被改变
```

变量是没有类型的，而数据是有类型的，实例见下述代码。

```
var x=5;                // x 的值是数字类型的
x = "abc";              // 这时 x 的值是字符串类型的
```

```
a="2";                    //a 的值是字符串类型的
b=3;                      //b 的值是数字类型的
alert(a*b);               // 结果为数字 6（= 2 * 3），a 的值被自动转换为数字类型的值
```

（2）变量作用域

变量没有块级作用域，只有函数级作用域。在函数外声明的变量为全局变量（全局的含义是整个 HTML 文档，而不是其中的一段 JavaScript 代码），在函数内用 var 关键字声明的变量为局部变量。在函数内没有用 var 声明的变量则是全局变量。下面是一个例子。

```
function abc(){           // 声明函数，在后面将详细讨论。
    var a = 1;            // 局部变量
    b = 2;        // 全局变量
}
alert("开始时 a=" + a + ", b=" + b);              // 二者都没有值

abc();
alert("函数内赋值后 a=" + a + ", b=" + b);     // a 没有值，b=2 （b 是全局的，在函数内被赋值）

var a=3;
var b=4;
alert("函数外赋值后 a=" + a + ", b=" + b);     // a=3，b=4

abc();
alert("再次函数内赋值后 a=" + a + ", b=" + b);      // a=3，b=2 （b 是全局的，在函数内被赋值）
```

建议任何时候都用 var 明确声明一个变量，以免不小心使用了一个全局变量，函数内需要使用全局变量的值时应该依靠参数来传递。

（3）数据类型

JavaScript 的数据类型有五种：字符串、数字、布尔、Undefined 和 Null 类型。

1）字符串(String)

字符串是 16 位的 Unicode 字符串，与 Java 语言一样，也有转义字符。字面量可以用双引号或单引号，但必须是相同的引号配对。字符串内部的双引号和单引号需要转义。实例如下，注意其中单双引号的嵌套。

```
alert("It's my book.");              // 双引号内嵌单引号
alert('He said "ok!".');             // 单引号内嵌双引号
alert("It's \"my\" book.");          // 双引号内既有单引号，也有双引号，双引号需要转义
```

JavaScript 语言没有字符类型，单个字符也被认为是字符串。

2）数字(Number)

数字在内部是用 64 位的浮点数（双精度）表示的，并且不区分短整型、长整型、单精度和双精度。字面量的表示与 Java 语言相同。

3）布尔型(Boolean)

表示真或假。字面量只有两个值：true 和 false。

4）Undefined 类型

Undefined 类型只有一个值，即 undefined。当声明的变量未初始化时（未分配空间），该变量的默认值是 undefined（首字母小写）。

5）Null 类型

另一种只有一个值的类型是 Null，它只有一个值 null（首字母小写）。Null 是一个占位符，表示没有值。它不是任何变量的默认值，必须明确赋给变量。下面是与 Java 语言的比较。

- 在 Java 语言，引用类型的变量在声明后，未赋值前的默认值是 null。
- 在 JavaScript 中，变量在声明后，未赋值前是无值的，表现为 undefined 类型。任何变量要取得 null 值，唯一途径是明确赋给 null。

```
var a;              // 声明变量
alert(a);           // 未赋值时为 undefined
a = null;           // 明确赋给 null 值，
alert(a);           // 这时为 null
alert(b);           // 对一个未声明过，也未赋值的变量，直接引用将出错。处理办法见 typeof。
```

（4）typeof 运算符

typeof 运算符用于检查变量或值的类型，返回下列 5 种值之一。

- undefined：如果变量是 Undefined 类型的。
- object：如果变量是一种引用类型或 Null 类型的，注意 Null 列入此类。
- boolean：如果变量是 Boolean 类型的。
- number：如果变量是 Number 类型的。
- string：如果变量是 String 类型的。

未声明且未被赋值的变量只能用 typeof 检测类型，除此之外，在任何地方引用都将导致出错。typeof 运算符有一个参数，即要检查的变量或值。例如：

```
alert (typeof 86);              // 输出 "number"
alert(typeof a);                // 输出 "undefined"，a 未被声明，更未被赋值
var a;
alert(typeof a);                // 输出 "undefined"，a 已声明，但未被赋值
a = "JavaScript";
alert(typeof a);                // 输出 "string"
```

（5）常用对象

JavaScript 是一种面向对象的语言，但没有明确的类（class）的概念，只有对象的概念。JavaScript 也有 String、Date、Math 等与 Java 语言基本相同的对象，也有 Number、Array 等与 Java 语言不同的对象。

1）String 对象

String 对象的常用属性和方法见表 2-11。

表 2-11　String 对象的常用属性和方法

属性或方法	说　明
Length	属性，字符串的长度（注：Java 语言中 length 为方法）
charCodeAt(index)	返回在指定的位置的字符的 Unicode 编码
match(regEx)	找到一个或多个正则表达式的匹配
replace(regEx, replaceString)	替换与正则表达式匹配的子串
search(regEx)	检索与正则表达式相匹配的值

还有不少方法，例如 charAt()、indexOf()、lastIndexOf、split()、substring()、toLower Case()、toUpperCase()和 toString()等方法与 Java 的字符串类的方法相同。实例如下。

```
var a = "JavaScript Language";
alert(a.charAt(1));                 // 输出 a
alert("Java".charCodeAt(1));        // 输出 97 （a 的 ASCII 码）
alert(a.slice(13,-2));              // 输出 ngua，负数表示从尾部计数
```

2）Number 对象

Number 对象的常用方法见表 2-12。

表 2-12　Number 对象的常用方法

方　法	说　明
toString([radix])	把数字转换为字符串，使用指定的基数，默认为十进制
toFixed(num)	把数字转换为字符串，四舍五入到指定的小数位数
toPrecision(num)	把数字格式化为指定的精度（总长度）

toFixed()方法可以实现四舍五入到任意小数位。实例如下。

```
var pi = 3.14159265359;
alert(pi .toFixed(3));                  // 输出 3.142，小数 3 位
alert(pi .toPrecision(5));              // 输出 3.1416，总长度 5 位（不包括小数点）
alert(3.14159265359.toFixed(3));        // 输出 3.142，还可以这样直接引用数字的方法。
```

3）Array 对象

Array 对象用于表示数组，数组的下标从 0 开始，下标也可以用字符串。数组的长度可以随时增加，数组的元素可以是任意的数据类型。Array 对象的常用属性和方法见表 2-13。

```
var a = new Array();                          // 创建空的数组
alert(a.length);
var a = new Array(20);                        // 创建具有 20 个元素的数组
alert(a.length);
var a = new Array("one", "two", "three");     // 创建数组，并初始化 3 个元素
alert(a[2]);
var a = ["one", "two", "three"];              // 创建数组的另一种形式，并初始化 3 个元素
alert(a[2]);

var b = new Array(2);
alert(b.length);              // 输出 2
b[1] = 3;
b[11]="aa";                   // 增加数组的大小，数组的元素可以保存不同类型的值
alert(b.length);              // 输出 12
alert(b[1]);                  // 输出 3，即增加数组大小后，原来的值不变
```

用字符串作为数组的下标时，数组可认为是一个具有属性的对象。实例如下。

```
var person = new Array();
person ["name"]= "Zhang";
```

```
alert(person ["name"]);                    // 输出 Zhang，以字符串为下标访问它
alert(person.name);                        // 输出 Zhang，以对象的属性来访问它
alert(person ["age"]);                     // 输出 underfined，这个属性没有定义
```

表 2-13　Array 对象的常用属性和方法

属性或方法	说　明
length	属性，设置或返回数组中元素的数目
join(delimiter)	把数组的所有元素放入一个字符串。元素通过指定的分隔符进行分隔。与 String.split()相反
push(value)	向数组的末尾添加一个或更多元素，并返回新的长度
pop()	删除并返回数组的最后一个元素
sort([compFunction])	对数组的元素进行排序，并可指定比较算法
toString()	把数组转换为字符串，并返回结果

以下是使用 Array 相关方法的实例。

```
var a = new Array("one", "two", "three");
a.push("four");                  // 添加一个元素
alert(a.join());                 // 输出 one,two,three,four
```

4）RegExp 对象

RegExp 对象表示正则表达式，它是对字符串执行模式匹配的强大工具，正则表达式用于字符串的查找、替换。正则表达式有两种写法。

```
var reg1 = /pattern/attributes                     // 直接量语法
var reg2 = new RegExp(pattern, attributes);        // 创建 RegExp 对象的语法
```

参数的含义如下。

- pattern 是一个字符串，指定了正则表达式的模式。
- attributes 是一个可选的字符串，可用的属性有 3 种"g"、"i" 和 "m"，分别用于指定全局匹配、区分大小写的匹配和多行匹配。

下面是一个验证身份证号码的正则表达式。

```
var reg = /\d{15}|\d{17}[\dXx]/;             // 正则表达式
var s = "32021119621130111X";                // 被验证的字符串
alert(reg.test(s));                          // 输出 true
```

下面是一个字符串替换的例子，注意最后一行中的全局属性实现了全部替换。

```
var s = "JavaScript language is a programming language for the Internet.";
alert(s.replace(/language/,"语言")); // 输出 JavaScript 语言 is a programming language for the Internet.
alert(s.replace(/language/g,"语言"));       // 输出 JavaScript 语言 is a programming 语言 for the Internet.
```

（6）类型转换

类型转换有 3 类，一类是自动类型转换，另一类是通过专门方法进行的转换，还有一类是通过强制类型转换实现的。

JavaScript 的类型转换见表 2-14。

表 2-14　JavaScript 的类型转换

转换的类型	方　法	说　明
自动类型转换	无	按强制类型转换的规则自动进行
专门方法转换	对象的 toString()方法	转换为字符串类型，所有对象都有 toString()方法
	parseInt(value) parseFloat(value)	尽可能转换为整型，忽略数字后的非法字符 尽可能转换为浮点型，忽略数字后的非法字符
强制类型转换	String(value)	把给定的值转换成字符串
	Number(value)	把给定的值转换成数字（整数或浮点数），数字后不可带非法字符
	Boolean(value)	把给定的值转换成 Boolean 型

类型转换的例子如下。

```
alert(parseInt("123.2"));         // 结果 123
alert(Number("123.2"));           // 结果 123.2
alert(parseInt("123.2b"));        // 结果 123
alert(Number("123.2b"));          // 结果 NaN（NaN 表示 Not a Number，即不是数字）
```

2.5.3　控制语句

1．条件分支语句

与 Java 一样，有 if～else、switch 结构，使用方法相同。注意如下的条件判断。

- 非空字符串、非 0 数字、任意对象，返回 true。
- 空字符串、0、NaN、null、undefined，返回 false。

2．循环语句

循环语句有 while、do-while、for、for...in 4 种，其中前 3 种与 Java 语言相同。最后一种相当于 Java 语言的增强型 for 循环，用于遍历数组或者对象的属性。其例子如下。

```
var a = new Array("one","two","three","four");
for(x in a){
        alert(a[x]);
}
```

3．异常处理

异常处理使用 try...catch...finally 结构，与 Java 语言不同之处是不需要多个 catch 语句块。其例子如下。

```
try{
        alert(a);                    // 如果 a 未声明，该异常将被捕获。
}catch(e){
        alert("a 未声明: "+e);
}
```

而抛出异常的机制比 Java 语言更为简洁。其例子如下。

```
var score = 110;
try{
    if(score>100 || score<0){
        throw new Error("成绩不在百分制范围内。");
    }
}catch(e){
    alert("输入错误: " + e);
}
```

2.5.4 函数

JavaScript 的函数有全局函数和自定义函数两大类。

1．全局函数

全局函数是不属于任何对象的函数，它们是 JavaScript 语言的核心部分之一。

JavaScript 的常用全局函数见表 2-15。

表 2-15 JavaScript 的常用全局函数

函　数	说　明
eval(string)	计算 JavaScript 字符串，并把它作为脚本代码来执行。
String(expression)	把对象的值转换为字符串。
Number(expression)	把对象的值转换为数字。
parseFloat(string)	解析一个字符串并返回一个浮点数。
parseInt(string[, radix])	解析一个字符串并返回一个整数。

JavaScript 中最奇妙的函数是 eval()，下面是一个例子。

```
eval("var a=5;alert(a);");
```

上述代码中 eval()函数接受一个字符串作为参数，而这个字符串是一段有效的 JavaScript 代码，eval()函数的功能就是解释执行这段代码，JavaScript 沙盒就是利用这个函数实现的。

2．自定义函数

自定义函数的方式有多种。这里只讨论使用关键字 function 定义函数这种方法，该方法的语法与 Java 语言的方法类似，但更像 C 语言中的全局函数，格式如下。

```
function 函数名(var1, var2,...,varX){
    代码
}
```

由于 JavaScript 是弱类型的语言，因此参数变量不需指定类型，返回值也不需指定类型，对参数的类型判断由函数内部解决，对返回值的类型判断由调用者解决。以下是一个实例。

```
function add(a, b){
    return a+b;
}
```

```
alert(add(3,5));
```

使用关键字 function 还可以定义匿名函数，实例如下。

```
var f = function(x, y){  // 定义一个匿名函数，赋给变量 f
        alert(x);
        alert(y);
};                       // 最后的分号不能省略，它是赋值语句的结束

f(3,4);
```

function 关键字的后面没有函数名，直接跟着一对括号，括号内是参数列表，然后是函数体。注意函数体后的花括号后面要加分号，结束这行赋值语句。

实验 2-4：客户端编程（JavaScript）。在实验 2-1 创建的项目 helloClient 运行 Jitor 实训指导软件，根据指导软件的要求进行实验，实验内容是本小节讨论的 JavaScript 编程。

2.6 jQuery

客户端编程的困难在于浏览器，一是浏览器环境对编程有很多限制；二是由浏览器厂商引起的兼容性问题。

一个功能丰富、界面美观的网站可能用到前面讨论过的所有技术，但是直接使用这些技术，生产效率太低。为此，出现了集成这些技术的框架，并且屏蔽了浏览器的兼容性问题，jQuery 就是这些框架中的优秀者。

2.6.1 jQuery 的安装

jQuery 可以从 http://code.jquery.com 下载。它是一个只有 100 多 KB 的 js 文件。使用时需要在每一个 HTML 文档的头部加上对该 js 的引用。

```
<head>
<script type="text/javascript" src="jquery.js"></script>
</head>
```

jQuery 很容易使用，主要的操作就是选取 HTML 元素，然后对选中的元素执行某些操作。语法如下。

```
$(selector).action()
```

- 美元符定义 jQuery，美元符是 jQuery 的替代性缩写。
- 选择器（selector）选取 HTML 元素，与 CSS 中的选择器相似。
- action()执行对元素的操作。

第 1 个例子如下。

【例 2-7】 第 1 个 jQuery 代码。本例不能在 JavaScript 沙盒中测试。

```
<html>
<head>
```

```
<meta charset="UTF-8">
<!-- 以下是 jquery 的 ready 函数 -->
<script type="text/javascript">
    $(document).ready(function() {    // 就绪事件处理函数
            $("button").click(function() {
                    $("p").hide();
            });
    });
</script>
</head>
<body>
    <h2>这是标题</h2>
    <p>第一行文本。</p>
    <p>更多文本</p>
    <button type="button">Click me</button>
</body>
</html>
```

上述 JS 代码中共有 3 行 jQuery 语句。

- 第 1 行选择 document，为 document 添加一个 ready 函数，document 的 ready 动作是 jQuery 最重要的一个动作，当文档加载成功后执行。这几乎是每个 jQuery 代码中必须的部分。ready 动作的参数是一个匿名参数，其函数体是下述代码。
- 第 2 行选择 button 标签，为其添加一个 click 函数，函数体在下一行语句。
- 第 3 行是 click 函数的函数体，它选择 p 标签，功能是隐藏这些标签。

如果找不到 jquery.js 文件，浏览器不会给出任何出错提示。因此如果无法正常运行，需要检查 jquery.js 的名称和所在的路径。JavaScript 沙盒已经包含了对 jquery.js 的引用，本书后续的代码都能用沙盒进行测试。

2.6.2 jQuery 基础

1．jQuery 选择器

jQuery 选择器是 jQuery 的基础，它与 CSS 的选择器基本相同，并加以扩展，因而功能更加强大。

（1）jQuery 元素选择器

jQuery 使用与 CSS 选择器相同的方式来选取 HTML 元素。例如：

```
$("p")                  // 选取<p>元素
$("p.intro")            // 选取所有 class="intro"的<p>元素
$("p#demo")             // 选取 id="demo"的第 1 个<p>元素
$(this)                 // 当前 HTML 元素
$(".intro")             // 所有 class="intro"的元素
$("#intro")             // id="intro"的第 1 个元素
$("ulli:first")         // 每个<ul>的第 1 个<li>元素
$("div#intro.head")     // id="intro"的<div>元素中的所有 class="head"的元素
```

（2）jQuery 属性选择器

jQuery 使用 XPath 表达式来选择带有给定属性的元素。例如。

```
$("[href]")             // 选取所有带有 href 属性的元素
$("[href='#']")         // 选取所有带有 href 值等于"#"的元素
$("[href!='#']")        // 选取所有带有 href 值不等于"#"的元素
$("[href$='.jpg']")     // 选取所有 href 值以".jpg"结尾的元素
```

jQuery 的选择器功能非常强大，请参阅 jQuery 手册。

2．jQuery 事件

jQuery 是为事件处理而设计的，因此事件处理函数是 jQuery 的核心。【例 2-7】的代码演示了 ready 函数处理网页加载就绪事件。

常用 jQuery 事件见表 2-16。

表 2-16　常用 jQuery 事件

事件函数	说　明
$(document).ready(function)	文档的就绪事件（当 HTML 文档就绪可用）
$(selector).click(function)	设置被选元素的单击事件
$(selector).dblclick(function)	设置被选元素的双击事件
$(selector).mouseover(function)	设置被选元素的鼠标悬停事件

下述代码演示了 click 事件，本节后续的代码均可在 JavaScript 沙盒中测试。

```
$("#test1").html("<button type=\"button\">Click me</button>");

$("button").click(function(){
    alert("clicked me.");
});
```

可以将 click 改为 dblclick 或 mouseover，测试不同事件的响应。

3．jQuery 函数

（1）jQuery HTML 操作

jQuery 提供了几个用于改变和操作 HTML 的函数。

jQuery 的常用 HTML 函数见表 2-17。

表 2-17　jQuery 的常用 HTML 函数

函　数	说　明
$(selector).html(content)	改变被选元素的（内部）HTML
$(selector).append(content)	向被选元素的（内部）HTML 追加内容
$(selector).after(content)	在被选元素之后添加 HTML
$(selector).before(content)	在被选元素之前添加 HTML

例如下述代码修改 id 为 test1 的内容。

```
$("#test1").html("第 1 行文字<br>第 2 行文字。");
```

或者显示两个按钮。

```
$("#test1").html("<button id='b1' type='button'>按钮 1</button><button id='b2' type='button'>按钮 2</button>");
```

或者显示一幅图片（该图片已存在于相应目录中）。

```
$("#test2").html("<img src='image/SriLanka.jpg'>");
```

（2）jQuery CSS 函数

还可以进行很方便的 CSS 操作。

jQuery 的常用 CSS 函数见表 2-18。

表 2-18　jQuery 的常用 CSS 函数

CSS 属性	说　明
$(selector).css(name,value)	为匹配元素设置样式属性的值
$(selector).css({properties})	为匹配元素设置多个样式属性
$(selector).css(name)	获得第 1 个匹配元素的样式属性值
$(selector).height(value)	设置匹配元素的高度
$(selector).width(value)	设置匹配元素的宽度

例如，下述代码的第 2 行修改 id 为 test1 元素的底色为黄色。

```
$("#test1").html("第 1 行文字<br>第 2 行文字。");
$("#test1").css("background-color","yellow");
```

（3）jQuery 动画特效函数

jQuery 有许多动画特效函数，用它们可以设计出非常绚丽的界面。

jQuery 的常用特效函数见表 2-19。

表 2-19　jQuery 的常用特效函数

函　数	说　明
$(selector).hide()	隐藏被选元素
$(selector).show()	显示被选元素
$(selector).toggle()	切换（在隐藏与显示之间）被选元素
$(selector).fadeIn()	淡入被选元素
$(selector).fadeOut()	淡出被选元素
$(selector).fadeTo()	把被选元素淡出为给定的不透明度

下面是一个使用动画特效函数的实例。

【例 2-8】 动画特效函数实例（淡出/淡入）（在 JavaScript 沙盒中测试）。

```
$("#test1").html("<button id='b1' type='button'>淡出图片</button><button id='b2' type='button'>淡入图片</button>");
```

```
$("#test2").html("<img src='image/SriLanka.jpg'>");

$("#b1").click(function(){
        $("#test2").fadeTo("slow",0.25);
});

$("#b2").click(function(){
        $("#test2").fadeTo("slow",1);
});
```

（4）jQuery 回调函数

jQuery 的动画不是立即完成的，在动画进行时，可能会与其他操作产生冲突，这就要用回调函数来解决。以【例 2-8】为例，如果将事件处理函数改为：

```
$("#b1").click(function(){
        $("#test2").fadeTo("slow",0.25);
        alert("已完成");   // 这行会在前一行执行完成之前显示"已完成"
});
```

上述代码在淡出动作完成之前，就显示提示信息“已完成”。要实现在动作完成之后才显示提示信息，则需要使用回调函数（Callback）。上述代码就需要改为如下：

```
$("#b1").click(function(){
        $("#test2").fadeTo("slow",0.25, callMe);
});

function callMe(){
        alert("已完成（1）。");
}
```

或者写成如下的匿名函数的形式。

```
$("#b1").click(function(){
        $("#test2").fadeTo("slow",0.25, function(){
                alert("已完成（2）。");
        });
});
```

粗体显示的部分就是回调函数。当动作完成以后，fadeTo 将调用回调函数。

（5）jQuery Ajax 函数

Ajax（Asynchronous JavaScript And XML，异步 HTML 请求）是一种异步传输技术，就是说，浏览器发出请求后，可以立即继续做其他事，不必等待服务器的响应。一旦接收到全部响应，这时触发一个事件，由这个事件负责对响应内容的处理。该技术可以极大地提高 Web 网站的用户体验，因此非常的流行。

jQuery 内置了对 Ajax 技术的支持，使用 Ajax 技术变得更为容易，jQuery 的常用 Ajax 函数如表 2-20 所示。

表 2-20 jQuery 的常用 Ajax 函数

请　　求	说　明
$(selector).load(url,data,callback)	把远程数据加载到被选的元素中
$.ajax(options)	把远程数据加载到 XMLHttpRequest 对象中
$.get(url,data,callback,type)	使用 HTTP GET 来加载远程数据
$.post(url,data,callback,type)	使用 HTTP POST 来加载远程数据

参数说明如下。

- url：被加载的数据的 URL（地址）。
- data：发送到服务器的数据的键/值对象。
- callback：当数据被加载时，所执行的函数。
- type：返回的数据的类型 (html,xml,json,jasonp,script,text)。
- options：完整 Ajax 请求的所有键/值对选项。

以下代码实现动态地在当前网页中插入一个 html 文件。在 JavaScript 沙盒中运行。

```
$('#test2').load("js/test1.html");    // test1.html 在沙盒所在文件夹的 js 目录中
```

2.6.3 jQuery 插件

由于 jQuery 支持插件，许多第三方开发者为 jQuery 提供了数以千计的插件，这些插件囊括了几乎所有的需要，包括菜单、表格、日期选择器、图片、多媒体、编辑器、游戏、图表绘制和网页渲染等。例如 jquery-ui 插件，在下一节实训 2 中用于日期的选择。

使用 jQuery 的精髓在于插件。由于篇幅所限，本书不作讨论。

Jitor 实验　实验 2-5：客户端编程（jQuery）。在实验 2-1 创建的项目 helloClient 中运行 Jitor 实训指导软件，根据指导软件的要求进行实验，实验内容是本小节讨论的 jQuery 编程。

2.7 实训 2 聊天室项目的客户端编程

Jitor 实训　实训 2：本书将以聊天室项目为例，讲解 Java EE 开发的完整过程，从界面设计开始，直到项目的发布，分为 6 个阶段，每个阶段对应本书的一章，即第 2～7 章。本实训是聊天项目的第 1 阶段，即界面设计。

2.7.1 创建项目

按第 1 章实训 1 所述步骤，创建一个名为 chat2 的动态 Web 项目（Dynamic Web Project）。然后在这个项目中安装 Jitor 实训指导软件，根据本书和 Jitor 软件的要求完成实训。

2.7.2 页面风格设计

页面主色调以蓝色为主，简洁明快，美观大方。所有页面风格统一，均划分为 5 个区，从上至下，从左到右依次为（见图 2-7a）：①位于上方的页头区 header；②位于左侧的导航区 navigation；③位于页头和正文区之间的提示区 message；④位于右侧占主要空间的正文区

mainbody；⑤位于底部的页尾区 footer。首页和注册页的设计见图 2-7。

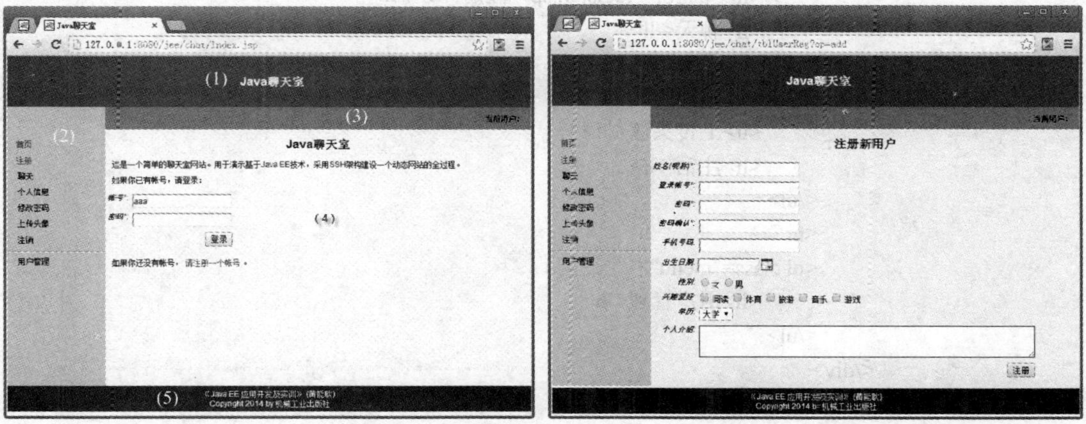

a)　　　　　　　　　　　　　　　　b)

图 2-7　首页和注册页的设计

页面的设计将采用 HTML、CSS、JavaScript 和 jQuery 技术实现。第 1 步考虑完全静态的内容，编写一个模板页，实现上述界面设计。

首先创建一个 js 目录，保存从 Jitor 网站上下载的与 jQuery 有关的 3 个文件，然后创建文件名为 temp.jsp 的模板文件，保存在 Web Content 目录，代码如下。

【例 2-9】 模板文件 temp.jsp，用于设计外观界面。代码从 Jitor 客户端复制，不需要手工录入。

```
<%@ page language="java" contentType="text/html; charset=UTF-8"
    pageEncoding="UTF-8"%>
<!DOCTYPE html PUBLIC "-//W3C//DTD HTML 4.01 Transitional//EN" "http://www.w3.org/TR/html4/loose.dtd">
<html>
<head>
<meta http-equiv="Content-Type" content="text/html; charset=UTF-8">
<meta http-equiv="pragma" content="no-cache">
<meta http-equiv="cache-control" content="no-cache">
<meta http-equiv="expires" content="0">
<!-- 下面两行导入 CSS 样式表和 jquery.js 文件 -->
<link rel="stylesheet" type="text/css" href="js/layout.css" />
<script type="text/javascript" src="js/jquery.js"></script>
<title>Java 聊天室</title>
</head>
<body>
    <div id="container">
        <div id="header">Java 聊天室</div>
        <div id="message">当前用户：</div>
        <div id="navigation">
            <br />
            <ul class="menu">
```

```
<li><a href="index.jsp">首页</a></li>
<li><a href="register.jsp">注册</a></li>
<li>聊天</li>
<li>个人信息</li>
<li>修改密码</li>
<li>上传头像</li>
<li>注销</li>
</ul>
<hr />
<ul class="menu">
<li>用户管理</li>
</ul>
</div>
<div id="mainbody">
<!--        以上内容是所有页面相同的共用部分，可以作为页头对待 -->
<h1>Java 聊天室</h1>
<br />这是模板页
<br />
<br />
<!--        以下内容是所有页面相同的共用部分，可以作为页尾对待 -->
</div>
<div id="footer">
<p align="center">
《Java EE 应用开发及实训》 (黄能耿) <br>Copyright 2014 by 机械工业出版社
</p>
</div>
</div>
</body>
</html>
```

可以看到这个页面主要由内容组成，并没有字体、字号、文字颜色、底色以及位置等的设置，这些设置将由 CSS 来实现。仔细分析上述页面的代码，可以看到显示的内容分为 6 个区（由 div 标识），模板页中各个<div>分区之间的关系见图 2-8，它们分别命名为 container、header、message、navigation、mainbody、以及 footer。其中第 1 个 container 区是全局的，定义了整个显示区域的宽度，这个区包含了其余 5 个区，参见图 2-7。

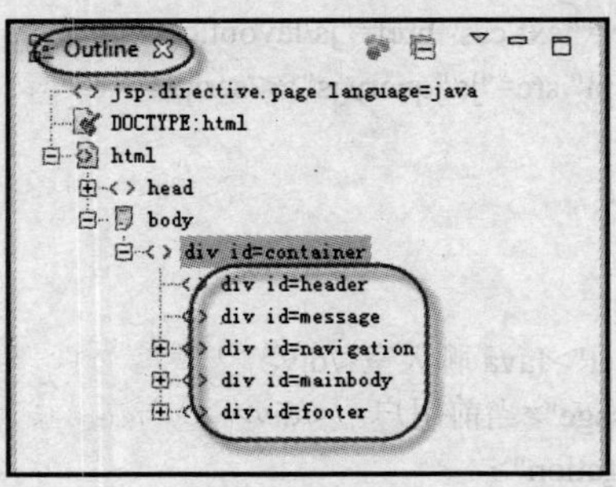

图 2-8　模板页中各个<div>分区之间的关系

在浏览器预览这个页面时，看不到预期的效果。这时需要加上 CSS，该文件命名为 layout.css，保存到 js 目录，应用 CSS 之前和之后的界面见图 2-9。

【例 2-10】 样式表文件 layout.css。代码可以从 Jitor 客户端复制，不需手工录入。

```
/* 全局的样式 */
body {margin: 0; padding: 0; font: 76% arial, sans-serif;}

/* 超链接的样式 */
a:link {text-decoration: none; color: blue;}
a:visited {text-decoration: none; color: #981793;}
a:hover {text-decoration: none; color: yellow;}
a:active {text-decoration: none; color: dark;}

/* 每个区 div 的样式 */
div#container {width: 900px; text-align: left; margin: 0 auto;}

#header {margin: 0; line-height: 80px; font-size: 26px;
    text-align: center; color: #FFF; background: #2F61AC;}

div#message {float: right; width: 680px; background: #638DC6; padding: 10px; text-align: right;}

div#navigation {float: left; width: 200px; background: #B9CAFF;}

div#mainbody {float: right; width: 680px; background: #F0F6FC; padding: 10px;}

div#footer {margin: 0; padding: 2px; color: #fff; background: #333; clear: both; width: 100%;}

/* 以下是标题和作为菜单的无序列表 */
h1 {text-align: center; font-size: 18px;}
ul.menu {list-style-type: none; line-height: 28px; list-style-image:url("../image/menu.png");}
```

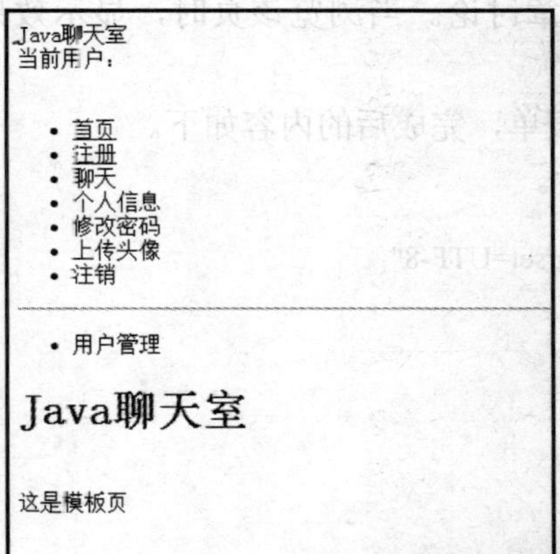

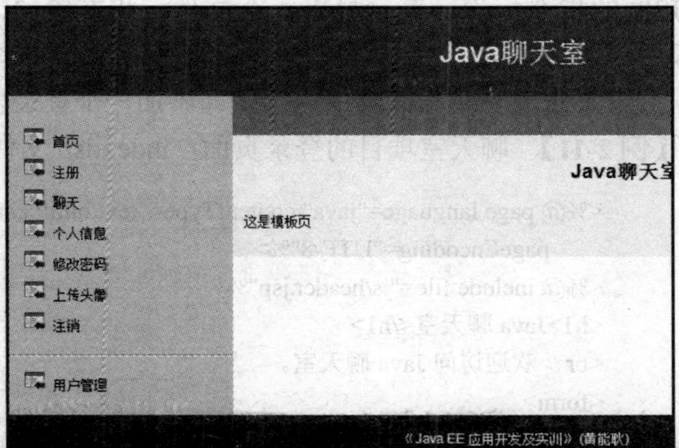

图 2-9 应用 CSS 之前和之后的界面

可以看到，在应用 CSS 之前，HTML 的元素缺少格式，并且是顺序排列的，应用 CSS 样式之后，HTML 的有关元素就根据 CSS 样式进行定位，显示出丰富的外观界面。由于客户端编程不是本书的重点，因此不作详细讨论。

2.7.3 页面编写

1．拆分模板页

由于图 2-7 中的（1）、（2）、（3）和（5）区的内容比较固定，其中（1）、（2）和（3）区的内容可以作为页头文件，保存在一个文件中，命名为 header.jsp，而（5）区的内容可以作为页尾文件，保存在另一个文件中，命名为 footer.jsp。具体步骤如下。

1）在 inc 目录中保存页头和页尾文件。

- header.jsp：页头文件，内容是模板文件中<div id="mainbody">以上的内容。
- footer.jsp：页尾文件，内容是模板文件中<div id="footer">以下的内容。

2）创建两个 JSP 文件：index.jsp 和 register.jsp，内容是⑷正文区 mainbody 的部分。

2．编辑首页 index.jsp

先将 index.jsp 的内容修改为如下代码。

```
<%@ page language="java" contentType="text/html; charset=UTF-8"
    pageEncoding="UTF-8"%>
<%@ include file="js/header.jsp"%>
                <h1>Java 聊天室</h1>
                <br />这是模板页
                <br />
                <br />
<%@ include file="js/footer.jsp"%>
```

上述内容由 4 部分组成，页头（第 1、2 行）、包含头文件（第 3 行），模板文件中删除了头和尾的部分（中间 4 行），包含尾文件（最后一行），也就是说，将模板文件分成了 3 个文件，然后将这 3 个文件再合并起来。其中，<%@ include file="js/header. jsp"%> 是 JSP 的指令标识，表示导入一个文件，将在第 3 章讨论。当浏览该页时，显示效果与模板页完全相同。

接下来修改 index.jsp 页的内容，即添加一个登录表单，完成后的内容如下。

【例 2-11】 聊天室项目的登录页面：index.jsp 文件。

```
<%@ page language="java" contentType="text/html; charset=UTF-8"
    pageEncoding="UTF-8"%>
<%@ include file="js/header.jsp"%>
<h1>Java 聊天室</h1>
<br />欢迎访问 Java 聊天室。
<form>
    <br />请登录：
    <br />账号：<input type="text" name="login_name"/>
    <br />密码：<input type="password" name="password"/>
    <br /><input type="submit" name="submit" value="登录"/>
</form>
```

```
<%@ include file="js/footer.jsp"%>
```

index.jsp 页的界面代码编写完成。这个表单中有文本框、密码框和提交按钮，通过浏览器访问这个页面，观察表单代码的显示效果。

3．编辑注册页 register.jsp

完成后的内容如下。

【例 2-12】 聊天室项目的注册页面：register.jsp 文件。

```
<%@ page language="java" contentType="text/html; charset=UTF-8"
    pageEncoding="UTF-8"%>
<%@ include file="js/header.jsp"%>
<h1>用户注册</h1>
<form>
        <br />姓名：<input type="text" name="name"/>
        <br />账号：<input type="text" name="login_name"/>
        <br />密码：<input type="password" name="password1"/>
        <br />密码确认：<input type="password" name="password2"/>
        <br />手机号码：<input type="text" name="mobile"/>
        <br />出生日期：<input type="text" name="birthday"/>
        <br />性别：<input type="radio" name="sex" value="F"/>女
                        <input type="radio" name="sex" value="M"/>男
        <br />兴趣爱好：<input type="checkbox" name="farorite" value="reading"/>阅读
                            <input type="checkbox" name="farorite" value="sports"/>体育
                            <input type="checkbox" name="farorite" value="travel"/>旅游
                            <input type="checkbox" name="farorite" value="music"/>音乐
                            <input type="checkbox" name="farorite" value="game"/>游戏
        <br />学历：<select name="education">
                            <option value="college">大学</option>
                            <option value="middle">中学</option>
                            <option value="primary">小学</option>
                    </select>
        <br />个人介绍：
        <br /><textarea name="description" cols="70" rows="3"></textarea>
        <br /><input type="submit" name="submit" value="注册"/>
</form>
<%@ include file="js/footer.jsp"%>
```

注册页面的主体也是一个表单，其中有文本框、密码框、单选按钮、复选框、下拉菜单以及文本区域等多种表单元素。通过浏览器访问这个页面，观察每种表单元素的显示效果。

2.7.4 页面美化

下面以注册页为例，对页面进行美化。该页面的表单不整齐，因此用表格（table）进行布局排版。

```
        <table>
            <tr>
                <td align="right">姓名*：</td>
```

```
                <td><input type="text" name="name"/></td>
        </tr>
        <tr>
                <td align="right">账号*: </td>
                <td><input type="text" name="login_name"/></td>
        </tr>
```

等等，每一行都改为表格的一行

```
    <table>
```

然后再用 jQuery 和 CSS 技术对其进行美化，在页面的 head 部分加上下述代码：

```
<script type="text/javascript">
    $(document).ready(function() {
        $(" tr:odd").css("background-color", "#C9E4D6");
        $(" tr:even").css("background-color", "#99D1D3");
    });
</script>
```

2.7.5 日期处理

出生日期使用选择的方式来录入会更为方便。可以采用 jQuery 的 UI 插件来实现，在页面的 head 部分加上下述代码：

```
<link rel="stylesheet" href="js/jquery-ui.css" />
<script src="js/jquery-ui.js"></script>
<script>
    $(function() {
        $("#datepicker").datepicker();
    });
</script>
```

$("#datepicker").datepicker();表示对 id 为 datepicker 的元素进行 datepicker()函数操作。因此，将生日的输入文字框加上 id 值 datepicker：

```
<tr>
    <td align="right">出生日期：</td>
    <td><input type="text" name="birthday" id="datepicker" /></td>
</tr>
```

2.7.6 录入校验

这里只作前 3 个字段和手机号码的校验。校验代码如下：

首先为 form 增加 onsubmit ()属性，即指定提交前将执行的 JavaScript 函数：

```
<form onsubmit="return checkForm()">
```

该语句是一个 submit 的事件处理，当用户单击“FORM”的提交按钮时，将触发 checkForm()的执行，从而实现提交时的客户端校验。注意不要漏写了 return 这个返回语句。然后编写 JavaScript 校验用的函数 checkForm。代码如下。

```
<script type="text/javascript">
    function checkForm() {
        if (document.getElementsByName("name")[0].value.length < 2) {
            alert("姓名长度至少两个字符。");
            return false;
        }
        if (document.getElementsByName("login_name")[0].value.length < 3) {
            alert("账号长度至少 3 个字符。");
            return false;
        }
        if (document.getElementsByName("password1")[0].value.length < 5) {
            alert("密码长度至少 5 个字符。");
            return false;
        }
        if (document.getElementsByName("password1")[0].value != document
                .getElementsByName("password2")[0].value) {
            alert("输入的两次密码不匹配。");
            return false;
        }

        var reg = /^1[2|3|4|5|8][0-9]\d{4,8}$/;
        email = document.getElementsByName("mobile")[0].value;
        if (email!="" && !reg.test(email)) {
            alert("手机号码格式不正确。");
            return false;
        }
        return true;
    }
</script>
```

代码中的 document.getElementsByName()是一个引用 HTML 元素的函数，在一个 HTML 页面中可能存在同名的 HTML 元素，因此需要用下标[]来指明引用的是同名元素中的第几个元素。当引用某个元素后，还可以引用其值，或为其赋值。因此 JavaScript 语言可以对 HTML 进行编程，jQuery 就是利用了这一点，实现了对 HTML 元素灵活的操作。

最后完成的注册页面的全部代码如【例 2-13】所示。

【例 2-13】 注册页面界面的完整代码 register.jsp。

```
<%@ page language="java" contentType="text/html; charset=UTF-8"
    pageEncoding="UTF-8"%>
<%@ include file="js/header.jsp"%>
<script type="text/javascript">
    $(document).ready(function() {
        $("tr:odd").css("background-colcr", "#C9E4D6");
        $("tr:even").css("background-color", "#99D1D3");
    });
</script>
```

```
<link rel="stylesheet" href="js/jquery-ui.css" />
<script src="js/jquery-ui.js"></script>
<script>
    $(function() {
        $("#datepicker").datepicker();
    });
</script>
<script type="text/javascript">
    function checkForm() {
        if (document.getElementsByName("name")[0].value.length < 2) {
            alert("姓名长度至少两个字符。");
            return false;
        }
        if (document.getElementsByName("login_name")[0].value.length < 3) {
            alert("账号长度至少 3 个字符。");
            return false;
        }
        if (document.getElementsByName("password1")[0].value.length < 5) {
            alert("密码长度至少 5 个字符。");
            return false;
        }
        if (document.getElementsByName("password1")[0].value != document
                .getElementsByName("password2")[0].value) {
            alert("输入的两次密码不匹配。");
            return false;
        }

        var reg = /^1[2|3|4|5|8][0-9]\d{4,8}$/;
        email = document.getElementsByName("mobile")[0].value;
        if (email!="" && !reg.test(email)) {
            alert("手机号码格式不正确。");
            return false;
        }
        return true;
    }
</script>

<h1>用户注册</h1>
<form onsubmit="return checkForm()">
    <table>
        <tr>
            <td align="right">姓名*：</td>
            <td><input type="text" name="name"/></td>
        </tr>
        <tr>
            <td align="right">账号*：</td>
```

```
        <td><input type="text" name="login_name"/></td>
    </tr>
    <tr>
        <td align="right">密码*：</td>
        <td><input type="password" name="password1"/></td>
    </tr>
    <tr>
        <td align="right">密码确认*：</td>
        <td><input type="password" name="password2"/></td>
    </tr>
    <tr>
        <td align="right">手机号码：</td>
        <td><input type="text" name="mobile"/></td>
    </tr>
    <tr>
        <td align="right">出生日期：</td>
        <td><input type="text" name="birthday" id="datepicker"/></td>
    </tr>
    <tr>
        <td align="right">性别：</td>
        <td><input type="radio" name="sex" value="F"/>女
            <input type="radio" name="sex" value="M"/>男</td>
    </tr>
    <tr>
        <td align="right">兴趣爱好：</td>
        <td><input type="checkbox" name="fauorite" value="reading"/>阅读
            <input type="checkbox" name="fauorite" value="sports"/>体育
            <input type="checkbox" name="fauorite" value="travel"/>旅游
            <input type="checkbox" name="fauorite" value="music"/>音乐
            <input type="checkbox" name="fauorite" value="game"/>游戏</td>
    </tr>
    <tr>
        <td align="right">学历：</td>
        <td><select name="education">
                <option value="college">大学</option>
                <option value="middle">中学</option>
                <option value="primary">小学</option>
        </select></td>
    </tr>
    <tr>
        <td align="right">个人介绍：</td>
        <td><textarea name="description" cols="70" rows="3"></textarea></td>
    </tr>
    <tr>
        <td align="right"></td>
        <td><input type="submit" name="submit" value="注册"/></td>
```

```
            </tr>
        </table>
    </form>
    <%@ include file="js/footer.jsp"%>
```

2.8 小结

本章讨论了客户端编程中常用的技术，HTML、CSS、XML、JavaScript 和 jQuery，并简单介绍了 Ajax 技术。在后续的章节中，常常会用到本章的知识，通过应用，还可以加强并巩固。下一章正式开始 Java EE 的入门阶段 JSP 的学习。

2.9 作业

一、问答题

1．举例说明 CSS 与 HTML 的关系。

2．XML 与 HTML 有什么区别？它们各自有什么作用，又有些什么应用？

3．JavaScript 与 Java 语言有什么区别？

4．JavaScript 变量有什么特点？数据类型转换是如何进行的？

5．什么是 Ajax，它有什么作用（可以上网查找有关资料）。

二、探索题

1．从网上找一个名为 treeview 的树形菜单的 jQuery 插件，试着写一个树形菜单。

2．访问 http://www.w3school.com.cn/，学习更多的有关客户端编程的知识。

第 3 章　JSP 技术——聊天室功能实现

通过前一章的学习，我们掌握了客户端编程的基本技术，包括 HTML、CSS、XML、JavaScript 和 jQuery 等，并用这些技术完成了聊天项目的界面设计和编写。

本章开始学习服务器端编程，由于服务器端编程的技术比较复杂，因此将分为 4 个阶段，分别学习 JSP、数据库和 Hibernate、Struts2 和 Spring 等技术。本章首先学习 JSP 技术，并用这个技术在实训 2 的基础上，实现一个具有简单功能的聊天室。

3.1　聊天室项目需求分析

3.1.1　项目需求

在项目的前一阶段，设计并实现了聊天室项目的界面，用客户端编程技术完成了首页和注册页，并实现客户端的数据校验功能。本阶段的需求如下。

- 实现登录功能，账号可以自由取名，统一使用密码“123”。未登录用户无权发言，但可以看到聊天的内容。
- 用 JSP 技术实现聊天功能，能够显示发言者的账号、发言时间、IP 地址和发言内容。
- 由于还未学习数据库访问技术，所以不实现服务器端的注册功能，登录功能也不与注册集成，聊天信息也不保存在数据库中。

3.1.2　学习需求

为实现这个需求，需要学习在服务器端处理用户的登录信息，密码验证，聊天信息的接收、保存以及刷新显示所有用户的聊天信息。因此，需要学习 JSP 的基本语法、内置对象，以及相关的基础知识。

3.2　JSP 基本语法

一个基于 Java EE 的 Web 项目是由配置文件、JSP 文件、类文件（java 文件）以及网站资源（静态 HTML 文件、CSS 文件、JS 文件、图片文件以及音视频文件等）组成的。在第 1 章实训 1 中简单介绍过 JSP 文件，实训 2 也使用了 JSP 文件，本章详细讨论 JSP 技术。

3.2.1　JSP 文件的构成

JSP 文件（JSP 页面）是通过在 HTML 语言中嵌入 Java 语句（脚本）来实现的。一个 JSP 页面由两大部分元素组成。

- HTML 元素：有 HTML 标签、JavaScript 脚本及 CSS 层叠样式表等。
- JSP 元素：有指令标识、脚本标识、动作标识和注释标识等，在脚本标识里还可以使用 JSP 的内置对象。

JSP 页面的基本格式如下：

```
<%@ 指令标识 %>
<html>
        <head>
                <title>页面标题</title>
        </head>
        <body>
        <!-- HTML 元素 -->
<%
        //      JSP 元素（脚本标识、注释标识等）
%>
<jsp:动作标识>
        <!-- HTML 元素 -->
        </body>
</html>
```

3.2.2 指令标识

指令标识用于向 Web 容器发出指示，从而控制 JSP 页面的某些特性。指令标识有 page、include 和 taglib 等。指令标识的格式是：

```
<%@ 指示名 [一个或多个指示属性] %>
```

1．全局指令 page

全局指令 page 用于对 JSP 文件的全局属性进行设置。page 指令只在当前页有效，即每个页面都有自身的 page 指令，如果没有对某些属性进行设置，将使用默认的属性值。

page 指令的属性及默认值见表 3-1。

表 3-1 page 指令的属性及默认值

属　性	说　明	默 认 值
language	指定 JSP 页面使用的脚本语言（必选，其余均为可选）	java
import	引用包或类文件，相当于 Java 语言的 import 语句	无
session	是否启用 session	true
isErrorPage	本页是否是一个错误处理页面	false
pageEncoding	JSP 文件的字符编码方式，建议统一使用 UTF-8	ISO-8859-1
contentType	指定 MIME 类型和字符编码方式，建议统一使用 UTF-8	text/html; charset=ISO-8859-1

除了 import 属性之外，其他属性在一个页面中只能设置一次。page 指令的例子如下：

```
<%@ page language="java"session="true"contentType="text/html; charset=UTF-8"%>
<%@ page import="java.util.* "%>
<%@ page import="java.io.* "%>
```

上述指令设置 JSP 页面使用 Java 作为页面的脚本语言，开启 session 功能（默认值），即设置 session 内置对象有效，session 内置对象在绝大多数的页面中都是需要的，将在后面详细讲述。设置页面的 MIME 类型为 text/html，即普通的 HTML 页面，字符编码采用 UTF-8 编码。上述全局指令还引入了两个包 java.util 和 java.io。实例见第 1 章实训 1 的【例 1-1】。

2．文件引用指令 include

include 指令是用来引用外部文件的，此处的引用应该理解为合并，即将一个外部文件包含到自身中。格式如下。

```
<%@ include file="被引用文件" %>
```

在第 2 章实训 2 的聊天室界面设计中，首页和注册页（【例 2-11】和【例 2-12】）都使用了 include 指令标识，用于引用页头和页尾的内容，合并后成为一个完整的网页。include 指令的优点如下。

- 减少代码冗余：将一些多个页面共用的代码提取出来，写入一个单独的文件。
- 提高可维护性：如果需要修改共用的部分，只需修改一个文件。

因此即使是小型项目，也应该合理使用 include 指令。一个文件可以引用多个文件，引用文件和所有被引用文件必须使用相同的字符编码格式，如果不一致，将会出现异常。

3．标签指令 taglib

将在 5 章详细讨论。

3.2.3 脚本标识

脚本是一些嵌入在 JSP 文件中的 Java 代码，根据其起作用的方式的不同，脚本标识分为程序标识、表达式标识、声明标识和注释标识 4 种。

1．程序标识

在 JSP 页面中，程序也称为“小脚本”，这些小脚本可以是任意的 Java 代码片段。格式如下：

```
<% …… // Java 代码片段 %>
```

代码【例 3-1】是一个简单的例子。

【例 3-1】 脚本标识的例子（第 1 章实训 1 的服务器端动态网页 demo.jsp）。

```
<%@ page language="java" contentType="text/html; charset=UTF-8" pageEncoding="UTF-8"%>
<%@ page import="java.util.Date"%>
<!DOCTYPE html PUBLIC "-//W3C//DTD HTML 4.01 Transitional//EN" 
http://www.w3.org/TR/html4/loose.dtd">
<html>
<head>
<meta http-equiv="Content-Type" content="text/html; charset=UTF-8">
<title>Insert title here</title>
</head>
<body>
    <%
    Date date = new Date();                                   // 服务器端程序
    out.print("从服务器向你问候，");
```

```
        out.print(date.getHours() <= 12 ? "上午好!":"下午好!");
    %>
    </body>
    </html>
```

例中第 2 行导入了一个 Date 类，在小脚本中初始化了 Date 类的一个实例 date，接下来的一行通过 out 内置对象输出一行字符串到客户端的浏览器上，然后根据当前时间输出问候语。注意如果使用 System.out.print()将把输出送到控制台，即运行 Tomcat 的服务器上。

2．表达式标识

表达式标识的作用是向页面输出一个表达式的值，它等价于 out.print()。在一个表达式标识中只能输出一个表达式的值，表达式后不需加分号。格式如下。

```
<%= …… // 一个合法的 Java 表达式 %>
```

下面给出一段代码，它将字符串数组的值以表格的形式显示，其中用到了表达式标识。

【例 3-2】 脚本标识和表达式标识的例子：以表格的形式输出数组的内容。

```
<%@ page language="java" contentType="text/html; charset=UTF-8" %>
<html>
<body>
<%
    String[] str = { "主机", "显示器", "键盘", "鼠标" };                    // 初始化数据
%>
<table border="1" width="400">
    <tr>
        <td width="80" align="center">序号</td>
        <td width="250" align="center">内容</td>
        <td width="70" align="center">备注</td>
    </tr>
    <%
        for (int i = 0; i < str.length; i++) {                          // 循环的开始
    %>
    <tr>
        <td width="80" align="right"><%=i + 1%></td>     <!-- 循环体中是 HTML 标签 -->
        <td width="250"><%=str[i]%></td>
        <td width="70"> </td>
    </tr>
    <%
        }                                                 // 循环的结束
    %>
</table>
</body>
</html>
```

这段代码中有 3 段程序标识和两个表达式标识。其中第 1 段程序标识用于初始化将要显示的数据，该数据保存在一个数组中。第 2 段代码是一个 for 循环语句的开始，而第 3 段代码是 for 循环的结束，只有一个反花括号。在循环体中是一行表格的 HTML 标签，该行以<tr>开始，以</tr>结束。在表格的第 1 列用表达式标识输出序号，第 2 列输出数组的值。

表达式标识是为了方便程序的编写而引入的，本质上是一行简化了的 out.print()语句。

3．声明标识

使用程序标识编写的是嵌入的 Java 语句，但是它不能定义方法，它所声明的变量仅仅是局部变量，如果要声明方法或成员变量，就必须使用声明标识，这些方法和成员变量将在程序标识和表达式标识中使用。格式如下（注意其中的感叹号）。

```
<%! …… // Java 声明语句 %>
```

【例 3-3】 说明声明标识与小脚本及表达式标识的区别的例子。

```
<%@ page language="java" import="java.util.*" pageEncoding="UTF-8"%>
<html>
<body>
成员变量值 = <%=str%><br>                <!-- 1、使用成员变量，成员变量是全局的 -->
<%
        String s = "我是局部变量";           // 局部变量，必须先声明后使用，脚本标识
%>
方法返回值 = <%=getString()%><br>        <%-- 2、调用方法   --%>
<%!String str = "我是成员变量";           // 声明成员变量，声明标识

        public String getString() {         // 定义了一个方法
                return "我是成员方法的返回值";
        }
%>
局部变量值 = <%=s%>                      <!-- 3、引用局部变量  -->
</body>
</html>
```

这个 JSP 页面的显示结果是：

```
成员变量值 = 我是成员变量
方法返回值 = 我是成员方法的返回值
局部变量值 = 我是局部变量
```

在运行时，每个 JSP 文件都会被翻译为一个对应的 Java 类文件（称为 Servlet 类），在这个类文件中，声明标识的代码作为成员变量和成员方法，程序标识作为其默认方法（相当于主方法）的代码，表达式标识则改写为 out.print(表达式)，与程序标识同样处理。

要注意区别程序标识、表达式标识与声明标识的不同，参见表 3-2。

表 3-2　程序标识、表达式标识与声明标识的比较

比　较　项	程序标识、表达式标识	声明标识
所处地位	方法中的代码	类中的成员变量或成员方法
能否包含方法定义	否	能
能否包含变量定义	能（局部变量）	能（成员变量）
能否包含普通代码	能	否
顺序性	嵌入顺序与结果有关	嵌入顺序与结果无关
能否使用内置对象[注 1]	能	否

注 1：内置对象在下一节讨论。

4．注释标识

在一个 JSP 页面中，在不同的部分使用不同的注释方式，而且效果也有一点细微的区别。

（1）HTML 注释

在 HTML 语言部分，使用下述格式进行注释的是 HTML 注释：

```
<!-- 注释内容 -->
```

注释内容不会在用户的浏览器中显示，但是注释的内容会以源代码的方式传输到用户端，用户可以通过查看源代码的方式看到注释的内容。一般不建议使用。

（2）JSP 注释

在 HTML 语言部分，使用下述格式进行注释的是 JSP 注释：

```
<%-- 注释内容 --%>
```

注释内容不会以源代码的方式传输到用户，用户无法看到这类注释。

（3）脚本注释

在小脚本标识、表达式标识和声明标识中使用脚本注释，也就是标准的 Java 注释：

```
// 单行注释
/*
多行注释
*/
```

由于 JSP 中的脚本是将运行的结果传送到客户端，因此脚本注释不会以源代码的方式传输到用户，用户无法看到这类注释。实例见【例 3-2】和【例 3-3】的各类注释。

3.2.4　动作标识

动作标识采用严格的 XML 标签语法，嵌入在 JSP 文件中。根据动作的功能，可分为转发页面、包含文件、使用 JavaBean、嵌入插件和标记文件等。

1．转发页面<jsp:forward>

jsp:forward 动作把请求转发到另外一个页面，这个动作只有一个属性 page。格式为：

```
<jsp:forward page="URL" />
```

下面是一个例子：

【例 3-4】 转发页面的例子（一）转发页面：forward.jsp 文件。

```
<%@ page language="java" pageEncoding="UTF-8"%>
<jsp:forward page="redirected.jsp" />
<html>
<body>
这是转发页面，将不被显示。
</body>
</html>
```

【例 3-5】 转发页面的例子（二）被转发页面：forwarded.jsp 文件。

```
<%@ page language="java" pageEncoding="UTF-8"%>
<html>
<body>
这是被转发的页面。注意地址栏的地址仍然是原来的地址。
</body>
</html>
```

访问 forward.jsp 页面时，将被转发到 forwarded.jsp 页面，实际的输出结果是 forwarded.jsp 的内容而非 forward.jsp 的内容，而浏览器地址栏的 URL 仍然显示 forward.jsp。

转发是在服务器内部（Web 容器）进行的，用户并不知道页面被转发了。

2．包含文件<jsp:include>

jsp:include 动作的作用是引用一个外部文件，其格式为：

```
<jsp:include page="URL" flush="true|false" />
```

flush 属性指定在将页面包含进来之前是否清空主页面的输出流，默认值为 false。

jsp:include 动作与前一小节的 include 指令功能相似，但引入的时机不同，因此 jsp:include 动作与 include 指令有所区别（见表 3-3），需要特别注意。

表 3-3　jsp:include 动作与 include 指令的区别

比　较　项	include 指令	jsp:include 动作
语法格式	<%@ include file=".."%>	<jsp:include page="..">
发生作用的时间	编译期间	运行期间
包含的内容	文件的实际内容（合并后翻译、编译、运行）	页面的输出结果（运行后，将结果合并）
影响主页面	可以（变量等在同一个类中）	不可以（变量等在不同的两个类中）

在项目中，include 指令用得比较多，而 jsp:include 动作则比较少用。

3．JavaBean 相关<jsp:useBean>

JavaBean 将在 3.5.3 详细讨论。

实验 3-1：JSP 基本语法。本章的实验项目是 helloJSP，按第 1 章实训 1 所述步骤，创建一个名为 helloJSP 的动态 Web 项目，然后在这个项目中安装并运行 Jitor 实训指导软件，根据指导软件的要求进行实验，实验内容是本小节讨论的 JSP 基本语法。

3.3　JSP 内置对象

Web 应用是基于 HTTP 协议的，它采用的是请求/响应模型。客户机通过浏览器向服务器发出一个请求，服务器根据请求中所包含的信息进行处理，然后返回处理的结果作为响应，交给客户机，显示在浏览器的屏幕上，请求/响应模型见图 3-1。

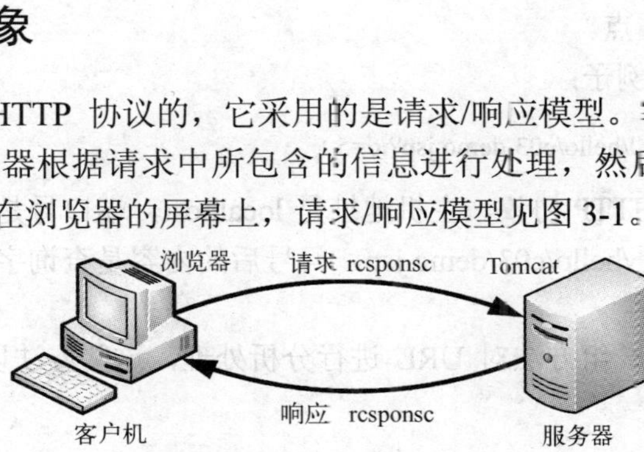

图 3-1　请求/响应模型

在 JSP 中，请求和响应分别用两个内置对象表示，加上另外的对象，JSP 提供了九种内置对象（见表 3-4），这些对象可以在 JSP 页面中直接使用，不必事先定义，从而使 JSP 编程更加方便和快捷。

表 3-4　JSP 内置对象

名　称	类　型	使用范围	说　明
out	javax.servlet.jsp.JspWriter	page	输出到客户端浏览器
request	javax.servlet.http.HttpServletRequest	request	获取客户端信息
response	javax.servlet.http.HttpServletResponse	page	向客户端发送信息
session	javax.servlet.http.HttpSession	session	保存用户信息
application	javax.servlet.ServlectContext	application	保存公共信息
exception	java.lang.Throwable	page	处理 JSP 运行时产生的错误和异常
config	javax.servlet.ServletConfig	page	从 Web 容器中获取初始化信息
page	java.lang.Object	page	this 的同义词，指 JSP 页面本身
pageContext	javax.servlet.jsp.PageContext	page	设置和获取 JSP 运行时的属性

3.3.1　内置对象 request

内置对象 request 是 JSP 中最重要的一个对象，它封装了客户请求的所有信息，包含如下方面的内容。

- 请求相关的信息（URL）。
- 用户提交的数据。
- 网络相关信息（请求使用的方法、客户机的 IP 地址等）。

1．请求相关的信息

请求中最重要的部分就是网址，即 URL。服务器要充分理解客户端提交的 URL，才能对此进行处理。一个完整的 URL 包括了下述信息。

- 协议名称：这是一个应用层协议的名称，如 HTTP、FTP 等。
- 主机地址：可以是主机的 IP 地址，也可以是域名。
- 端口号[可选]：如果省略，则使用协议的默认端口号，如 HTTP 协议使用 80。
- 文件名[可选]：资源的文件名，由 URI 和查询字符串两部分组成。
- 引用[可选]：即锚点。

一个典型的 URL 的例子：

http://localhost:8080/hello/c03/demo.jsp?id=5

它表示该资源使用 HTTP 协议，主机地址是 localhost，端口号是 8080（如果是默认端口号 80，可省略），URI 是/hello/c03/demo.jsp，问号后的内容是查询字符串，即 id=5。缺少内部引用一项。

Request 对象提供了一组方法对 URL 进行分析处理，这些方法以及对上述 URL 处理后的返回值如表 3-5 所示。

表 3-5　内置对象 request 的常用方法（1）

方　　法	说　　明	返回值的例子
String getRequestURL()	完整的网址（URL）	http://localhost:8080/hello/c03/demo.jsp?id=5
String getServerName()	服务器的主机名	localhost
String getLocalAddr()	服务器的 IP 地址	127.0.0.1
String getServerPort()	服务器端口号	8080
String getRequestURI()	URI 部分	/hello/c03/demo.jsp
String getContextPath()	URL 的上下文部分	/hello
String getServletPath()	URL 的 Servlet 名字部分	/c03/demo.jsp
String getQueryString()	URL 之后的查询字符串	id=5
String getParameter("id")	查询字符串 id 的值	5

2. 用户提交的数据

用户可以通过两种方法提交数据，一是通过 URL 后的查询字符串（参见表 3-5）；二是通过表单提交。内置对象 request 的常用方法（2）如表 3-6 所示。

表 3-6　内置对象 request 的常用方法（2）

方　　法	说　　明	返回值的例子
String getParameter("id")	查询字符串 id 或表单中 id 的值	5
String[] getParameterValues("txt")	查询字符串 txt 或表单中 txt 的多个值	[txt 字段的多个值，以字符数组的形式]

虽然常用的相关方法只有两个，但它们在动态网页中的地位却是极其重要的，几乎是接收用户数据的唯一方法。【例 3-6】是一个简单的例子。

【例 3-6】 接收用户数据：data.jsp 文件。

```
<%@ page language="java" contentType="text/html; charset=UTF-8" pageEncoding="UTF-8"%>
<html>
<head>
</head>
<%
request.setCharacterEncoding("UTF-8");          // 用于指定字符编码是 UTF-8,否则会出现乱码
%>
<body>
    <h1>用户数据测试</h1>
    你的输入是:<%=request.getParameter("my-name")%>
    <form action="data.jsp" method="POST">
        请输入你的名字：<input type="text" name="my-name" /><br>
        <input type="submit" name="submit" value="登录" />
    </form>
</body>
</html>
```

访问这个页面，并注意观察下述几个现象。

- Form 的 action 值为 data.jsp，说明数据是由 data.jsp 文件接收并处理的。在本例中，提交数据和接收数据是同一个文件，但也可以是不同的文件。

- 文本框的名字为 my-name，获取用户数据时的参数名必须同样是 my-name。
- Form 的 method 值可以是 POST 也可以是 GET，通过修改它，比较二者的区别（观察 URL 的不同）。
- 观察 getParameter()返回的值什么时候是 null，什么时候是空字符串，什么时候是有真实的值。

3．网络相关的信息

与网络相关的信息主要是 HTTP 的版本号、请求使用的方法、以及获取客户机的 IP 地址，该地址可以用来监视用户所在的位置。内置对象 request 的常用方法（3）见表 3-7。

表 3-7　内置对象 request 的常用方法（3）

方　法	说　明	返回值的例子
String getProtocol()	传输协议	HTTP/1.1
String getMethod()	HTTP 请求使用的方法，表单中 method 的方法	GET
String getRemoteAddr()	客户机的 IP 地址	127.0.0.1 (这里是从本机访问)

3.3.2　内置对象 response

内置对象 response 的作用是向用户返回信息，包括如下内容。

- 状态信息：返回 HTTP 协议的状态码，如 200 表示成功，5xx 表示出错，4xx 表示权限不够等，其中十分重要的一个状态是 404，它表示找不到要访问的资源。
- HTTP 文件头信息：如文件的长度等。
- contentType 属性：告诉浏览器返回内容的类型，如文本、图片、压缩文件等。
- sendRedirect：重定向到另一个页面。

状态信息和文件长度等是自动设置的。内置对象 response 的常用方法见表 3-8。

表 3-8　内置对象 response 的常用方法

方　法	说　明
PrintWriter getWriter()	返回 PrintWriter 的实例，用来向客户端输出字符
void sendRedirect(java.lang.String location)	重新定向客户端的请求
void setContentType(String type)	设置响应的 MIME 类型

1．getWriter

getWriter()返回一个 PrintWriter 对象的实例，out 内置对象就是这样声明的。

```
PrintWriter out = response.getWriter();
```

2．sendRedirect

response 的 sendRedirect()方法与 jsp:forward 动作标识有相似的功能，但有本质的区别，前者是重定向到指定的页面，而后者是转发到指定的页面（sendRedirect()方法与 jsp:forward 动作的区别见表 3-9）。

表 3-9　sendRedirect()方法与 jsp:forward 动作的区别

	sendRedirect()方法	jsp:forward 动作
语法格式	request.sendRedirect(URL)	<jsp:forward page="path" />

（续）

	sendRedirect()方法	jsp:forward 动作
使用的参数	URL（绝对 URL 或相对 URL）	Path（应用程序内的路径）
发生作用的地点	客户端浏览器	服务器端内部
转向的页面	任意页面，包括外部网页	同一个 Web 应用内部
传递 request 数据	否	是
浏览器地址栏	显示重定向后的地址	不改变

以下是对 sendRedirect()方法与 jsp:forward 动作进行比较的例子。编写 3 个 JSP，一个是重定向页面，另一个是转发页面，最后一个是同时用于被重定向和被转发的页面。

【例 3-7】 重定向的主页面 redirect.jsp 文件。

```
<%@ page language="java" contentType="text/html; charset=UTF-8" pageEncoding="UTF-8"%>
<html>
<head>
<title>重定向主页面</title>
<% response.sendRedirect("sub.jsp"); %>
</head>
<body>
重定向主页面
</body>
</html>
```

【例 3-8】 转发页面的主页面 forward.jsp 文件。

```
<%@ page language="java" contentType="text/html; charset=UTF-8" pageEncoding="UTF-8"%>
<html>
<head>
<title>转发主页面</title>
<jsp:forward page="sub.jsp" />
</head>
<body>
转发主页面
</body>
</html>
```

【例 3-9】 次页面 sub.jsp 文件（被用于重定向或转发）。

```
<%@ page language="java" contentType="text/html; charset=UTF-8" pageEncoding="UTF-8"%>
<html>
<head>
<title>次页面</title>
</head>
<body>
次页面，注意观察网址是什么，以及网页标题是什么？
</body>
</html>
```

虽然显示的都是 sub.jsp 的内容，当访问 redirect.jsp 时，地址栏会跳转到 sub.jsp，这时就是重定向，当访问 forward.jsp 时，地址栏仍然是 forward.jsp，这时就是转发，从中可以看出二者的不同。

3.3.3 内置对象 out

内置对象 out 的常用方法见表 3-10。

表 3-10 内置对象 out 的常用方法

方 法	说 明
void print()	输出到客户端浏览器
void println()	输出到客户端浏览器并换行

内置对象 out 是最常用的一个内置对象，它的主要作用是输出信息到客户端。例如：

```
out.println("Java 程序设计。");
out.print("JSP 程序设计。");
```

out.println()方法无法在浏览器上显示换行，它只是在输出的 HTML 源代码中实现换行。如果要在浏览器上显示换行，则应该显式输出 HTML 标签
或<p>：

```
out.print("Java 程序设计。<br />");
```

3.3.4 内置对象 session

HTTP 协议不能保存用户访问 Web 应用的历史记录，因此提供了会话（Session）机制来弥补这个缺陷。内置对象 session 在页面之间传递用户会话信息。会话是指一个用户的浏览器与 Web 服务器之间的会话，一次会话是指从用户第 1 次访问服务器的某个页面开始，直到用户离开或超时为止。每个用户有一个用户自己的会话。内置对象 session 的常用方法见表 3-11。

表 3-11 内置对象 session 的常用方法

方 法	说 明
void setAttribute(String key, Object obj)	设置名为 key 的对象 obj，保存在 session 中
Object getAttribute(String key)	从 session 中取出已保存的名为 key 的对象值
void removeAttribute(String key)	从 session 中清除名为 key 的对象值
Enumeration getAttributeNames()	取得 session 内所有属性的集合
void setMaxInactiveInterval(int seconds)	设置超时时间（秒）
invalidate()	使当前会话失效

内置对象 session 的最主要作用是管理在会话期间的变量，这些变量是保存在一个 Map 中的，也就是说，是以键/值对的形式来保存变量，用来在同一个会话的不同页面间传递变量的值。例如在一个页面中使用 session 内置对象来设置变量 userName 的值。

```
session.setAttribute("userName", "zhangming");
```

就能够在同一会话的其他页面读出这个变量的值。

```
<%=session.getAttribute("userName") %>
```

下面用一个例子演示 session 的作用，编写两个 JSP 文件，其中一个在 session 中保存用户名（key 为 userName）的值，另一个从 session 中读出用户名的值。

【例 3-10】 设置 userName 的 JSP 页面，文件名 setAttribute.jsp。

```
<%@ page language="java" contentType="text/html; charset=UTF-8" pageEncoding="UTF-8"%>
<html>
<head>
<title>设置 userName</title>
<% session.setAttribute("userName", "zhangming"); %>
</head>
<body>
设置 userName
</body>
</html>
```

【例 3-11】 读取 userName 的 JSP 页面，文件名 getAttribute.jsp。

```
<%@ page language="java" contentType="text/html; charset=UTF-8" pageEncoding="UTF-8"%>
<html>
<head>
<title>读取 userName</title>
</head>
<body>
userName 的值是：<%=session.getAttribute("userName") %>
</body>
</html>
```

如果在访问 setAttribute.jsp 之前访问 getAttribute.jsp，这时会看到 userName 的值为 null，当访问了 setAttribute.jsp 之后再访问 getAttribute.jsp，则可以看到 userName 的值为 setAttribute.jsp 页面中设置的值。不论从哪个页面访问 userName，只要还在会话的有效期内，结果都是一样的，但是从另外一台计算机访问它，或者关闭浏览器，再打开浏览器访问它，则结果就像是第一次访问一样了。

当一个变量不再需要时，可以用 removeAttribute()方法清除它，或用 invalidate()方法清除所有变量。当会话超时后，所有变量将被自动清除，而超时的时间阈值可以用 setMaxInactiveInterval()方法来设定。

内置对象 session 是比较难理解的，但在项目开发中又是非常有用的。最为典型的应用是对用户登录信息的处理，这将在本章的 3.4.6 节以及实训 3 中得到应用。

3.3.5 内置对象 application

前述内置对象 session 在页面之间传递用户的信息，而内置对象 application 是在页面之间传递应用的信息。应用是指所有用户与 Web 服务器之间的通信，从 Web 容器启动开始，直到 Web 容器停止运行为止，所有用户共享同一个应用。内置对象 application 的常用方法见表 3-12。

表 3-12　内置对象 application 的常用方法

方　法	说　明
String getRealPath("/")	获得项目运行时的绝对路径，如 D:\apache-tomcat-6.0.16\webapps\jee03
void setAttribute(String key, Object obj)	设置名为 key 的对象 obj，保存在 application 中
Object getAttribute(String key)	从 application 中取出已保存的名为 key 的对象值
void removeAttribute(String key)	从 application 中清除名为 key 的对象值
Enumeration getAttributeNames()	取得 application 内所有属性名字的集合

下面的代码实现对页面访问计数的统计，通常放在网页的尾部。

```
<%
        Object obj = application.getAttribute("appCount");
        int count;
        if (obj == null) {
              count = 0;
        } else {
              count = (Integer) obj;
        }
        count++;
        application.setAttribute("appCount", new Integer(count));
        out.print("<hr>您是第" + count + "个访问者.");
%>
```

将这段代码插入到 JSP 页面的合适的位置，将输出页面访问计数信息。如果将上述代码插入到多个页面中，计数值将是这些页面访问次数的总和。如果需要分别计数各页面的访问次数，每个页面需要使用不同的属性（例中为 appCount）。

注意 session 和 application 的区别：每个用户有一个自己的 session，类似于与一个用户有关的变量，其有效期是从用户第 1 次访问网站（用户第 1 次单击网站的链接），直到用户离开应用（用户关闭浏览器或超时）。而 application 在整个 Web 应用中只有一个，由所有用户共享，类似于系统的全局变量，其有效期是从 Web 容器启动，直到 Web 容器关闭。

3.3.6　其他内置对象

1．内置对象 exception

内置对象 exception 用于处理页面出现的异常，它是 java.lang.Throwable 类的一个实例。该内置对象仅出现在错误处理页面，即在全局 page 指令中 isErrorPage 属性设置为 true 的页面（见表 3-1）。在异常处理页面中，可以通过 exception 的 getMessage()或 printStackTrace()等方法取得异常信息。

2．内置对象 config

内置对象 config 用于从配置文件 web.xml 读取<jsp-file>元素的<init-param>属性设置。在复杂的开发中才会用到 config 内置对象。

3．内置对象 page

内置对象 page 是 this 的别名，即当前 JSP 页面本身。在实际开发过程中不常使用。

4．内置对象 pageContext

内置对象 pageContext 提供 JSP 的全部上下文开发环境，通过 pageContext 可以访问其他内置对象。例如前述几个内置对象是通过下述代码初始化而得到的：

```
ServletContext application = pageContext.getServletContext();
ServletConfig config = pageContext.getServletConfig();
HttpServletRequest request = (HttpServletRequest) pageContext.getRequest();
HttpServletResponse response = (HttpServletResponse) pageContext.getResponse();
HttpSession session = pageContext.getSession();
JspWriter out = pageContext.getOut();
Object page = this;
```

实验 3-2：JSP 内置对象。在实验 3-1 创建的项目 helloJSP 运行 Jitor 实训指导软件，根据指导软件的要求进行实验，实验内容是本小节讨论的 JSP 内置对象。

3.4 常用功能的实现

3.4.1 动态显示表格

从数据库查询得到的数据通常是二维表，在网页上用表格的形式展现是比较合适的。下面的例子用一个表格列出了一个二维数组（模拟数据库的查询结果）的数据。

【例 3-12】 动态显示表格。

```
<%@ page language="java" contentType="text/html; charset=UTF-8" %>
<html>
<body>
<%
    String[][] str = { {"主机","700"}, {"显示器","800"}, {"键盘","75"}, {"鼠标","35"} };
%>
<table border="1" width="800">
    <tr>
        <td width="80" align="center">序号</td>
        <td width="250" align="center">内容</td>
        <td width="250" align="center">价格</td>
        <td width="450" align="center">图片</td>
        <td width="70" align="center">备注</td>
    </tr>
    <%
        for (int i = 0; i < str.length; i++) {
    %>
    <tr>
        <td width="80" align="right"><%=i + 1%></td>
        <td width="250"><%=str[i][0]%></td>
        <td width="250"><%=str[i][1]%></td>
        <td width="250"></td>
```

```
            <td width="70"></td>
        </tr>
        <%
            }
        %>
    </table>
    </body>
    </html>
```

3.4.2 动态显示图片

有时需要动态展示与数据紧密相关的图片，这时就需要用到动态显示图片的技术了。显示图片时，需要知道两个信息，一是图片所在的目录；二是图片的文件名。

图片所在的目录通常是固定的，例如 images 目录或 upload 目录，图片文件名通常是保存在数据库的某个字段，或者是以表的主键命名，这样可以避免文件重名。图片文件的后缀也需要事先确定，例如只支持一种图片格式，通常是 jpg 文件格式。

例如目录为 images，jpg 图片文件名与编号相同，则在【例 3-12】中第 4 列“图片”列中动态显示图片的代码如下。

```
<td width="250"><img src="images/<%=i+1 %>.jpg"/></td>
```

3.4.3 动态显示超链接

同样，有时需要动态地展示与数据紧密相关的超链接，就像在新闻网站单击新闻的标题，打开这个新闻一样。在【例 3-12】中第 5 列“备注”列中动态显示超链接的代码如下。

```
<td width="70"><a href="queryString.jsp?id=<%=i %>">选择</a></td>
```

与之配合，还需要一段接收超链接的代码。

```
<%
String s = request.getParameter("id");              // 获得用户选择的记录(id 值)
if(s!=null){                                        // 如果不为空,即用户单击了超链接
    int i = Integer.parseInt(s);                    // 转换为整数,getParameter()返回的永远是 String
    if(i<str.length){                               // 如果 id 的值没有超过 str 数组的长度，是合法的
        out.println("你的选择是 = " + str[i][0]);
    }else{
        out.println("选择错误");
    }
}else{
    out.println("没有选择");                        // 用户不是单击本页的超链接访问的。
}
%>
```

因此，【例 3-12】经过改写，成为动态显示数据、图片和超链接的一个表格，代码如下。

【例 3-13】 动态显示表格（包含动态显示图片和超链接）。文件名 queryString.jsp。

```
<%@ page language="java" contentType="text/html; charset=UTF-8" %>
```

```
<html>
<body>
<%
        String[][] str = { {"主机","700"}, {"显示器","800"}, {"键盘","75"}, {"鼠标","35"} };
%>
<table border="1" width="800">
        <tr>
                <td width="80" align="center">序号</td>
                <td width="250" align="center">内容</td>
                <td width="250" align="center">价格</td>
                <td width="450" align="center">图片</td>
                <td width="70" align="center">备注</td>
        </tr>
        <%
                for (int i = 0; i < str.length; i++) {
        %>
        <tr>
                <td width="80" align="right"><%=i + 1%></td>
                <td width="250"><%=str[i][0]%></td>
                <td width="250"><%=str[i][1]%></td>
                <td width="250"><img src="images/<%=i+1 %>.jpg"/></td>
                <td width="70"><a href="queryString.jsp?id=<%=i %>">选择</a></td>
        </tr>
        <%
                }
        %>
</table>
        <%
        String s = request.getParameter("id");      // 获得用户选择的记录(id 值)
        if(s!=null){                                 // 如果不为空,即用户单击了超链接
                int i = Integer.parseInt(s);         // 转换为整数,getParameter()返回的永远是 String
                if(i<str.length){
                        out.println("你的选择是 = " + str[i][0]);
                }else{
                        out.println("选择错误");
                }
        }else{
                out.println("没有选择");                // 用户不是单击本页的超链接访问的。
        }
        %>
</body>
</html>
```

3.4.4 获取用户的输入

1．通过表单提交数据

表单是用户提交数据的最主要途径，用户通过网页的表单向服务器提交数据。例如实训

2 中的【例 2-11】所示的登录页面需要加以修改，增加提交的目标和提交的方法等参数。

```
<form name="loginForm" action="index.jsp" method="POST">
    <br />账号:<input type="text" name="login_name"/>
    <br />密码:<input type="password" name="password"/>
    <br /><input type="submit" name="submit" value="登录"/>
</form>
```

编写表单时要注意提交数据的相关参数。

- 提交的对象：通过表单的 action 属性指定，上述代码将信息提交到 index.jsp 页面，它可以是与表单相同的页面，也可以是不同页面。
- 提交的方法：通过表单的 method 属性指定，常用的方法有 GET 和 POST，上述代码用的是 POST 方法，这是通常使用的方法。
- 提交的内容：上述代码有两个文本框和 1 个提交按钮，任何类型的数据都是以字符串的形式提交，对于数字、浮点数等类型，服务器在接收到字符形式的数据后，需要进行类型转换。

2．接收表单数据

在接收数据的页面上要编写接收数据的代码，这是通过 request 的 getParameter()方法实现的。本例中需要在 index.jsp 页面（表单的 action 属性）中用下述代码接收数据：

```
String yourAccount = request.getParameter("login_name");
String yourPassword = request.getParameter("password");
out.prinltn("你提交的账号是 =" + yourAccount);
out.prinltn("你提交的密码是 =" + yourPassword);
```

因此改写后的 index.jsp 的代码如下（如果输入中文将出现乱码）：

【例 3-14】 修改后的聊天室项目登录页面：index.jsp 文件。

```
<%@ page language="java" contentType="text/html; charset=UTF-8" pageEncoding="UTF-8"%>
<%@ include file="inc/header.jsp"%>
<h1>Java 聊天室</h1>
<br />欢迎访问 Java 聊天室。
<%
    String yourAccount = request.getParameter("login_name");
    String yourPassword = request.getParameter("password");
    out.println("你提交的账号是 =" + yourAccount + "<br>");
    out.println("你提交的密码是 =" + yourPassword + "<br>");
%>
<form name="loginForm" action="index.jsp" method="POST">
    <br />请登录:
    <br />账号:<input type="text" name="login_name"/>
    <br />密码:<input type="password" name="password"/>
    <br /><input type="submit" name="submit" value="登录"/>
</form>
<%@ include file="inc/footer.jsp"%>
```

注意 getParameter()方法的参数名应该与表单元素的名字（name 属性）一致。

用同样的技术，对于实训 2 中的【例 2-12】注册页面，可以编写下述代码获得用户的注册信息。

```
<%
request.setCharacterEncoding("UTF-8");          // 用于指定字符编码是 UTF-8,否则会出现乱码

out.println("姓名是 =" + request.getParameter("name") + "<br>");
out.println("账号是 =" + request.getParameter("login_name") + "<br>");
out.println("密码是 =" + request.getParameter("password1") + "<br>");
out.println("手机号码是 =" + request.getParameter("mobile") + "<br>");
out.println("出生日期是 =" + request.getParameter("birthday") + "<br>");
out.println("性别是 =" + request.getParameter("sex") + "<br>");
out.println("兴趣爱好是 =" + request.getParameter("farorite") + "<br>");
out.println("学历是 =" + request.getParameter("education") + "<br>");
out.println("个人介绍是 =" + request.getParameter("description") + "<br>");
%>
<form onsubmit="return checkForm()" action="register.jsp" method="POST">
    // 省略表单代码
</form>
```

运行上述代码应该关注如下几个现象。

- 输入中文不会出现乱码，这是因为设置了 request 的字符编码是 UTF-8，建议把这一行代码放在 header.jsp 文件中，这样所有包含了这个文件的 JSP 页面都不再需要写这行代码。
- 接收到的数据类型全部是字符串，注意数据值什么时候为 null，什么时候为空串。
- 兴趣爱好一项是多选项，如果有多个选择，能否获得用户的全部选择？

3．接收多项选择数据

对上述最后一个问题，多项选择将会通过 getParameterValues()方法以字符串数组的形式返回，因此代码应该改为：

```
String[] farorite = request.getParameterValues("fauorite");
out.println("全部兴趣爱好是 =");
if (fauorite != null) {
    for (String s : fauorite) {
        out.print(s + ", ");
    }
}
out.print("<br>");
```

注意这里所指的多项选择包括多选框（checkbox）、多选的下拉选择（select）以及同名的文本框（text）等。另外，当一个单选框与一个文本框同名时会出现这种情况，甚至当一个单选框与一个 URL 查询字符串的参数同名时也同样会出现这种情况。

3.4.5 获取用户的选择

获取用户选择的途径有两种：一是通过表单中的选择按钮（单选按钮、多项框）以及下

拉选项来实现；二是通过超链接，在超链的 URL 之后利用参数的不同值来实现。

1．通过表单获取用户选择

这种方法在前一小节的例子中已作过详细讨论，即获得用户的性别选择信息以及爱好选择信息。

2．通过超链接获取用户选择

用户提交信息的另一种方法是通过单击超链接，告诉 Web 服务器用户作出什么样的选择。3.4.3 节的【例 3-13】就是这样的例子。它在列出数组元素的同时，为每一个元素提供了一个超链接，超链接上还有一个查询字符串，包含 id 的值，该 id 值是动态生成的，它告诉服务器用户单击的是哪一个元素。因此每一行生成的超链接都是不同的，表现在 id 的值不同。

3.4.6 实现登录功能

登录功能是为了解决下述两个问题。

- 验证用户的身份：将用户提交的账号和密码与预留的信息比对，正确无误就是通过身份验证。
- 为用户提供身份证明：证明该用户已经通过身份验证，该证明将在一次会话期间有效，用于在有效期内访问所有受保护的页面。

登录功能是通过 3 个步骤实现的：

- 提供一个登录界面，让用户输入账号和密码，用户单击提交按钮后将数据提交到验证身份的页面（可以是同一页面，也可以是不同页面）。
- 身份验证页面必须有能力接收用户提交的登录数据，并对其进行验证，方法是与预存的密码（通常是保存在数据库中）进行比对，从而确认用户的身份。
- 将验证成功的信息保存在 session 中，以备需要时使用，从而知道用户是否已经登录，是以什么身份登录的。

保存用户身份的证据可以通过 session 内置对象实现。

1）将能证明用户身份的值记录到 session 的一个属性中。

```
session.setAttribute("account", account);
```

2）当需要时从 session 中取出该属性值，如果不为空，表明身份有效。

```
String name = (String) session.getAttribute("account");
```

由于 session 的有效期是从用户第 1 次访问开始，直到关闭浏览器或超时，所以在这段期间内可以在任何页面验证用户身份的有效性。

以下是对【例 3-14】的修改，实现登录功能，验证的规则是：如果密码是 123，验证通过。

【例 3-15】 登录功能的实现：index.jsp 文件。

```
<%@ page language="java" contentType="text/html; charset=UTF-8" pageEncoding="UTF-8" %>
<%@ include file="inc/header.jsp"%>
<%
        String msg="";
```

```
        String yourAccount = request.getParameter("login_name");
        String yourPassword = request.getParameter("password");
        if("123".equals(yourPassword)){
                msg = "登录成功.";
        }else{
                msg = "密码错误";
        }
%>
<h1>Java 聊天室</h1>
<br />欢迎访问 Java 聊天室。
<form name="loginForm" action="index.jsp" method="POST">
        <br />请登录:
        <br />账号:<input type="text" name="login_name"/>
        <br />密码:<input type="password" name="password"/>
        <br /><input type="submit" name="submit" value="登录"/><%=msg %>
</form>
<%@ include file="inc/footer.jsp"%>
```

登录成功后，通常不仅要显示“登录成功”，还需要记录登录相关的信息，并跳转到相关的页面。因此要编写一个 chat.jsp 页面，作为登录成功后跳转的页面，代码如下：

【例 3-16】 登录成功后跳转的页面：chat.jsp 文件。

```
<%@ page language="java" contentType="text/html; charset=UTF-8" pageEncoding="UTF-8" %>
<%@ include file="inc/header.jsp"%>
<h1>Java 聊天室</h1>
<br />成功登录,你的账号是<%=session.getAttribute("account") %>。

<%@ include file="inc/footer.jsp"%>
```

同时修改 index.jsp 文件中有关成功登录后的处理：

```
if("123".equals(yourPassword)){
    // msg = "登录成功.";   // 不再需要了，而是保存身份验证信息后，跳转到 chat.jsp 页面
    session.setAttribute("account", yourAccount);
    response.sendRedirect("chat.jsp");
}else{
    msg = "密码错误";
}
```

通过上述一步一步地修改完善，一个简单的登录功能便完成了。

3.4.7 实现注销功能

由于登录时，用户的身份是记录在 session 的一个名为 account 的属性中，因此注销功能就是将该属性从 session 中清除：

【例 3-17】 注销页面：logout.jsp 文件。

```
<%@ page language="java" contentType="text/html; charset=UTF-8" pageEncoding="UTF-8" %>
<%
```

```
        session.removeAttribute("account");
        response.sendRedirect("index.jsp");         // 该页面没有任何界面，注销后跳转到首页。
        return;
%>
```

或者清除 session 中的所有数据。

```
session.invalide();
```

当 session 中不再保存用户的身份信息后，用户要访问受保护的页面时将会被拒绝。要实现这个功能，受保护的页面都需要验证 session 的 account 属性：

```
String name = (String) session.getAttribute("account");
if(name==null){
        response.sendRedirect("index.jsp"); // 未登录用户的处理，跳转到登录页面，重新登录
        return;
}
```

任何时候访问【例 3-17】logout.jsp 注销页面，即注销。为防止用户错误地访问了该页面，需要在注销的超链接中作确认处理，通常的代码如下。

```
<a href="logout.jsp" onclick="return confirm('确认注销吗？')">注销</a>
```

Jitor 实验 实验 3-3：JSP 常用功能的实现。在实验 3-1 创建的项目 helloJSP 中运行 Jitor 实训指导软件，根据指导软件的要求进行实验，实验内容是本小节讨论的常用功能的实现。

3.5 Servlet 和 JavaBean

3.5.1 Servlet 概述

1．简介

JSP 是基于 Servlet 技术的，一个网站上所有的 JSP 文件最终都将被翻译成 Servlet。JSP 是在 Servlet 技术的基础上发展起来的，因此在使用上比 Servlet 方便，在许多方面可以替代 Servlet，但是 Servlet 处于底层，功能更强大，当然也更加难以编写。尽管如此，学好 Servlet 技术在 Web 应用开发中仍然是非常重要的。

简单地说，Servlet 是一个继承了 HttpServlet 的 Java 类，它的功能是通过覆盖 HttpServlet 类的一些方法来实现的。编写一个 Servlet 类的步骤如下。

1）创建一个 Java 类，并使其继承 HttpServlet 类。

2）编写 doGet()和 doPost()方法，这些方法覆盖 HttpServlet 类的方法。

3）通过配置使这个类与一个 URL 网址建立映射，用户访问这个 URL 网址，就是执行这个 Servlet 类。

2．实例

这里用一个与第 1 章实训 1 的 Hello, world 完全相同的例子来加以说明，不同的是用 Servlet 技术来实现。

这是在这门课程中第 1 次创建一个类，因此在 hello 项目中创建一个包，名为 org.ngweb.javaee.servlet，用于保存 Servlet。在这个包中添加一个名为 Hello 的 Servlet，方法是在选中这个包后，单击主菜单的 New→Servlet，在弹出的对话框中填写 Servlet 的名称为 Hello，其他参数保持默认值，然后单击“Finish”按钮完成（见图 3-2）。

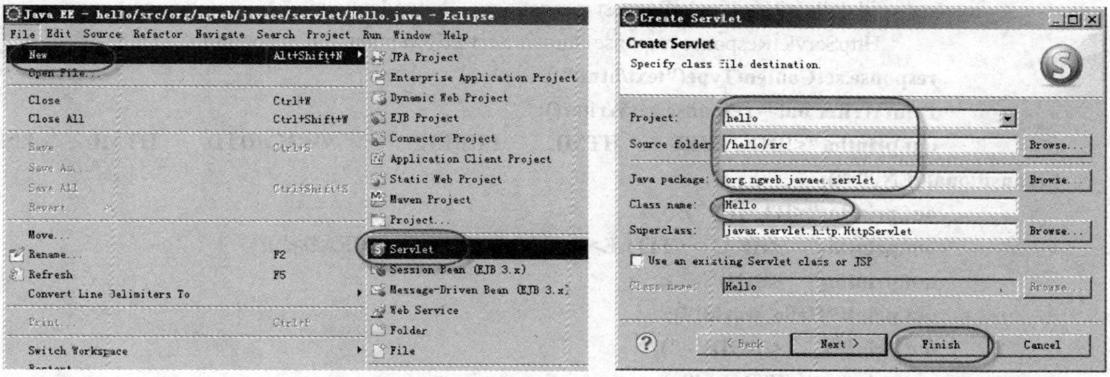

图 3-2　创建 Servlet

这时 Eclipse 会做两件事，一是创建一个具有模板代码的名为 Hello 的 Servlet；二是为这个 Servlet 进行配置（在 web.xml 文件中添加配置）。首先看一下生成的代码（由于代码较长，这里是经过简化的代码）。

【例 3-18】 创建 Servlet 时，默认的 Servlet 代码（删除了注释和构造方法）。

```
package org.ngweb.javaee.servlet;

import java.io.IOException;

import javax.servlet.ServletException;
import javax.servlet.http.HttpServlet;
import javax.servlet.http.HttpServletRequest;
import javax.servlet.http.HttpServletResponse;

public class Hello extends HttpServlet {
    private static final long serialVersionUID = 1L;

    protected void doGet(HttpServletRequest request,
            HttpServletResponse response) throws ServletException, IOException {
    }

    protected void doPost(HttpServletRequest request,
            HttpServletResponse response) throws ServletException, IOException {
    }
}
```

然后修改上述代码中的 doGet()和 doPost()方法，代码如下。

```
    protected void doGet(HttpServletRequest request,
            HttpServletResponse response) throws ServletException, IOException {
        doPost(request, response);          // 直接调用 doPost()方法
    }

    protected void doPost(HttpServletRequest request,
            HttpServletResponse response) throws ServletException, IOException {
        response.setContentType("text/html");
        PrintWriter out = response.getWriter();
        out.println("<!DOCTYPE HTML PUBLIC \"-//W3C//DTD HTML 4.01
Transitional//EN\">");
        out.println("<HTML>");
        out.println("  <HEAD><TITLE>A Servlet</TITLE></HEAD>");
        out.println("  <BODY>");
        out.print("Hello, world!");
        out.println("  </BODY>");
        out.println("</HTML>");
        out.flush();
        out.close();
    }
```

重启 Tomcat 服务器，通过下述地址访问。

```
http://127.0.0.1:8080/hello/Hello
```

可以看到与第 1 章实训 1 的 Hello, world!页面完全相同的输出，但这里采用的是 Servlet 技术，代码的编写要复杂得多，它要继承 HttpServlet，还要覆盖 doGet()和 doPost()方法，所有输出代码都编写在这两个方法中，通常只写一个方法，而另一个则调用它。在浏览器上查看这个页面的源代码：

```
<!DOCTYPE HTML PUBLIC "-//W3C//DTD HTML 4.01 Transitional//EN">
<HTML>
  <HEAD><TITLE>A Servlet</TITLE></HEAD>
  <BODY>
Hello, world!   </BODY>
</HTML>
```

仔细比较页面的源代码与 Hello.java 中 out.println()的输出内容，可以发现它们是完全一致的。在这个例子中甚至连 out.print("Hello, world!");没有输出换行符这个差别，以及每一个空格等，也体现在输出的页面源代码中。

这里有一个问题，为什么访问名为 Hello 的 Servlet 的路径是“/hello/Hello”，hello 是上下文路径（即项目名称），而 Hello 是如何确定的呢？这就要查看 Eclipse 对 web.xml 文件所作的修改，以下是作过简化的 web.xml 文件的内容，其中包含了对 Hello 这个 Servlet 与网址的映射关系。

【例 3-19】 配置文件 web.xml 中的 Servlet 配置。

```
<?xml version="1.0" encoding="UTF-8"?>
```

```
<web-app xmlns:xsi="http://www.w3.org/2001/XMLSchema-instance"
        xmlns="http://java.sun.com/xml/ns/javaee"
        xsi:schemaLocation="http://java.sun.com/xml/ns/javaee    http://java.sun.com/xml/ns/javaee/web-app_2_5.xsd"
        id="WebApp_ID" version="2.5">
        <display-name>hello</display-name>
        <welcome-file-list>
            <welcome-file>index.jsp</welcome-file>
            <!-- 省略一些默认页 -->
        </welcome-file-list>
        <!-- 以下二个元素配置一个 Servlet -->
        <servlet>
            <servlet-name>Hello</servlet-name>
            <servlet-class>org.ngweb.javaee.servlet.Hello</servlet-class>
        </servlet>
        <servlet-mapping>
            <servlet-name>Hello</servlet-name>
            <url-pattern>/Hello</url-pattern>
        </servlet-mapping>
</web-app>
```

其中<servlet>元素用于定义一个 Servlet，例中这个 Servlet 的名字是 Hello，关联的 Java 类是 org.ngweb.javaee.servlet.Hello（必须是类的全限定名）。另一个元素<servlet-mapping>用于将 Servlet 映射到一个地址上，例中是将名为 Hello 的 Servlet 映射到/Hello 这个地址，这个地址是相对于 hello 这个项目的（参见第 3.6 节中“页面转发的实现方式”），所以它的访问地址是“/hello/Hello”。

如果添加或修改了 Java 类或修改了 web.xml 配置文件，要重启服务器才能生效。

3.5.2 Servlet 过滤器

Servlet 的用途有很多，可以作为过滤器、监听器或控制器来使用。本书以 Servlet 过滤器为例讨论 Servlet 的应用。

过滤器可以拦截用户的请求，功能十分强大，如应用在日志记录、访问控制、登录和审核、会话处理、数据压缩、数据加密等方面，在 Web 应用开发中具有重要意义。

下面以日志记录为例，设计一个过滤器。要求在一个文本文件中记录所有用户对整个网站的访问历史。日志记录的内容包括访问时间、客户端 IP 地址、访问的 URL 和网页运行时间（纳秒）等 4 项内容。

1．编写过滤器

首先创建一个包 org.ngweb.javaee.servlet.filter，用于存放这个过滤器。在这个包中创建一个类，名为 LogFilter，该类实现 javax.servlet.Filter。过滤器的代码如下。

【例 3-20】 过滤器的代码 LogFilter.java。

```
package org.ngweb.javaee.servlet.filter;

    // import ......;
```

```java
public class LogFilter implements Filter {
    private FilterConfig filterConfig = null;
    private String fileName = "";

    public void init(FilterConfig filterConfig) throws ServletException {
        this.filterConfig = filterConfig;
        fileName = filterConfig.getInitParameter("fileName");
        // 从配置文件读取日志文件的路径和文件名
    }

    public void destroy() {
        filterConfig = null;
    }

    public void doFilter(ServletRequest request, ServletResponse response,
            FilterChain chain) throws IOException, ServletException {
        long before = System.nanoTime();
        chain.doFilter(request, response);                    // 继续过滤链
        long after = System.nanoTime();
        String msg = new Date().toString();                   // 当前时间
        if (request instanceof HttpServletRequest) {
            HttpServletRequest r = (HttpServletRequest) request;
            msg += ": " + r.getRemoteAddr();       // 客户机 IP 地址
            msg += ": " + r.getRequestURL();       // 访问的 URL
            msg += "?" + r.getQueryString();
        }
        msg += ": " + (after - before) + "ns";
        writeLog(msg);
        filterConfig.getServletContext().log(msg);
    }

    private void writeLog(String s) {
        try {
            BufferedWriter out = new BufferedWriter(new FileWriter(fileName,
                    true));
            out.write(s + "\n");
            out.close();
        } catch (IOException e) {
            System.out.println("写入日志文件" + fileName + "时出错" + e.getMessage());
        }
    }
}
```

过滤器应该覆盖 javax.servlet.Filter 的 3 个方法：初始化方法 init()、销毁方法 destroy()，以及过滤方法 doFilter()。过滤功能的代码都在 doFilter()方法中，注意它有 3 个参数，前两个

request 和 response 是以前见过的，而 chain 则是新的，它是 FilterChain 的实例。在 Servlet 中，对每个请求的过滤其实不只有用户自定义的过滤器，内部还有很多过滤器，这些过滤器组成一条过滤器链，就像一个漏斗接着一个漏斗进行过滤一样，因此在 doFilter 方法中必须用下述命令将过滤器链继续下去。

```
chain.doFilter(request, response);
```

其他的部分就是实现过滤的功能性代码，包括计时，从 request 中获得用户请求的有关信息，然后用自定义的 writeLog()写入日志文件。日志文件的名字可以在 web.xml 中配置，运行时在 init()中读出，从而使这个过滤器使用起来更加灵活方便。

2．配置过滤器

在 web.xml 文件对过滤器进行配置，如同配置普通的 Servlet，先配置一个 filter，指定 filter 的名称以及对应的类，然后将这个 filter 与一个模式匹配，即指定要过滤哪些地址。

```
<filter>
    <filter-name>LogFilter</filter-name>
    <filter-class>org.ngweb.javaee.servlet.filter.LogFilter</filter-class>
    <init-param>
        <param-name>fileName</param-name>
        <param-value>d:/log.txt</param-value>
    </init-param>
</filter>

<filter-mapping>
    <filter-name>LogFilter</filter-name>
    <url-pattern>/*</url-pattern>
</filter-mapping>
```

例中 url-pattern 的值/*表示匹配所有，即记录所有访问的日志。<init-param>部分的参数 fileName 还提供了 Log 文件的位置，运行后，可以从该文件查看过滤器记录下来的日志记录。用类似的方法可以实现访问控制、登录和审核、会话处理、数据压缩和数据加密等功能。

3.5.3 JavaBean 简介

JavaBean（简称为 Bean）是一种 Java 组件，是一种可以重复使用的 Java 类，主要用于封装业务逻辑以及各种后台操作，具有重用性、独立性和完整性的特点，实现将 Java 代码与 JSP 代码分离，便于代码维护。

1．JavaBean 的编写

从语法上来说，JavaBean 是一个符合一定规范的类，在这个类中定义了一系列的 getters()和 setters()方法。使用常规的类时，调用方法时常常需要提供参数，方法结束时常常返回执行结果。而在使用 JavaBean 时，只能通过<jsp:getProperty>和<jsp:setProperty>调用 JavaBean 的 getters()和 setters()方法，通过这两个方法访问属性，并可以间接地调用其他方法。

JavaBean 的语法规范如下。

- 提供 getters()和 setter()方法，用于对属性的访问。前者用于读取属性值，后者用于设置属性值。

● 如果属性是 boolean 型的，getters()方法的命名可以用 is 作为前缀，例如 isFile()。
● 上述方法必须是 public 的，其他方法根据需要确定访问范围。
● 必须存在一个无参的构造方法（默认的或补充的无参构造方法）。

下述是一个计算圆面积的 JavaBean。

【例 3-21】 JavaBean（一），文件名 Circle.java。

```
package org.ngweb.jee.c05.bean;

public class Circle {
    private double radius;

    public double getRadius() {                    // getters()方法
        return radius;
    }
    public void setRadius(double radius) {         // setters()方法
        this.radius = radius;
    }
    public double getArea() {                      // 只读属性
        return Math.PI*radius*radius;
    }
}
```

上述 JavaBean 中的属性有对应的 setters()和 getters()，并且还有一个只读属性 area 的 getters()方法，用于与 JSP 进行交互。

2．JavaBean 的使用

对 JavaBean 的声明和赋值的语法格式一为：

```
<jsp:useBean id="实例名" class="类名" scope="作用域范围">
    <jsp:setProperty name="实例名" property="属性名" value="值"/>
    ……
</jsp:useBean>
```

对 JavaBean 的声明和赋值的语法格式二为：

```
<jsp:useBean id="实例名" class="类名" scope="作用域范围"/>
<jsp:setProperty name="实例名" property="属性名" value="值"/>
```

● 实例名：id 后的实例名是声明并创建一个实例，name 后的实例名是引用这个实例。
● 类名：将被创建的实例的类，用全限定名的方式。
● 作用域范围：有 page、request、session、application 4 种（参见 5.4.3 数据标签一节讨论）。
● 属性名：即 setters()方法对应的属性名，按命名规范，它应该是小写字母起头的。
● 值：将被赋给属性的值。

上述代码是对 JavaBean 的声明和赋值，而获得 JavaBean 属性的语法格式为：

```
<jsp:getProperty name="实例名" property="属性名" />
```

下面是使用【例 3-21】JavaBean 的例子。

【例 3-22】 JavaBean（二）：使用名为 Circle 的 JavaBean 的页面，文件名 useBean.jsp。

```
<%@ page language="java" contentType="text/html; charset=UTF-8"%>
<jsp:useBean id="circle" class="org.ngweb.jee.c05.bean.Circle" />
<jsp:setProperty name="circle" property="radius" value="10" />
<html>
<body>
圆面积 =<jsp:getProperty name="circle" property="area" />
</body>
</html>
```

上述页面将显示：

```
圆面积 = 314.1592653589793
```

例中<jsp:useBean>动作定义了一个 Circle 类的实例 circle，<jsp:setProperty>动作设置 circle 属性 radius 的值，这是通过 setRadius()完成的。getArea()方法的存在表明有一个属性 area，它可被<jsp:getProperty>动作访问，尽管 area 这个属性没有对应的变量。

从上面的代码可以看出，下述动作：

```
<jsp:useBean id="circle" class="org.ngweb.jee.c05.bean.Circle" />
```

类似于程序标识：

```
org.ngweb.jee.c05.bean.Circle circle = new org.ngweb.jee.c05.bean.Circle();
```

下述动作：

```
<jsp:setProperty name="circle" property="radius" value="10" />
```

类似于程序标识：

```
circle.setRadius(10);
```

下述动作：

```
<jsp:getProperty name="circle" property="area" />
```

类似于程序标识：

```
out.print(circle.getArea());
```

实际上二者不仅类似，而是完全等同，因此也可以用 out.print()方法来直接输出 circle.getArea()的值，尽管 circle 这个对象是用<jsp:useBean>声明的。

JavaBean 技术的好处是可以分离 JSP 文件中的 HTML 标签和 Java 代码，可以将所有 Java 代码以 JavaBean 的形式放到 java 类中，从而使 JSP 开发人员（程序员）专注于 Java 代码（JavaBean）的开发，而不必了解界面设计。与此同时，可使 JSP 设计人员（美工人员）专注于界面的设计，而不需了解 Java 程序设计技术。

实验 3-4：Servlet 技术和 Java Bean。在实验 3-1 创建的项目 helloJSP 中运行 Jitor 实训指导软件，根据指导软件的要求进行实验，实验内容是本小节讨论的 Servlet 技术和 Java Bean。

3.6 页面跳转与页面转发

在 JSP 和 Servlet 中经常用到转发或重定向，这两种技术在效果上比较相似，但在内部处理过程中有很大的区别。转发是应用程序内部的转发，而重定向是与超链接、表单动作相同的页面跳转操作。因此可以将它们分别归类为页面转发和页面跳转。

注意：本节讨论的不是文件引用指令 include（见 3.2.2 指令标识），也不是包含文件<jsp:include>动作（见 3.2.4 动作标识），这两个命令是将一个文件包含到另一个文件中，从而成为一个页面文件。

3.6.1 页面跳转（重定向）

1．页面跳转地址的表现形式

页面跳转（重定向）包括通常的超链接、表单提交时的 Action 动作、通过 JavaScript 直接跳转等方法以及 JSP 中的重定向。这时跳转的目标是一个 URL，它的表现形式有如下几种。

（1）外部地址（完整的 URL）

URL 可以是完整的形式，这时跳转的目标是一个外部网站，是一个新的 URL，即使地址是在本网站，也相当于是外部网站。实例如下。

```
http://127.0.0.1:8080/jee/chat/index.jsp
```

（2）绝对地址

URL 可以是本网站中的绝对地址。绝对地址以斜杠“/”起头，在 Java EE 中，第一级路径被称为上下文（Context，其含义是背景、环境、上下文、语境），其后的各级路径是应用程序内的路径，最后是文件名，以及查询字符串等。上述实例的内部绝对地址如下。

```
/jee/chat/index.jsp
```

Context 在 Java EE 中用于表示一个 Web 应用程序，因此，在 JSP、Servlet、web.xml 以及 Tomcat 的配置文件 server.xml 中经常出现 Context 这个单词。request.getContextPath()方法返回的值是上下文路径，即 Web 应用程序路径，如上例 URL 中的“/jee”部分，因为它是路径，所以前面有一个斜杠。上下文路径是经常使用的一个值，用于构建 URL 的绝对地址。

（3）相对地址

URL 也可以是本网站中与当前页面相对的地址。例如下述地址表示当前页面所在目录的 chat 子目录中的 index.jsp 文件。

```
chat/index.jsp
```

所有跳转（重定向）都可以使用上述 3 种形式的 URL，完整的 URL 仅用于跳转到外部地址，其余两种则可以用于应用程序内的跳转。由于相对地址不易操作，因此建议使用绝对地址进行应用程序内的跳转，并且不应将上下文路径硬编码在代码中。通常的写法如下。

```
String url = request.getContextPath() + "/chat/index.jsp";
```

在 JSP 中可以写为：

```
<a href="<%=request.getContextPath()%>/chat/index.jsp">
```

2．页面跳转的实现方式

一个请求经过跳转（重定向）之后，就变成了另外一个请求，并且客户端的浏览器上的地址栏也显示为新的 URL。页面跳转的实现方式可以有如下几种。

（1）超链接

超链接是最为常见的页面跳转。

（2）meta 标签

使用客户端的 meta 标签可以实现自动或定时的页面跳转。

```
<meta http-equiv="refresh" content="0;url=http://www.qq.com/"/>
```

（3）表单动作

提交表单时，将跳转到 action 属性指定的 URL。

（4）JavaScript

JavaScript 调用 window.open()方法或者 document.location 属性实现 URL 的跳转。jQuery 等也能实现页面跳转。

（5）重定向

重定向是 JSP 和 Servlet 使用的术语，用 response 内置对象实现。

```
response.sendRedirect(request.getContextPath()+"/chat/index.jsp");
```

3.6.2 页面转发

1．页面转发地址的表现形式

转发只能是在应用程序内部的转发，因此，转发的参数不是 URL，而是应用程序内的路径。转发的路径只有两种：相对路径和绝对路径，没有外部路径或外部地址。

（1）相对路径

同样是表示与当前页面相对的路径。例如下述路径表示当前页面所在目录的 chat 子目录中的 index.jsp 文件。

```
chat/index.jsp
```

（2）绝对路径

转发的绝对路径的根就是应用程序的根，它不包括应用程序的上下文路径。例如下述的绝对路径表示应用程序的根目录下的 chat 子目录中的 index.jsp 文件。

```
/chat/index.jsp
```

基于不建议使用 URL 相对地址的同样理由，建议转发路径应该使用绝对路径，而不要使用相对路径。

2．页面转发的实现方式

一个请求经过一次或多次转发，仍然是在同一个请求之中，因此，可以通过 request 的属性在多个转发页面之间传递参数，而客户端浏览器上的地址栏保持原来的 URL 不变。页面转发的实现方式可以有如下几种。

（1）转发

转发可以通过 JSP 动作实现。下述代码转发到/chat/login.jsp，这个路径是内部的，而对应的完整的外部地址可能是 http://127.0.0.1:8080/jee/chat/index.jsp，就是说，项目的 Context 不能包含在转发的路径中。

```
<jsp:forward page="/chat/login.jsp " />
```

转发也可以通过 request 内置对象的 RequestDispatcher 类实现。

```
String path = "/chat/login.jsp";                    // 使用 forward，不能加 ContextPath
request.getRequestDispatcher(path).forward(request,response);
```

（2）Servlet Pattern

Servlet 的映射路径不是 URL，而是应用程序内部的绝对地址，适用页面转发的规则。

```
<servlet-mapping>
    <servlet-name>Hello</servlet-name>
    <url-pattern>/servlet/Hello</url-pattern>        <!-- 映射到绝对路径 -->
</servlet-mapping>
```

例如上述<url-pattern>的值为“/servlet/Hello”，而对应的外部地址需要加上项目的 Context 名，例如 jee。

```
http://localhost:8080/jee/servlet/Hello
```

虽然配置元素名为 url-pattern，实际上是 path-pattern。

3.6.3　外部地址、绝对地址和相对地址

在页面跳转和页面转发中多次讨论到外部地址、绝对地址和相对地址，在实际编程中很容易混淆，因此以一个例子加以讨论。

在图 3-3 所示的目录结构中，对于 c02 目录下的 index.jsp 页面来说，当它要跳转到 c03 目录下的 chat.jsp 页面时，chat.jsp 的地址可以有如下表示方式。

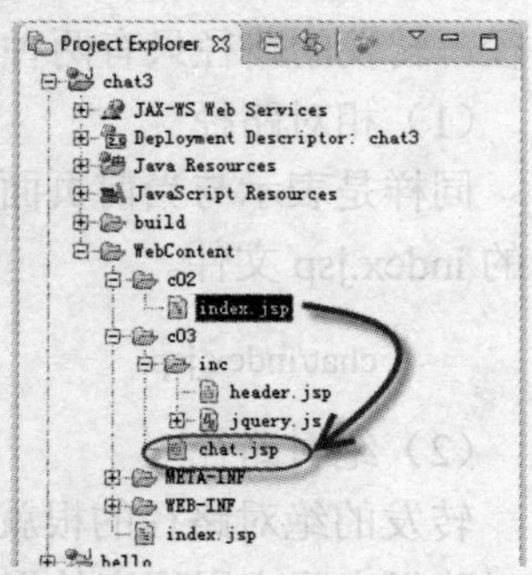

图 3-3　二个页面之间的相对地址

- 外部地址：http://127.0.0.1/chat3/c03/chat.jsp。127.0.0.1 应该用实际的 IP 地址。
- 绝对地址：/chat3/c03/chat.jsp。这里 chat3 是上下文路径，即项目名称。
- 相对地址：../c03/chat.jsp

对于 c02 目录下的 index.jsp 页面来说，当它要转发到 c03 目录下的 chat.jsp 页面时，chat.jsp 的路径可以有如下表示方式。

- 外部路径：不可用。原因是只能在 chat3 这个项目的内部进行转发。
- 绝对路径：/c03/chat.jsp。转发时的绝对路径和跳转时的绝对地址是不同的。
- 相对路径：../c03/chat.jsp。与跳转时相同。

实验 3-5：页面跳转与页面转发。在实验 3-1 创建的项目 helloJSP 运行 Jitor 实训指导软件，根据指导软件的要求进行实验，实验内容是本小节讨论的页面跳转与页面转发。

3.7 实训 3 聊天室项目的服务器端编程

实训 3：在第 2 章的实训 2 中已经为聊天室项目设计了界面，本实训将在这个基础上，实现聊天室的功能设计和实现。

3.7.1 创建和初始化项目

1．创建项目

首先创建一个名为 chat3 的动态 Web 项目，下载和安装 Jitor 客户端。

2．下载实训 2 代码

运行 Jitor 客户端，从 Jitor 客户端进入“实训 3”，单击“下载初始项目代码”链接（见图 3-4a），Jitor 客户端将会自动下载实训 2 完成的代码到新项目中，从而保证所有的学生都在同一个起点上进行本次实训。

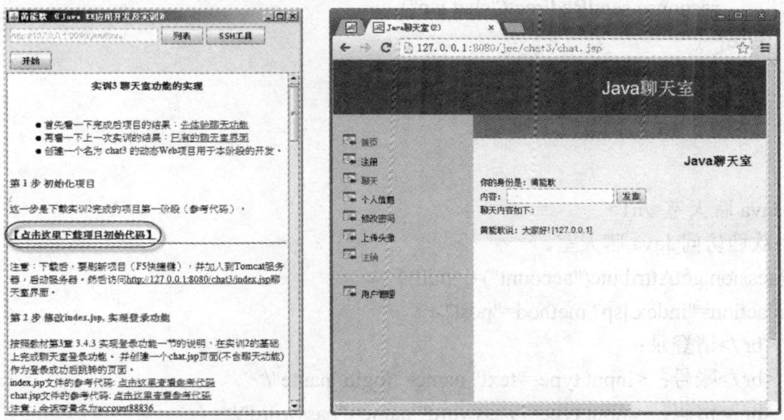

a) b)

图 3-4 初始化项目和项目完成后的界面

3．测试项目

在 Eclipse 中刷新这个项目（按〈F5〉快捷键），就能看到相关的文件。将项目添加到 Tomcat 服务器中，启动服务器，然后访问项目首页。

```
http://127.0.0.1:8080/chat3
```

项目首页的外观类似于第 2 章图 2-9 右，说明实训 2 的代码工作正常，在此基础上进行实训 3 的操作。

3.7.2 实现登录功能

按照第 3 章 3.4.3 实现登录功能一节的说明，修改有关文件，为项目添加登录功能。首先创建一个 chat.jsp 页面（暂时不含聊天功能）作为登录成功后跳转的页面，其代码如下。

【例 3-23】 不具有聊天功能的聊天页面 chat.jsp（在后面修改）。

```
<%@ page language="java" contentType="text/html; charset=UTF-8" pageEncoding="UTF-8" %>
<%@ include file="inc/header.jsp"%>
<h1>Java 聊天室</h1>
<br />成功登录，你的账号是<%=session.getAttribute("account") %>。
<%@ include file="inc/footer.jsp"%>
```

修改 index.jsp 文件的代码。

【例 3-24】 具有登录功能的首页 index.jsp。

```
<%@ page language="java" contentType="text/html; charset=UTF-8" pageEncoding="UTF-8"%>
<%@ include file="inc/header.jsp"%>
<%
request.setCharacterEncoding("UTF-8"); // 中文
String msg="";
if(request.getParameter("password")!=null){
    if("123".equals(request.getParameter("password"))){
        session.setAttribute("account", request.getParameter("login_name"));
        response.sendRedirect("chat.jsp");
    }else{
        msg = "密码错。";
    }
}
%>
<h1>Java 聊天室</h1>
<br />欢迎访问 Java 聊天室。
<%if(session.getAttribute("account")==null){ %>
<form action="index.jsp" method="post">
    <br />请登录：
    <br />账号：<input type="text" name="login_name"/>
    <br />密码：<input type="password" name="password"/>
    <br /><input type="submit" name="submit" value="登录"/><%=msg %>
</form>
<%} %>
<%@ include file="inc/footer.jsp"%>
```

访问 http://127.0.0.1:8080/chat3/index.jsp 确认登录功能是正确的（密码必须为 123）。

3.7.3 实现聊天功能

1．基本功能

修改 chat.jsp 文件（参考如下代码）。

【例 3-25】 修改后具有聊天功能的聊天页面 chat.jsp。

```
<%@ page language="java" contentType="text/html; charset=UTF-8" pageEncoding="UTF-8"%>
<%@ include file="inc/header.jsp"%>
```

```
<!-- 处理聊天信息-->
<%
        request.setCharacterEncoding("UTF-8"); // 中文
        String chat = request.getParameter("chat");
        String allChat = (String) application.getAttribute("chat");
        if (chat != null && chat.length() != 0) {
                allChat = allChat == null ? "" : allChat;
                allChat    +=    "<br>"+session.getAttribute("account")    +    " 说 :  "   +   chat   +   "
["+request.getRemoteAddr()+"]";
                application.setAttribute("chat",allChat);
        }
%>
<h1>Java 聊天室</h1>
你的身份是：<%=session.getAttribute("account") %>
<!-- 聊天表单如下 -->
<form action="chat.jsp" method="post">
内容：<input type="text" name="chat"/><input type="submit" name="submit" value="发言"/>
</form>
聊天内容如下：<br>
<%=allChat %>
<%@ include file="inc/footer.jsp"%>
```

访问 http://127.0.0.1:8080/chat3/index.jsp 并登录后，检查发言是否成功，可请学生互相测试多个用户发言时是否运行正确。

2. 实时更新聊天

前面一步实现了最基本的聊天功能，但是聊天信息不能实时更新，只能在提交后刷新一次，如果不频繁提交就不能看到最新的聊天内容。现在需要修改代码，使其每隔 5s 自动更新一次。

实现的原理是另外编写一个 JSP 页面(chat_list.jsp)，它仅显示所有聊天内容，然后采用 Ajax 技术，将这个文件的内容嵌入到 chat.jsp，并且每 5s 刷新一次。

chat_list.jsp 的代码如下。

【例 3-26】 列出聊天内容的聊天页面 chat_list.jsp。

```
<%@ page language="java" contentType="text/html; charset=UTF-8"
    pageEncoding="UTF-8"%>
<%=application.getAttribute("chat")%>
```

通过地址 http://127.0.0.1:8080/chat3/chat_list.jsp 可以看到发言的列表。

然后将 chat_list.jsp 的输出内容插入 chat.jsp 文件，因此对 chat.jsp 作两处修改：

1）用<div></div>来标记聊天记录显示的位置：

将聊天页的下述一行代码：

```
<%=allChat %>
```

改为如下代码，即标记 id 为 chat 的 div 元素。

```
<div id="chat"><%=allchat%></div>
```

2）加入一段 JavaScript 代码：

```
<script type="text/javascript">
	// jquery 的就绪函数
	$(document).ready(function() {
		refreshChatList();
	});

	function refreshChatList() {
		// 用 Ajax 技术异步访问 chat_list.jsp，将结果填充页面上
		$("#chat").load('chat_list.jsp');
		// 5 秒钟后刷新聊天信息列表
		window.setTimeout(refreshChatList, 5000);
	}
</script>
```

访问 http://127.0.0.1:8080/chat3/chat.jsp，看看能否自动显示新的聊天内容。这时需要请你的同学从另外一台计算机访问你的网站，或用另一个浏览器访问你的网站。

3.7.4 退出登录功能

创建一个 JSP 文件 logout.jsp，其完整内容是：

【例 3-27】 退出页面 logout.jsp。

```
<%@ page language="java" contentType="text/html; charset=UTF-8" pageEncoding="UTF-8"%>
<%
session.removeAttribute("account");
response.sendRedirect("index.jsp");
%>
```

而 header.jsp 文件中注销的超链接是：

```
<li><a href="logout.jsp" onclick="return confirm('确认注销?')">注销</a></li>
```

访问 http://127.0.0.1:8080/chat3/index.jsp，看看项目是如何工作的。

3.7.5 其他功能

1．未登录不能发言

用户未登录，则不允许其发言。办法是判断用户未登录时，不显示聊天表单。修改 chat.jsp 为如下代码。

```
<%if(session.getAttribute("account")!=null){ %>
<form action="chat.jsp" method="post">
内容：<input type="text" name="chat"/><input type="submit" name="submit" value="发言"/>
</form>
<%} %>
```

访问 http://127.0.0.1:8080/chat3/index.jsp 试验一下，注销后还能不能发言聊天。

2．不能重复登录

基于同样的理由以及技术，可以实现不允许已登录的用户再次登录。就是说，当用户已登录时，不显示登录表单。这时 index.jsp 的有关代码改为：

```
<%if(session.getAttribute("account")==null){ %>
<form action="index.jsp" method="post">
        <br />请登录：
        <br />账号：<input type="text" name="login_name"/>
        <br />密码：<input type="password" name="password"/>
        <br /><input type="submit" name="submit" value="登录"/><%=msg %>
</form>
<%} %>
```

访问 http://127.0.0.1:8080/chat3/index.jsp，加以验证。

3．动态菜单

在菜单上还需要作些改进，一是显示“聊天”项的超链接；二是当用户登录后，就不显示“注册”项的超链接。

这是通过修改 header.jsp 来实现的：

```
<li><a href="index.jsp">首页</a></li>
<%if(session.getAttribute("account")==null){ %>
        <li><a href="register.jsp">注册</a></li>
<%}else{ %>
        <li>注册</li>
<%} %>
<li><a href="chat.jsp">聊天</a></li>
<li>个人信息</li>
<li>修改密码</li>
<li>上传头像</li>
<li><a href="logout.jsp" onclick="return confirm('确认注销?')">注销</a></li>
```

这是本实训的最后一步，访问 http://127.0.0.1:8080/chat3/index.jsp，享受编程的成果吧。

3.8　小结

本章讨论了 JSP 的概念和基本构成、JSP 基本语法（指令标识、脚本标识和动作标识）、JSP 的 5 个常用对象（request、response、out、session 和 application）以及动态页面编程中常用功能的实现；简单介绍了 Servlet 和 Java Bean，这两个概念在后续的章节中会用到；详细讨论了页面跳转和页面转发的区别。

3.9　作业

一、问答题

1．简述 JSP 文件的基本语法。JSP 元素有哪几类？每类有哪些标识？

2．转发页面和重定向页面有什么异同点？请详细解释。

3．举例说明内置对象 request 的常用方法。

4．举例说明内置对象 response 的常用方法。

5．内置对象 session 的用途是什么？

6．内置对象 session 与 application 的区别是什么？如果在本章的聊天项目中，用 session 来保存聊天记录，会出现什么结果？

二、探索题

1．直接启动 Tomcat，然后从 http://127.0.0.1:8080 的页面中，找到 JSP Examples 链接（在图 1-3 所示界面的左下方），浏览它所提供的实例，进一步学习 JSP 的更多技术。

2．扩展阅读 JSP 的相关知识，例如 EL 表达式和 JSTL 标签库。

第 4 章　Hibernate 技术——聊天室数据持久化

通过前一章的学习，我们掌握了服务器端编程技术中的 JSP 技术，包括 JSP 基本语法、内置对象以及采用 JSP 实现动态网页的常用功能，并用这些技术实现了聊天项目的基本功能。

本章学习 MySQL 数据库和 Hibernate 技术，将聊天室项目的数据保存到数据库中，并提供用户注册、聊天数据的长期保存等功能。

4.1　聊天室项目需求分析

4.1.1　项目需求

实训 3 的聊天项目有一个缺点，聊天数据是保存在服务器内存的，即保存在 application 内置对象中，一旦服务器重新启动，聊天数据将全部丢失，另外，也无法长期保存用户的账号及密码信息。在实训 4 中通过数据库技术将用户注册信息、聊天信息都记录在数据库中。

聊天室项目本阶段的需求如下：

- 在数据库中记录用户注册信息，用户登录时通过比对预存的密码实现身份验证。
- 在数据库中记录聊天信息，聊天信息持久保存。

4.1.2　学习需求

为实现这个需求，首先要学习有关 JDBC 和数据库的知识，然后学习 Hibernate 技术，实现对数据库的操作。

4.2　JDBC 驱动程序

第 3 章学习了 JSP 编程的基本知识，但是一个好的 Web 应用还需要数据库技术的支持，Java 对数据库的支持是通过 JDBC 驱动程序来实现的。

4.2.1　JDBC 简介

JDBC（Java Database Connection）是 Java 程序连接和存取数据库的应用程序接口（API），它由一组用 Java 语言编写的类和接口组成。JDBC 为 Java 数据库开发人员提供了一个标准的 API，从而用纯 Java API 来编写数据库应用程序，以一致的方式连接多种不同的数据库系统，实现 Java 程序与具体的数据库系统的分离（解耦）。

4.2.2　JDBC 的功能

JDBC 驱动程序在 Java 应用程序和数据库系统之间起桥梁作用，它提供了一组访问数据库的 API，这些 API 包括了 4 个方面的功能：

- 建立与数据库的连接。
- 发送 SQL 语句到数据库系统中执行。
- 返回 SQL 查询语句的执行结果。
- 关闭与数据库的连接。

4.3 MySQL 数据库

通过 JDBC 技术，Java 语言几乎支持所有的数据库管理系统，包括商业数据库管理系统 Oracle、DB2、SQL Server 等，以及开源免费的 My SQL、PostgreSQL、SQLite 和 HSQLDB 等。在企业应用开发中最经常使用的是 Oracle 和 MySQL，因此本书采用 MySQL，首先简单讨论 MySQL 的使用。MySQL 的优点如下。

- 跨平台：可以在 Windows 或 Linux 等平台下运行，这与 Java 语言的理念相吻合。
- 高性能：在较低配置的硬件上也能具有较高的性能。
- 稳定性好：经过大量用户的检验，技术成熟，稳定可靠。
- 学习资料丰富：由于用户量大，MySQL 相关书籍以及网络资源十分丰富。

4.3.1 MySQL 控制台

在第 1 章已经学习了如何安装 MySQL 数据库。默认安装只提供了字符界面的 MySQL 控制台，其他的图形界面管理工具有 MySQL 提供的 MySQL-gui-tools，以及第三方的 phpMyAdmin、Navicat 和 MySQL-Front 等。本书仅讨论采用 MySQL 控制台对 MySQL 进行管理。

在命令行中输入下述命令：

```
mysql -u root -p
```

其中选项-u 后的参数是用户账户，root 是 MySQL 内置的系统管理员账户，选项-p 表示提示输入密码，输入密码后就能进入 MySQL 控制台，控制台的界面见图 4-1。

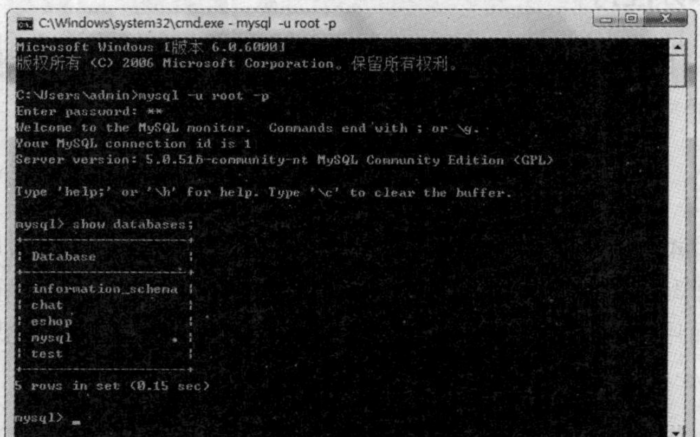

图 4-1 MySQL 控制台界面

可以在 MySQL 控制台上直接输入 SQL 语句，由于这种方式使用不便，所以通常的方式是先在文本编辑器中将 SQL 语句编写好，检查确认无误后，复制粘贴到 MySQL 控制台。

可以在 Eclipse 中创建一个名为 doc 的文件夹，用于保存项目的文档。在这个文件夹下创建一个文件，以.sql 为扩展名，表示这是一个 SQL 脚本文件。在这个文件中编写整个项目用到的 SQL 语句，并作为开发文档长期保存。

SQL 语句包括创建数据库、数据表以及各种约束的语句，也包括插入初始化数据的语句。有了这些文档，就很容易重新初始化数据库运行环境，有利于项目开发的顺利进行。

4.3.2 MySQL 的使用

在 MySQL 中可以使用所有标准的 SQL 92 语句，包括数据定义语言 DDL（create、alter、drop）、数据操纵语言 DML（insert、update、delete）和数据查询语言 DQL（select）等语句，一条 SQL 语句可以分多行输入，但必须在 SQL 语句结束时（一条 SQL 的最后一行的最后一个字符处）加上分号“;”，表示一条 SQL 的结束。

1．MySQL 特有的常用命令

在 MySQL 中有几个特别的常用命令，主要是下列 6 个。

- use db_name：切换数据库到 db_name。
- show databases：列出所有数据库的信息。
- show tables：列出当前数据库的所有表的信息。
- show columns from tbl_name：列出表 tbl_name 的各个列的信息。
- show index from tbl_name：列出表 tbl_name 的索引信息（包括主键等）。
- quit：退出 MySQL 控制台。

2．数据定义语言 DDL

数据定义语句有 create、drop 和 alter 等 3 条语句。create 语句用于创建数据库，例如下述语句创建一个支持中文（UTF-8）的数据库 demo：

```
create database demo default character set utf8;        -- UTF-8 应该写成 utf8，小写并且没有连字符
```

创建数据库后要使用 use 命令切换到新建的数据库。

```
use demo
```

create 语句还可以用于创建数据表，例如创建名为 tbl_user 的表。

```
create table tbl_user (
        id_tbl_user int not null auto_increment,            -- 用户 id，自增量
        col_name varchar(50) not null ,                      -- 用户名
        col_account varchar(20) null                         -- 用户账号
        col_password varchar(20) null                        -- 用户密码
        primary key id_tbl_user                              -- 定义主键
);
```

create 语句还可以用于创建索引，例如创建一个唯一性索引。

```
create unique index idx_tbl_user_col_account on tbl_user (col_account);        -- 唯一性索引，用户账号
不能重复
```

另外还有 alter 语句（用于修改表结构、添加外键约束等）以及 drop 语句（用于删除数据库、表以及索引等）。例子如下：

```
alter table tbl_user modify column col_password varchar(128) not null;     -- 修改字段的长度为 128
drop table tbl_user;                                                       -- 删除表 tbl_user
```

MySQL 常用的数据类型以及常用的内置函数见表 4-1 和表 4-2。数据库结构设计建议使用有关的工具，例如使用 MySQL 公司提供的 MySQL workbench 来设计数据库结构。

表 4-1　MySQL 常用的数据类型

类型名称	类型说明	数值范围	对应的 Java 数据类型
tinyint	短整型	数值范围–128 到 127	Byte 或 byte
int	整型	数值范围-2^{31}到$2^{31}-1$	Interger 或 int
bigint	长整型	数值范围-2^{63}到$2^{63}-1$	Long 或 long
float[(m,d)]	32 位浮点数	m 总位数，d 小数后位数	Float 或 float
double[(m,d)]	64 位浮点数	m 总位数，d 小数后位数	Double 或 double
decimal(m,d)	高精度十进制数	m 总位数，d 小数后位数	BigDecimal
char(m)	定长字符串	长度范围 0 到 255	String
varchar(m)	可变长字符串	长度范围 0 到 65,535	String
text	文本	最大长度 65,535	String
mediumtext	中等长度文本	最大长度$2^{24}-1$	String
longtext	长文本	最大长度$2^{32}-1$	String
datetime	日期时间	公元 1000 年～公元 9999 年	Date
timestamp	时间戳	公元 1970 年～公元 2037 年	Date

表 4-2　MySQL 常用的内置函数

函　　数	说　　明	函　　数	说　　明
now()	获取当前日期和时间	length(str)	获取字符串长度
curdate()	获取当前日期	substring(str, pos, len)	返回子串
curtime()	获取当前时间	concat(str1, str2,...)	连接字符串
datediff(date1,date2)	计算日期间的天数	instr(str, substr)	子串在字符串中的第一个出现位置
date_format(date,format)	格式化日期输出	trim(str), ltrim(str)等	剪除字符串头尾空格
password(str)	加密密码，以保证安全	ascii(str)	获取第一个字符的 ASCII 码
conv(N,from_base,to_base)	在不同的数字基之间变换数字	char(num)	获取 ASCII 码值对应的字符

可以在 MySQL 控制台中输入下述代码进行测试。

```
select conv(6, 10, 2);
select instr("MySQL", "SQL");
```

本书为规范起见，对数据库、数据表、列、主键、外键的命名有一定的要求，这只是本书的要求，在不同的公司会有不同的要求。本书的命名规范要求如下。

- 所有命名（数据库、数据表、列、主键、外键）全部用小写字母，如果由多个单词组成，则单词之间以下划线分隔。
- 表名前加前缀 tbl_，列名前加前缀 col_（主键和外键除外），这个命名规范的好处是可以避免可能出现的与 SQL 关键字同名而引起的混淆。例如表名 tbl_user，列名 col_name。

- 主键的前缀是 id_，并且后跟完整的表名，例如 tbl_user 表的主键是 id_tbl_user。主键类型必须为 int，并且是自动增量的。
- 外键采用被引用的主键的全名，不加任何修饰。例如 tbl_user 表的主键名是 id_tbl_user，其他表引用该表主键时的外键名仍为 id_tbl_user，如果有双引用时，可以在其后加数字以示区别，如 id_tbl_user1，id_tbl_user2，也可以在数字后加上有含义的单词，例如 id_tbl_user1approved_by 表示批准人，id_tbl_user2shipped_by 表示发货人。数字除在该处使用外，不得出现在其他地方。
- 本书的例子只支持下述 8 种数据类型：字符（varchar）、整型（tinyint, int, bigint）、浮点数（decimal, double, float）、日期（datatime）。

只有按照上述要求设计的数据库才能由本书配套的 Jitor 实训指导软件正确运行，并可根据数据结构自动生成相关代码，由于 Jitor 实训指导软件只是教学软件，上述要求对于学习 SSH 编程应该没有太大的限制。

3．数据操纵语句 DML

数据操纵语句有 insert、delete 和 update 等语句。详情请参考相关资料，本书不予讨论。

4．数据查询语句 DQL

数据查询语句就是 select 语句。详情请参考相关资料，本书不予讨论。

5．数据备份与恢复

数据备份使用 MySQLDump 命令，直接在命令行下使用该命令：

```
C:\>mysqldump -u root -p demo > backdb.sql
```

上述命令的含义是将名为 demo 的数据库的内容备份到 backdb.sql 文件中，包括数据库中的数据结构和数据记录。

数据恢复使用 MySQL 命令，也是直接在命令行下使用该命令：

```
C:\>mysql -u root -p demo < backdb.sql
```

上述命令的含义是将备份文件 backdb.sql 中的数据结构和数据记录恢复到名为 demo 的数据库中，前提条件是该数据库已经存在。如果数据库不存在，则需要事先创建。

使用这两条命令可以在数据库服务器之间转移数据库，包括在 Windows 和 Linux 上的数据库服务器之间转移数据库。备份文件 backdb.sql 中的数据全部是 SQL 语句，需要时也可用文本编辑器打开该文件，根据需要修改其中的 SQL 语句。

6．安全设置

当以管理员用户（root）身份登录时，可以为数据库设置用户以及用户的密码。下述命令为数据库 demo 创建一个用户 huang，赋给全部权限，同时设置该用户的密码为 abc。

```
grant all on demo.* to huang identified by "abc";
```

可以用 SET PASSWORD 修改密码，下述命令修改用户 huang 的密码为 123。

```
set password for huang = password('123');
```

注意管理员用户可以修改他人的密码，而普通用户只能修改自己的密码。例如修改登录用户自身密码为“abc”的命令如下。

```
set password = password("abc");
```

下述命令删除用户 huang 对 demo 的访问权限。

```
revoke all on demo.* from huang;
```

所有系统设置都保存在 mysql 数据库中，例如用户是保存在 user 表中的，下述命令删除用户 huang。

```
use mysql;
delete from user where user='huang';
flush privileges;
```

修改根用户的密码为 123：

```
use mysql
update user set password=PASSWORD('123') where user='root';
flush privileges;
```

Jitor 实验

实验 4-1：MySQL 的使用。本章的实验项目是 helloHibernate，先创建一个名为 helloHibernate 的动态 Web 项目，然后在这个项目中安装并运行 Jitor 实训指导软件，根据指导软件的要求进行实验，实验内容是本小节讨论的 MySQL 的使用。

4.4 Hibernate 基础

Hibernate 是一个 ORM（Object Relatioship Mapping）工具，即对象-关系映射，它的设计思想是用面向对象的思想来操作关系型数据库。

关系型数据库的基本概念是表和记录，而 Java 是面向对象的语言，基本概念是类和对象，这是对现实世界的两种不同的抽象方法，对于系统设计和程序员来说，类和对象的概念易于理解，更加易于实现结构化的程序设计。ORM 是将关系型数据库的表映射为类，将记录映射为对象，从而使程序设计可以采用统一的面向对象的设计方法。

4.4.1 Hibernate 的安装

Hibernate 技术的实质是对 JDBC 的一种高级别的封装，使 Java 程序员不必直接面对 JDBC 的复杂 API，而是使用 Hibernate 提供的面向对象技术，来实现对数据库的基本操作，这些操作中最重要的是持久化操作（即增删改操作）和查询操作。

本书不对 JDBC 展开讨论，读者不必学习 JDBC 的复杂 API，直接学习 Hibernate 技术，能够更快地掌握数据库访问技术。

1．下载 Hibernate

目前 Hibernate 是 JBoss 的一个开源项目，可从 http://www.hibernate.org/下载 Hibernate。本书使用的版本是 3.6.2，这是一个压缩文件，内含各种类库 jar 文件、文档以及源代码。为方便起见，本书将其中必需的 10 个 jar 文件压缩后放在 Jitor 网站上供下载，文件名是 hibernate3.zip。

2．Hibernate 的安装

（1）下载并添加 Hibernate 包

从 Jitor 网站下载 hibernate3.zip 文件，将其解压缩到项目的 WebContent/WEB-INF/lib 目

录中。

（2）下载并添加 JDBC 驱动程序

根据使用的关系型数据库管理系统，选择合适的 JDBC 驱动程序。本书使用 MySQL，因此从 Jitor 网站下载 mysql-connector-java-5.1.25-bin.jar，复制到项目的 WebContent/WEB-INF/lib 目录中（参见 1.5.3 节）。

4.4.2 Hibernate 实例

Jitor 实验 实验 4-2：Hibernate 实例。在实验 4-1 创建的项目 helloHibernate 中运行 Jitor 实训指导软件，根据指导软件的要求进行实验，通过实验来体验一个 Hibernate 项目。

首先用 Jitor 实训指导软件的 SSH 工具自动生成一套完整的 Hibernate 实例，包括数据库、配置文件、映射文件和类文件，用一个实例体验一下 Hibernate。

1．数据结构

这里以一个简化的人力资源管理系统中的两张表的数据结构作为一个实例，实现一个通过 Hibernate 访问数据库的例子。数据库名为 demo，两张表是 tbl_employee（员工表）和 tbl_department（部门表），每位员工属于某一个部门，因此这两张表有 1 对多的关系，示例数据库的结构图见图 4-2。

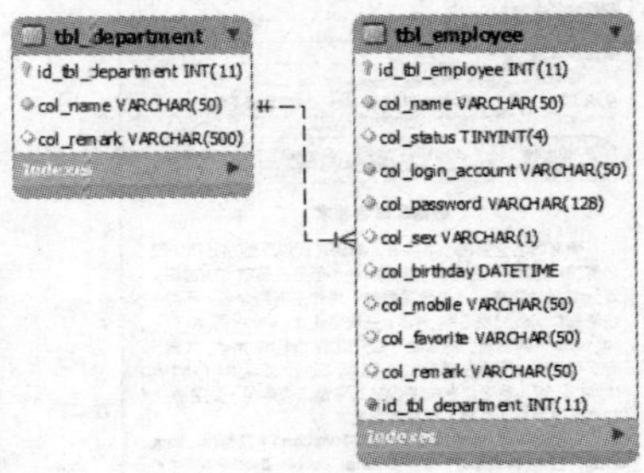

图 4-2　示例数据库的结构

部门表 tbl department 和员工表 tbl employee 分别见表 4-3 和表 4-4。

表 4-3　部门表 tbl_department

列　名	类　型	属　性	说明（中文字段名）
id_tbl_department	int(11)	非空，主键	部门表主键
col_name	varchar(50)	非空	部门名称
col_remark	varchar(500)	允许空	部门相关说明

表 4-4　员工表 tbl_employee

列　名	类　型	属　性	说明（中文字段名）
id_tbl_employee	int(11)	非空，主键	员工表主键
col_name	varchar(50)	非空	员工姓名
col_status	tinyint(4)	允许空	状态：1=普通员工； 2=兼职管理员； 0=辞职人员
col_login_account	varchar(50)	非空	员工登录账号
col_password	varchar(128)	非空，逻辑外键	登录密码
col_sex	varchar(1)	允许空	性别：F=女；M=男
col_birthday	datetime	允许空	出生日期
col_mobile	varchar(50)	允许空	手机号码
col_favorite	varchar(50)	允许空	个人喜好
col_remark	varchar(50)	允许空	相关说明
id_tbl_department	int(11)	非空，	外键，引用部门表

Jitor 实训指导软件提供了一个工具，自动创建这个示例数据库（如果是其他数据库则要通过正常渠道来创建）。

2. 生成数据库

Jitor 实训指导软件为这个演示用例子特别设计了一个名为“创建示例数据库”的按钮，SSH 工具界面（见图 4-3，在本节的实验中不要修改其中的模型包名和数据库名）的“创建示例数据库”功能仅仅是生成上述结构的名为 demo 的数据库，如果 demo 数据库已经存在，则本步骤将会删除这个数据库，然后重建它。完成这一步后，从 MySQL 控制台可以看到新生成的 demo 数据库，创建好的示例数据库见图 4-4。

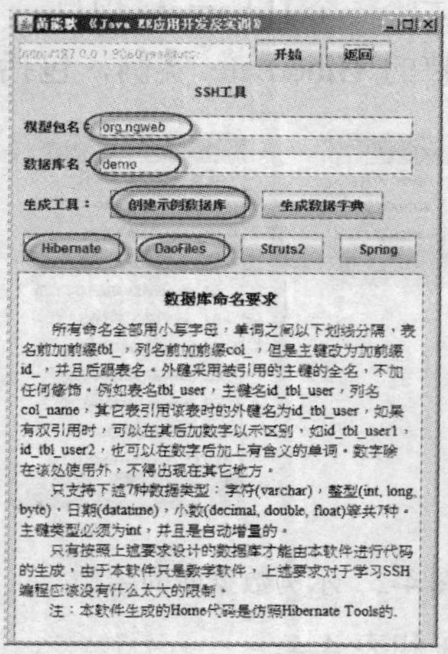

图 4-3　SSH 工具界面

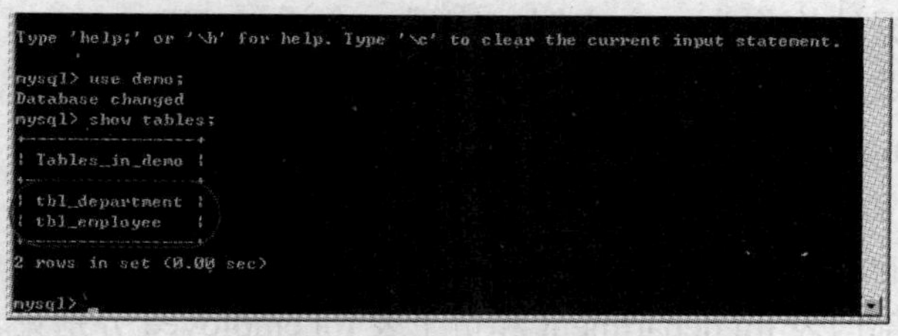

图 4-4　创建好的示例数据库

3．下载安装 Hibernate

从 Jitor 实训指导软件网站的“课程资源”页面中下载 MySQL 的 JDBC 驱动程序和 Hibernate 类库，将它们复制或解压缩到项目的 WEB-INF/lib 目录下。

4．生成 Hiberneate 相关代码

单击 Jitor 实训指导软件的“Hibernate”按钮（见图 4-3），它会在模型包名+数据库名下创建一个 model 包，并且在项目中创建 4 类文件（见图 4-5）。

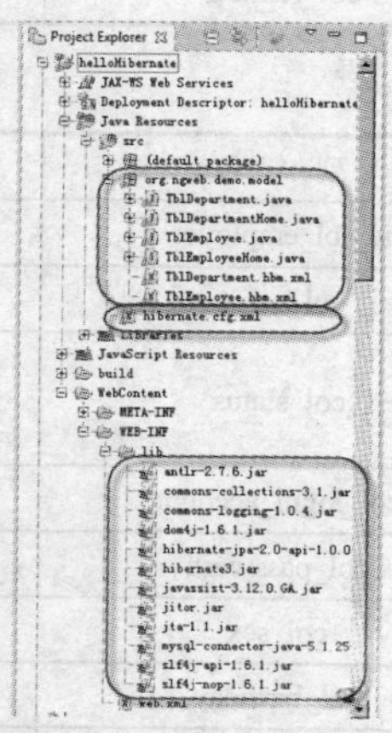

图 4-5　项目中的 Hibernate 相关文件

- Hibernate 配置文件：文件名是 hibernate.cfg.xml，每个项目只有一个配置文件，位于项目的源代码根目录中。
- POJO 文件：这是普通的 Java 类文件，用于封装关系数据库中表的数据。数据库中每张表对应一个 POJO 文件，其命名与表名相关，因此在这个项目中有两个 POJO 文件，分别是 TblEmployee.java 和 TblDepartment.java，前者对应员工表，后者对应部门表。
- Hibernate 映射文件：这是 xml 文件，用于将 POJO 文件与数据库中对应的表关联（即映射）起来，其映射的内容包括：① 类名与表名的映射；② 类中属性名与表的列名的映射；③ 其他约束的映射（如外键约束、唯一性约束等）。同样的是，每张表对应一个映射文件，例如员工表的映射文件是 TblDepartment.hbm.xml。

- Home 文件：这也是类文件，用于封装一些从 Java 代码访问数据表的方法，如插入、删除、更新、查询等操作。同样的是，每张表对应一个 Home 文件，例如员工表的 Home 文件是 TblEmployeeHome.java。

生成 Hibernate 相关代码时，SSH 工具在 Eclipse 的控制台上输出一些信息，这些信息也被保存在文件 readme_hibernate.txt 中，请仔细阅读这些信息。

5．生成 Dao 相关代码

单击 Jitor 实训指导软件的“DaoFiles”按钮（见图 4-3），它会在模型包名+数据库名下创建一个 dao 包，并且为每张表创建一个类文件，类文件的内容比较简单，仅仅是继承了对应的 Home 文件。

由于 model 包中的文件是自动生成的，通常不对它们进行修改。因此另外创建一个名为 dao 的包，用于保存 Dao 文件，这些 Dao 文件通常根据项目的需求，编写一些用户自定义的方法，供项目的其他部分调用。

生成 Dao 代码时，SSH 工具在 Eclipse 的控制台上输出一些提示信息，这些信息也被保存在文件 readme_dao.txt 中，请仔细阅读这些信息。

6．测试运行

在前一步骤中，同时还生成了测试代码，这是一个名为 dao_test.jsp.txt 的文件，之所以用.txt 为文件的扩展名，是为了避免显示可能出现的异常信息。将其改名为 dao_test.jsp，并修改其中可能有的异常代码，就是一个正常的 Web 网页，用于测试前述代码是否能够正确运行。在测试之前，还需要对数据库连接进行初始化，需要在项目的配置文件 web. xml 中加入下述配置代码。其功能是当服务器启动时，运行 org.ngweb.javaee.InitSessionFactory 类，这个类是由 Jitor 实训指导软件提供的，它的作用是读取配置文件信息，初始化与数据库的连接。

```
<servlet>
    <servlet-name>InitSessionFactory</servlet-name>
    <servlet-class>org.ngweb.javaee.InitSessionFactory</servlet-class>
    <load-on-startup>0</load-on-startup>
</servlet>
```

将项目添加到 Tomcat 服务器中，重启服务器。通过下述地址访问它，可以看到，每访问一次这个页面，将新插入一条记录。

```
http://127.0.0.1:8080/helloHibernate/demo/dao_test.jsp
```

【例 4-1】 测试用 JSP 文件 dao_test.jsp。

```
<%@ page language="java" contentType="text/html; charset=UTF-8"
    pageEncoding="UTF-8"%>
<%@ page
    import="java.util.*,org.ngweb.javaee.*,org.ngweb.demo.model.*,org.ngweb.demo.dao.*"%>
<!DOCTYPE html PUBLIC "-//W3C//DTD HTML 4.01 Transitional//EN"
"http://www.w3.org/TR/html4/loose.dtd">
<html>
```

```
<head>
<meta http-equiv="Content-Type" content="text/html; charset=UTF-8">
<title>Insert title here</title>
</head>
<body>
        这是一个测试，需要根据具体的数据结构修改下述代码:<br>
        <%
        //开始一个事务
        TblDepartmentDao tblDepartmentdao = new TblDepartmentDao();
        tblDepartmentdao.transactionBegin();

        // 创建一个对象
        TblDepartment tblDepartment = new TblDepartment();
        tblDepartment.setColName("生产部");

        // 使用 Dao 对象保存对象
        out.println("插入记录（对象）：<br>");
        tblDepartmentdao.attachDirty(tblDepartment);        // 每次运行插入一条新记录

        out.println("数据表中的记录如下：<br>");
        List<TblDepartment> departmentList = tblDepartmentdao.hqlQuery("");
        for (TblDepartment obj : departmentList) {
            out.println(obj.getIdTblDepartment() + "= =>" + obj.getColName()
                    + "<br>");
        }

        //另一组测试

        // 先查询父表的一条记录，即子表将引用的那条记录

        TblDepartment role = tblDepartmentdao.findById(2);
        TblEmployeeDao tblEmployeeDao = new TblEmployeeDao();
        if (role != null) {

            TblEmployee tblEmployee = new TblEmployee();
            tblEmployee.setColName("123");
            tblEmployee.setColName("王五");
            tblEmployee.setColLoginAccount("wangw");
            tblEmployee.setColPassword("123");
            tblEmployee.setColSex("F");
            tblEmployee.setTblDepartment(role); // 设置外键为父表的一条记录

            // 插入子表的记录
            tblEmployeeDao.attachDirty(tblEmployee);
        } else {
            out.println("找不到父表的相关记录。<br>");
        }
```

```
        // 查询子表的值：
        List<TblEmployee> employeeList = tblEmployeeDao.hqlQuery("");
        System.out.println("数据表中的记录如下：");
        for (TblEmployee obj : employeeList) {
            out.print(obj.getIdTblEmployee() + "==>");
            out.print(obj.getColName());
            out.println(", 外键是：" + obj.getTblDepartment().getColName()
                    + "<br>");
        }

        // 提交这个事务
        tblDepartmentdao.transactionCommit();
%>
</body>
</html>
```

在这个实验中，所有代码都是由 SSH 工具生成的，这些代码文件多，代码也比较复杂，因此，暂时不管底层是如何工作的，先看【例 4-1】中的这段代码是如何对数据库进行操作的。其中主要的代码如下所示。

```
1.  TblDepartmentDao tblDepartmentdao = new TblDepartmentDao();    // 创建 Dao 的实例
2.  tblDepartmentdao.transactionBegin();                           // 开始事务
3.
4.  TblDepartment tblDepartment = new TblDepartment();             // 创建一个对象
5.  tblDepartment.setColName("生产部");                             // 为对象的属性赋值
6.
7.  tblDepartmentdao.attachDirty(tblDepartment);                   // 保存对象，将生成一条 insert 语句
8.
9.  // 省略其他代码
10. tblDepartmentdao.transactionCommit();                          // 提交该事务
```

代码的第 1 行创建一个 TblDepartmentDao 的实例，这个类通过继承 TblDepartment Home 类定义了一组对 TblDepartment 类的对象的操作（增删改查操作），这些操作将由 Hibernate 翻译成标准的 SQL 语句，交由 JDBC 驱动程序去完成。第 4 行和第 5 行创建 TblDepartment 的对象并为其属性赋值。第 7 行代码用 Dao 类的 attachDirty()方法保存 TblDepartment 对象，也就是说将会生成并执行下述 SQL 语句。

```
insert into tbl_department (col_name, col_remark) values (?, ?);
```

这条 SQL 语句中的值用问号代替，执行时将会用实际数值替换。Dao 的实例在操作之前必需开始一个事务（第 2 行），在结束之前必须结束这个事务（第 10 行提交事务，如果要放弃操作则可以回滚事务），在事务活动期间，Dao 的实例可以对 TblDepartment 类的对象进行增删改查操作（例如可以写在第 9 行处），在提交事务时，增、删、改、查操作对应的 SQL 语句将会被执行。在事务开始前或结束后，都不允许进行数据库操作。

从上述代码可以看到，对数据库的操作已经变成了对对象的操作，例如向 tbl_department 表插入一条记录变成了创建一个 TblDepartment 类的对象，赋值后再由 tblDepartmentdao 将其持久化

到数据库中，在这个过程中，Java 程序员无需探讨底层 SQL 是如何工作的，也不需了解 JDBC 是如何运行的，Java 程序员只要以熟悉的面向对象的思维来操作数据库，从而简化数据库编程的难度，避免了编写 SQL 语句时出现错误。因此要通过这段代码很好地理解 Hibernate 的 ORM（对象-关系映射）思想，下一节还将深入探讨这种映射是如何实现的。

4.4.3 理解 Hibernate

Jitor 实验 实验 4-3：理解 Hibernate。在实验 4-1 创建的项目 helloHibernate 中运行 Jitor 实训指导软件，根据指导软件的要求进行实验，通过实验来理解 Hibernate 的映射。

1. 修改数据库结构

本实验将通过对部门表增加一列，看看对 Hibernate 相关的代码文件有些什么影响，从而理解 Hibernate 的映射机制。因此对部门表增加一个 telephone（部门电话）列（见表 4-5），然后手工修改相关文件，使其能够正确运行。

表 4-5 修改后的部门表 tbl_department

列　名	类　型	属　性	说明（中文字段名）
id_tbl_department	int(11)	非空，主键	部门表主键
col_name	varchar(50)	非空	部门名称
col_telephone	varchar(20)	允许空	部门电话
col_remark	varchar(500)	允许空	部门相关说明

可以用 alter 语句在 demo 数据库的 tbl_department 表增加一列：

```
alter table tbl_department add column col_telephone varchar(20);
```

2. 修改 POJO 类

相应的，在 TblDepartment.java 类中增加一个属性（粗体的一行）：

【例 4-2】 修改后的 TblDepartment.java 类的内容（粗体为新增的部分）。

```
public class TblDepartment implements java.io.Serializable {
    // 以下是与数据库中 tbl_department 表的每一列对应的属性，及其 getters 和 setters 方法
    private Integer idTblDepartment;
    private String colName;
    private String colRemark;

    private String colTelephone;        //同时为 colTelphone 列添加 setters()和 getters()方法

    private Set<TblEmployee> tblEmployees = new HashSet<TblEmployee>(0);
    // 省略 setters()和 getters()方法
}
```

别忘记为其添加 setters()和 getters()方法。

3. 修改映射文件

在 TblDepartment.hbm.xml 映射文件中为新增的列设置映射，修改后的映射文件如下。

【例 4-3】 TblDepartment.hbm.xml 的内容。

```
<?xml version="1.0"?>
```

```
<!DOCTYPE hibernate-mapping PUBLIC "-//Hibernate/Hibernate Mapping DTD 3.0//EN"
"http://hibernate.sourceforge.net/hibernate-mapping-3.0.dtd">
<!-- Generated by Huang Neng Geng -->
<hibernate-mapping>
    <class name="org.ngweb.demo.model.TblDepartment" table="tbl_department"
        catalog="demo">
        <id name="idTblDepartment" type="java.lang.Integer">
            <column name="id_tbl_department" />
            <generator class="identity" />
        </id>
        <property name="colName" type="string">
            <column name="col_name" length="50" not-null="true" />
        </property>

        <property name="colRemark" type="string">
            <column name="col_remark" length="500" />
        </property>

        <property name="colTelephone" type="string">
            <column name="col_telephone" length="20" />
        </property>

        <set name="tblEmployees" table="tbl_employee" inverse="true" lazy="true"
            fetch="select">
            <key>
                <column name="id_tbl_department" not-null="true" />
            </key>
            <one-to-many class="org.ngweb.demo.model.TblEmployee" />
        </set>
    </class>
</hibernate-mapping>
```

注意，上述代码中粗体的三行代码是新增的，它定义了 tbl_department 表的 col_telephone 列与 TblDepartment 类的 colTelephone 属性的映射关系。

4．其他文件

Hibernate 配置文件和 Home 类、Dao 类都不需要修改。

如果增加了一张表，则除了新增相应的 POJO 类、映射文件，还需要增加相应的 Home 类、Dao 类，并且在 Hibernate 配置文件中添加相应的配置。

5．测试修改后的结果

测试代码片段，粗体的是修改的部分。

```
TblDepartmentDao tblDepartmentdao = new TblDepartmentDao();
tblDepartmentdao.transactionBegin();    // 开始一个事务

// 创建一个部门对象
TblDepartment tblDepartment = new TblDepartment();
```

```
        tblDepartment.setColName("生产部");
        tblDepartment.setColTelephone("0510-12345678");   // 只需用面向对象的思想来操作对象

        // 使用 Dao 对象保存对象
        System.out.println("插入记录（对象）：");
        tblDepartmentdao.attachDirty(tblDepartment);

        tblDepartmentdao.transactionCommit();         // 提交这个事务
```

从上述代码来看，TblDepartment.hbm.xml 定义了 TblDepartment 类与 tbl_department 表的映射关系，通过这种映射关系，Java 程序员不再需要关心底层数据库是如何实现的，也不需要关心 SQL 语句是如何写的，从而从关系型数据库中解脱出来。

4.4.4 Hibernate 普通操作

实验 4-4：Hibernate 普通操作。在实验 4-1 创建的项目 helloHibernate 中运行 Jitor 实训指导软件，根据指导软件的要求进行实验，通过实验学习如何通过 Hibernate 来实现增、删、改、查操作。

本实验将通过一个对示例数据库的部门表（不包括实验 4.3 添加的电话列）的增、删、改、查操作，来学习 Hibernate 的使用。部门表列表（含增删改超链接）如图 4-6 所示。

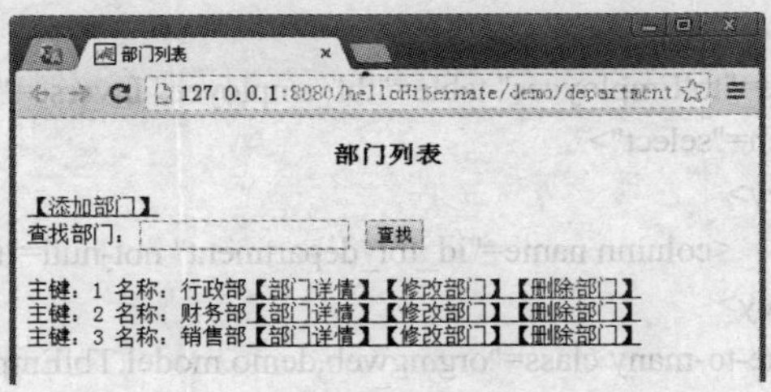

图 4-6 部门表列表（含增删改超链接）

1．列出所有记录

首先是列出所有部门的列表，为此创建一个名为 department1.jsp 的页面用于显示部门列表。在这个页面中使用 TblDepartmentDao 类来访问部门表，这个类封装了一个方法 hqlQuery()，用于返回部门的 List，遍历这个列表，就能输出所有部门。代码如下。

【例 4-4】 部门列表 department1.jsp 的部分代码。

```
<h3 align="center">部门列表</h3>
    <%
    //开始一个事务
    TblDepartmentDao dao = new TblDepartmentDao();
    dao.transactionBegin();
    // 通过 hqlQuery()查询部门表，得到所有记录的列表
    List<TblDepartment> list = dao.hqlQuery("");
    for(TblDepartment dept:list){
        out.print("<br>主键：");
        out.print(dept.getIdTblDepartment());
```

```
            out.print(" 名称：");
            out.print(dept.getColName());
        }
        // 结束一个事务
        dao.transactionCommit();
    %>
```

部门列表和部门详情界面如图 4-7 所示。

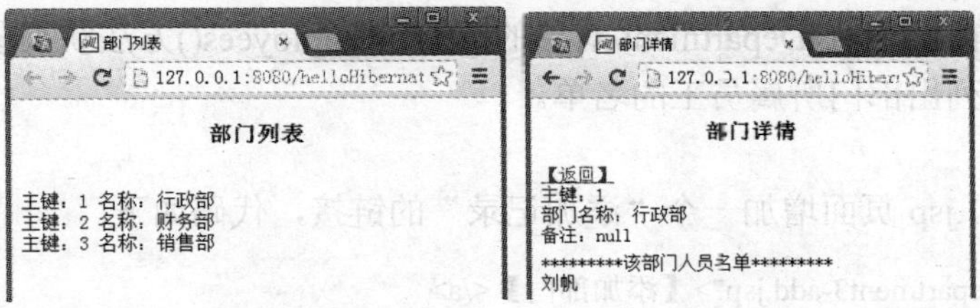

图 4-7　部门列表和部门详情界面

2．显示详细内容

接下来可以查询某条记录的详细内容，为此必须提供一种方法让用户选择将要显示的记录的主键（ID 值），这就需要在部门列表页面的每条记录之后加上一个超链接。代码如下。

```
out.print("<a href=\"department2-detail.jsp?id="+dept.getIdTblDepartment()+"\">【部门详情】</a>");
```

这个超链接是指向 department2-detail.jsp 页面的，因此需要创建这个页面，用于显示选定的部门的详情。代码如下。

【例 4-5】 部门详情 department2-detail.jsp 的部分代码。

```
<h3 align="center">部门详情</h3>
<a href="department1.jsp">【返回】</a>
    <%
    TblDepartmentDao dao = new TblDepartmentDao();
    dao.transactionBegin();

    TblDepartment dept=null;
    String id = request.getParameter("id");                    // 取得部门主键
    if(id!=null){
        dept = dao.findById(Integer.parseInt(id));          // 根据主键值查找部门
        out.print("<br>主键："+dept.getIdTblDepartment());
        out.print("<br>部门名称："+dept.getColName());
        out.print("<br>备注："+dept.getColRemark());

        // 查找该部门所有人员
        out.println("<br><br>******该部门人员名单******");
        for(TblEmployee empl:dept.getTblEmployees()){   // getTblEmployees()将返回一个 Set 集
            out.println("<br>"+empl.getColName());
        }
    }
```

```
        dao.transactionCommit();
    %>
```

这个页面也是通过 TblDepartmentDao 类来实现对部门表的访问，其中分为 4 个过程。

1）通过查询字符串获得将要显示的部门的 ID 值。

2）通过 Dao 类封装的方法 findById()查找到这个部门，其返回值是 TblDepartment 类。

3）列出 TblDepartment 对象的有关属性，即部门的详情。

4）最后，还能通过 TblDepartment 对象的 getTblEmployees()方法获得该部门的所有员工的集（Set），从而列出部门所属员工的名单。

3．添加记录

在 department1.jsp 页面增加一个“添加记录”的链接，代码如下。

```
<a href="department3-add.jsp">【添加部门】</a>
```

为此，创建一个 department3-add.jsp 页面，该页面的作用有 3 个。

- 显示用户输入表单，供用户输入新记录的内容。
- 接收用户的输入内容，向数据库添加一条新记录。
- 成功添加记录后，跳转回 department1.jsp 页面，显示添加记录后的部门列表。

其代码如下：

【例 4-6】 添加记录页面 department3-add.jsp 的部分代码。

```
<h3 align="center">添加部门</h3>
        <%
        request.setCharacterEncoding("UTF-8");
        TblDepartmentDao dao = new TblDepartmentDao();
        dao.transactionBegin();

        String name = request.getParameter("dept_name");
        if(name!=null){
                TblDepartment dept = new TblDepartment();
                dept.setColName(name);
                dept.setColRemark(request.getParameter("dept_remark"));
                dao.attachDirty(dept);

                // 添加一条记录后跳转到 department1.jsp
                dao.transactionCommit();
                response.sendRedirect("department1.jsp");
                return;
        }
        dao.transactionCommit();
    %>
    <form action="department3-add.jsp" method="post">
        名称：<input type="text" name="dept_name"/><br>
        备注：<input type="text" name="dept_remark"/><br>
        <input type="submit">
    </form>
```

添加部门界面如图 4-8 所示。

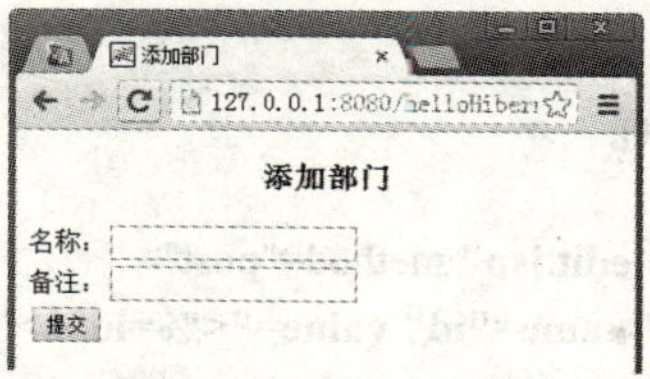

图 4-8　添加部门界面

department3-add.jsp 页面将被执行两次。

1）第一次是显示表单：用户输入名称和备注信息后，提交到同一页面。注意添加部门时，主键的值是自动生成的，因此不需要用户输入，这样还能避免出现主键重复的现象。

2）第二次是接收信息并向数据库插入一条记录：这是通过新建一个 TblDepartment 类的实例，并用 Dao 的 attachDirty()方法来插入记录的。成功添加部门后，页面自动跳转到 department1.jsp，并且将显示新增记录后的部门列表。

4. 修改记录

修改记录与添加记录有许多相似之处，但是有下述几方面不同。

1）必须指定修改哪一条记录，即在 department1.jsp 页面中为每一条记录建立一个超链接。代码如下。

```
out.print("<a href=\"department4-edit.jsp?id="+dept.getIdTblDepartment()+"\">【修改部门】</a>");
```

2）在修改页面 department4-edit.jsp 应该接收查询字符串中的 id 值。

3）根据这个 id 值找到对应的记录，并将记录的值在对应的文本域中显示。

4）修改页面也是执行两次的，一个非常重要的步骤是，必须将 id 值从第 1 次执行传递到第 2 次执行。

因此修改记录的页面要复杂一些，代码如下。可根据上面 4 个不同点，比较新增记录【例 4-6】和修改记录【例 4-7】的代码之间的差别。

【例 4-7】 修改记录页面 department4-edit.jsp 的部分代码。

```
<h3 align="center">修改部门信息</h3>
    <%
    request.setCharacterEncoding("UTF-8");
    TblDepartmentDao dao = new TblDepartmentDao();
    dao.transactionBegin();

    String id = request.getParameter("id");
    TblDepartment dept = dao.findById(Integer.parseInt(id));

    String name = request.getParameter("dept_name");
    if(name!=null){
        //不需创建部门对象
        dept.setColName(name);
        dept.setColRemark(request.getParameter("dept_remark"));
        dao.attachDirty(dept);
        dao.transactionCommit();
```

```
            response.sendRedirect("department1.jsp");
            return;
        }
        dao.transactionCommit();
    %>
    <form action="department4-edit.jsp" method="post">
        <input type="hidden" name="id" value="<%=id%>" >
        部门名称：<input type="text" name="dept_name" value="<%=dept.getColName()%>" ><br>
        备注：<input type="text" name="dept_remark" value="<%=dept.getColRemark()%>"/>
        <input type="submit">
    </form>
```

5．删除记录

删除记录则比较简单，它有两个步骤。首先必须指定删除哪一条记录，即在 department1.jsp 页面中为每一条记录建立一个超链接。代码如下。

```
    out.print("<a  href=\"department1.jsp?op=delete&id="+dept.getIdTblDepartment()+"\"  onclick=\"return
confirm('确认删除吗？')\">【删除部门】</a>");
```

在 department1.jsp 增加一段实现删除指定记录的代码。

```
    String op=request.getParameter("op");                    // op（操作 operation）
    if("delete".equals(op)){
        TblDepartment instance = dao.findById(Integer.parseInt(request.getParameter("id")));
        try{
            dao.delete(instance);
        }catch(Exception e){
            out.print("<br>删除失败，可能的原因是存在子记录（主键被引用）<br>");
        }
    }
```

这段代码应该放在查询所有记录的代码之前，紧接事务开始的代码之后，才能保证正确显示删除的结果。

6．模糊查询记录

模糊查询功能也同样在 department1.jsp 页面中实现，它分为两个部分。

1）提供一个查询表单，让用户输入查询条件。

```
    <form action="department1.jsp" method="post">
        查找部门：<input type="text" name="dept_name"/>
        <input type="submit" value="查找">
    </form>
```

2）修改 hqlQuery()方法的参数，使其仅返回符合条件的查询结果。

```
    // 查找部门
    String sql = "";
    String name = request.getParameter("dept_name");
    if(name!=null){
        sql = "where colName like '%"+name+"%'";
```

```
}
List<TblDepartment> list = dao.hqlQuery(sql);
for(TblDepartment dept:list){
// 省略。。。
```

4.5 Hibernate 提高

4.5.1 Hibernate 关联操作

实验 4-5：Hibernate 关联操作。在实验 4-1 创建的项目 helloHibernate 中运行 Jitor 实训指导软件，根据指导软件的要求进行实验，通过实验学习如何通过 Hibernate 来实现对关联表的增、删、改、查操作。

前一小节学习的是对一张表的增、删、改、查操作，关系型数据库中最重要的是表与表之间的关系，有一对一、一对多、多对一，以及多对多这样几种关系。本书只讨论一对多与多对一这两种关系。多对多应该分解成一对多和多对一关系。

1．一对多

在前一小节中已经讨论过一对多关系。【例 4-5】department2-detail.jsp 中的代码如下。

```
// 查找该部门所有人员
out.println("<br><br>*********该部门人员名单*********");
for(TblEmployee empl:dept.getTblEmployees()){
        out.println("<br>"+empl.getColName());
}
```

这段代码输出一个部门的多名员工的信息，通过遍历 getTblEmployees()方法返回的集合就获得了多的这一方的所有信息。这比 SQL 语言中用 SELECT 语句通过内连接进行查询要直观和方便得多。

在一对多的关系中，一的这一方，TblDepartment 类的定义是这样的。

```
public class TblDepartment {
        // 其他属性
        private Set<TblEmployee> tblEmployees = new HashSet<TblEmployee>(0);
        // getters 和 setters
```

就是说 TblDepartment 包含了一个 TblEmployee 的集合，这个集合就是一对多关系中的多（注意属性名是名词的复数形式）。同样这个关系也要在映射文件 TblDepartment.hbm.xml 中反映出来。

```
<set name="tblEmployees" table="tbl_employee" inverse="true" lazy="true" fetch="select">
        <key>
                <column name="id_tbl_department" not-null="true" />
        </key>
        <one-to-many class="org.ngweb.demo.model.TblEmployee" />
</set>
```

2．多对一

多对一的关系会比较麻烦一些，在多的这一方，TblEmployee 类是这样定义的。

```
public class TblEmployee {
        private TblDepartment tblDepartment;
```

因为每个员工都有一个归属的部门。

映射文件 TblEmployee.hbm.xml 中是这样定义的。

```
<many-to-one name="tblDepartment" class="org.ngweb.demo.model.TblDepartment" fetch="select">
        <column name="id_tbl_department" not-null="true" />
</many-to-one>
```

这也不难理解，也不复杂，但使用起来却比较麻烦，需要考虑的方面和编码量都比较大。需要考虑以下几种情况，包括显示员工所属部门，增加员工和修改员工时指定所属部门。

3．显示员工所属部门

以下是显示员工所属的部门的一个例子。

```
out.print(" 部门：");
out.print(empl.getTblDepartment().getColName());
```

从员工对象 empl 可以得到部门对象，然后输出部门对象的相关信息。如果有多张表之间多对一的关联链条，这种 get 关系可以一直延伸下去。

4．员工列表

可以按照上述思路，在列出员工时列出其所属部门。完整的员工列表代码如下。

【例 4-8】 员工列表代码（employee1.jsp）。

```
<%@ page language="java" contentType="text/html; charset=UTF-8"
    pageEncoding="UTF-8"%>
<%@ page
        import="java.util.*,org.ngweb.javaee.*,org.ngweb.demo.model.*,org.ngweb.demo.dao.*"%>
<!DOCTYPE html PUBLIC "-//W3C//DTD HTML 4.01 Transitional//EN"
"http://www.w3.org/TR/ html4/loose.dtd">
<html>
<head>
<title>员工列表</title>
</head>
<body>
<h1>员工列表</h1>
【<a href="employee3-add.jsp">添加员工】</a></br>
<%
        TblEmployeeDao tblEmployeedao = new TblEmployeeDao();
        tblEmployeedao.transactionBegin();

        out.println("员工名单如下：<br>");
        List<TblEmployee> employeeList = tblEmployeedao.hqlQuery("");
        for (TblEmployee empl : employeeList) {
```

```
            out.println(empl.getIdTblEmployee() + "==>" + empl.getColName());
            out.print(" 所属部门：");
            out.print(empl.getTblDepartment().getColName());
            out.print("<a href='employee2-detail.jsp?id="+empl.getIdTblEmployee()+"'>【员工详情】</a>");
            out.print("<a href='employee4-edit.jsp?id="+empl.getIdTblEmployee()+"'>【修改员工】</a>");
            out.print("<br>");
        }
        tblEmployeedao.transactionCommit();
%>
</body>
</html>
```

5. 员工详情

显示员工详情也可以列出其所属的部门。员工详情代码如下。

【例 4-9】 员工详情代码（employee2-detail.jsp）。

```
<h1>员工详情</h1>
【<a href="employee1.jsp">返回】</a></br>
<%
    TblEmployeeDao tblEmployeedao = new TblEmployeeDao();
    tblEmployeedao.transactionBegin();
    int id = Integer.parseInt(request.getParameter("id"));
    TblEmployee empl = tblEmployeedao.findById(id);
    out.println("ID：" + empl.getIdTblEmployee() + "<br>");
    out.println("姓名：" + empl.getColName() + "<br>");
    out.println("账号：" + empl.getColLoginAccount() + "<br>");
    out.println("电话：" + empl.getColMobile() + "<br>");
    out.println("部门：" + empl.getTblDepartment().getColName() + "<br>");
    tblEmployeedao.transactionCommit();
%>
</body>
```

6．添加员工时的考虑

添加员工时需要设置员工所属的部门，这不是通过直接设置员工所属部门的 id 值来实现的，而是先查找到 id 对应的部门对象，然后直接设置部门这个对象。例如代码可以这样写。

```
// 根据用户的选择设置部门
int deptId = Integer.parseInt(request.getParameter("dept_id"));
TblDepartment dept = dao1.findById(deptId);
empl.setTblDepartment(dept);
```

这里存在一个问题，用户在客户端的浏览器界面上如何选择部门？办法是将所有部门在浏览器上显示出来，由用户通过选择的方式来指定。因此，先查询所有部门。

```
TblDepartmentDao dao1 = new TblDepartmentDao();
List<TblDepartment> list = dao1.hqlQuery("");
if(list==null || list.size()==0){
```

```
        out.print("没有部门信息，不能添加");
        return;
    }
```

然后在表单上通过 SELECT 域来显示这些部门。

```
部门：
<select name="dept_id">
    <%
        for(TblDepartment d: list){
            out.println("<option value=\"" + d.getIdTblDepartment() + "\">"
                        + d.getColName() + "</option>");
        }
    %>
</select>
```

添加员工界面和对应的客户端网页源代码如图 4-9 所示。

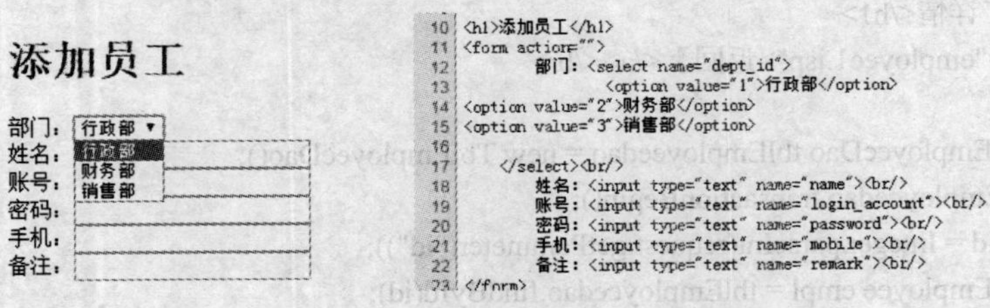

图 4-9　添加员工界面（选择所属部门）

添加员工的代码如下。

【例 4-10】 添加员工页面的代码（employee3-add.jsp）。

```
<body>
<%
    TblDepartmentDao dao1 = new TblDepartmentDao();
    dao1.transactionBegin();
    List<TblDepartment> list = dao1.hqlQuery("");
    if(list==null || list.size()==0){
        out.print("没有部门信息，不能添加");
        return;
    }

    if(request.getParameter("submit")!=null){
        TblEmployeeDao tblEmployeedao = new TblEmployeeDao();
        TblEmployee tblEmployee = new TblEmployee();

            // 根据用户的选择设置部门
            int deptId = Integer.parseInt(request.getParameter("dept_id"));
            TblDepartment dept = dao1.findById(deptId);
            tblEmployee.setTblDepartment(dept);
```

```
                tblEmployee.setColName(request.getParameter("name"));
                tblEmployee.setColLoginAccount(request.getParameter("login_account"));
                tblEmployee.setColPassword(request.getParameter("password"));
                tblEmployee.setColMobile(request.getParameter("mobile"));
                tblEmployee.setColRemark(request.getParameter("remark"));

                tblEmployeedao.attachDirty(tblEmployee);

                // 保存记录后返回员工列表
                dao1.transactionCommit();
                response.sendRedirect("employee1.jsp");
                return;
            }

            dao1.transactionCommit();
    %>
    <h1>添加员工</h1>
    【<a href="employee1.jsp">返回】</a></br>
    <form action="employee3-add.jsp" method="post">
        部门：<select name="dept_id">
                <%
                    for(TblDepartment d: list){
                        out.println("<option value=\"" + d.getIdTblDepartment() + "\">"
                                + d.getColName() + "</option>");

                    }
                %>
        </select><br/>
        姓名：<input type="text" name="name"><br/>
        账号：<input type="text" name="login_account"><br/>
        密码：<input type="text" name="password"><br/>
        手机：<input type="text" name="mobile"><br/>
        备注：<input type="text" name="remark"><br/>
        <input type="submit" name="submit" value="提交">
    </form>
    </body>
```

7. 修改员工时的考虑

修改员工信息与添加员工的操作是基本相同的，但有一点是需要特别注意的，就是显示员工修改表单时，应该将原来数据库中保存的部门信息显示出来，因此 SELECT 域的代码将改为：

```
    部门：
    <select name="dept_id">
        <%
            String selected = ""; // 用于指示是否是当前选择
            for(TblDepartment d: list){
                if(d.getIdTblDepartment()==empl.getTblDepartment().getIdTblDepartment()){
```

```
                selected = "selected"; // 如果是已有选择
            }else{
                selected=""; // 不是已有选择
            }
            out.println("<option "+selected+" value=\"" + d.getIdTblDepartment() + "\">"
                    + d.getColName() + "</option>");

        }
    %>
</select>
```

修改员工信息的代码与添加员工信息的代码很相近，列出如下。图 4-10 所示为修改员工信息代码的界面，注意图中的界面和网页源代码中“财务部”是数据库中保存的员工所属部门。

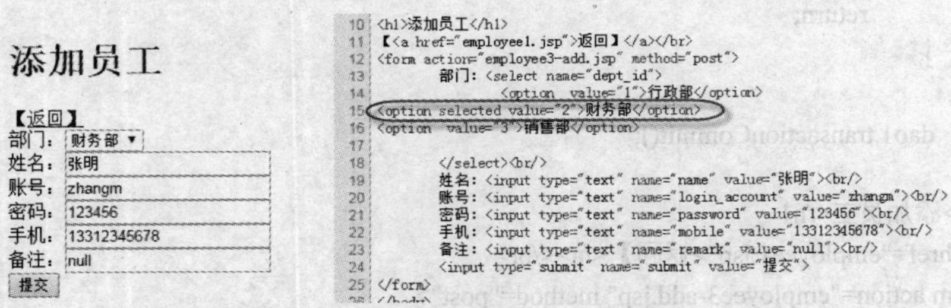

图 4-10 修改员工信息代码的界面（预置所属部门）

【例 4-11】 修改员工信息页面的代码（employee4-edit.jsp）

```
<body>
<%
        TblDepartmentDao dao1 = new TblDepartmentDao();
        dao1.transactionBegin();
        List<TblDepartment> list = dao1.hqlQuery("");
        if(list==null || list.size()==0){
            out.print("没有部门信息，不能添加");
            return;
        }

        TblEmployeeDao tblEmployeedao = new TblEmployeeDao();
        int id = Integer.parseInt(request.getParameter("id"));
        TblEmployee empl = tblEmployeedao.findById(id);

        if(request.getParameter("submit")!=null){
            TblEmployee tblEmployee = new TblEmployee();

            // 根据用户的选择设置部门
            int deptId = Integer.parseInt(request.getParameter("dept_id"));
            TblDepartment dept = dao1.findById(deptId);
            tblEmployee.setTblDepartment(dept);

            tblEmployee.setColName(request.getParameter("name"));
```

```
            tblEmployee.setColLoginAccount(request.getParameter("login_account"));
            tblEmployee.setColPassword(request.getParameter("password"));
            tblEmployee.setColMobile(request.getParameter("mobile"));
            tblEmployee.setColRemark(request.getParameter("remark"));

            tblEmployeedao.attachDirty(tblEmployee);

            // 保存记录后返回员工列表
            dao1.transactionCommit();
            response.sendRedirect("employee1.jsp");
            return;
        }

        dao1.transactionCommit();
%>
<h1>添加员工</h1>
【<a href="employee1.jsp">返回】</a></br>
<form action="employee3-add.jsp" method="post">
        部门：<select name="dept_id">
            <%
                String selected = ""; // 用于指示是否是当前选择
                for(TblDepartment d: list){
                    if(d.getIdTblDepartment()==empl.getTblDepartment().getIdTblDepartment()){
                        selected = "selected"; // 如果是已有选择
                    }else{
                        selected=""; // 不是已有选择
                    }
                    out.println("<option "+selected+" value=\"" + d.getIdTblDepartment() + "\">"
                                    + d.getColName() + "</option>");

                }
            %>
        </select><br/>
        姓名：<input type="text" name="name" value="<%=empl.getColName()%>"><br/>
        账号：<input type="text" name="login_account" value="<%=empl.getColLoginAccount()%>"><br/>
        密码：<input type="text" name="password" value="<%=empl.getColPassword()%>"><br/>
        手机：<input type="text" name="mobile" value="<%=empl.getColMobile()%>"><br/>
        备注：<input type="text" name="remark" value="<%=empl.getColRemark()%>"><br/>
        <input type="submit" name="submit" value="提交">
</form>
</body>
```

8. 删除员工

删除员工与前一节删除部门没有本质的区别，这里不再赘述。

4.5.2 深入理解 Hibernate

在上述例子中，使用 SSH 工具生成了基本的配置和相关代码，包括 POJO 类（*.java）、映射文件（*.hbm.xml）和 DAO 类（*Home.java 和*Dao.java），其中的星号表示表名，即每张表有一个对应的文件，以及每个项目一个 Hibernate 的配置文件（hibernate.cfg.xml），本节讨论这些文件，另外还介绍一下 Session 类和事务的概念。下面分别介绍。

1．POJO 类

POJO 类（Plain Old Java Object，普通 Java 对象）用于保存数据表一条记录的数据，它的属性与数据表的列是一一对应的。一个 POJO 类应该满足如下条件：

- 有一个无参的构造方法。
- 为类的属性提供 setters()和 getters()方法。
- 提供一个标识属性（主键）。
- 应该是非 final 的。

POJO 对象在 Hibernate 中的状态有 3 种：瞬时、持久和脱管，处于这些状态的对象也称为瞬时对象、持久对象和脱管对象。POJO 对象在 Hibernate 中的状态如图 4-11 所示。

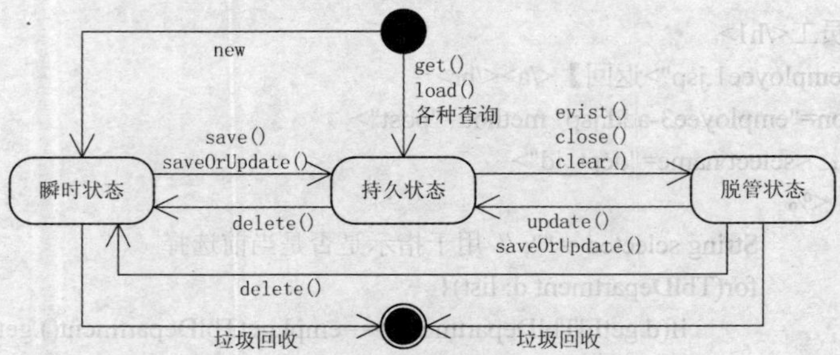

图 4-11　POJO 对象在 Hibernate 中的状态

（1）Transient（瞬时）状态

通过 new 操作符创建的 POJO 对象是瞬时状态，它存在的意义是承载数据，在这个时刻它与数据库没有任何关系，当通过 DAO 中的 attachDirty()或 save()方法将它保存，瞬时对象就成为了持久对象。瞬时状态的特点是：

- 不和 Hibernate 的 Session 实例（Session 类见后面的讨论）关联。
- 在数据库中没有与瞬时对象关联的记录。

（2）Persistent（持久）状态

持久对象在数据库中有一条对应的记录，并拥有一个持久化标识，持久对象可能是刚被保存，或刚被加载，它与数据库有直接的关联。一个持久对象被 delete()方法删除后，就变为瞬时对象。当与持久对象关联的 Session 实例被关闭后，持久对象就成为脱管对象。

持久对象总是与 Session 和 Trancaction 关联，在一个 Session 中，对持久对象的改变不会马上对数据库进行更新，而必须在执行 flush()方法时或提交事务时才能在数据库中保存，即在持久对象和数据库之间同步，在同步之前的持久对象称为脏对象（Dirty Object）。它的特点是：

- 和 Hibernate 的 Session 实例关联。
- 在数据库中有与持久对象关联的记录。

（3）Detached（脱管）状态

与持久对象关联的 Session 被关闭后，对象就成为脱管的（脱离管理的意思，而不是托管）。脱管对象仍然可被引用，也能被修改，脱管对象重新被关联到某个新的 Session 后，会再次成为持久对象，并且脱管期间的修改将被持久化（保存）到数据库中。它的特点是：

- 本质上与瞬时对象相同。
- 但拥有一个持久化标识。

注：图 4-11 中的方法是 Hibernate 的 Session 类提供的方法，而前述 attachDirty()等是 DAO 类在 Session 类方法的基础上提供的封装。

2．hbm.xml 映射文件

XML 映射文件的作用是配置 POJO 类与数据库表的映射关系。

- POJO 类名与表名的映射。
- 属性名与列名的映身，以及类型的转换。
- 主键的处理方式。
- 一对多关系和多对一关系的处理（多对多可以分解为两个一对多关系）。

映射文件的后缀是 hbm.xml。下面是 TblDepartment 类与 tbl_department 表的映射文件 TblDepartment.hbm.xml 的内容。

【例 4-12】 hbm.xml 映射文件的例子 TblDepartment.hbm.xml。

```
<?xml version="1.0"?>
<!DOCTYPE hibernate-mapping PUBLIC "-//Hibernate/Hibernate Mapping DTD 3.0//EN"
"http://hibernate.sourceforge.net/hibernate-mapping-3.0.dtd">
<hibernate-mapping>
    <class name="org.ngweb.demo.model.TblDepartment" table="tbl_department"
        catalog="demo">
        <id name="idTblDepartment" type="java.lang.Integer">
            <column name="id_tbl_department" />
            <generator class="identity" />
        </id>
        <property name="colName" type="string">
            <column name="col_name" length="50" not-null="true" />
        </property>
        <property name="colRemark" type="string">
            <column name="col_remark" length="500" />
        </property>
        <set name="tblEmployees" table="tbl_employee" inverse="true" lazy="true"
            fetch="select">
            <key>
                <column name="id_tbl_department" not-null="true" />
            </key>
            <one-to-many class="org.ngweb.demo.model.TblEmployee" />
        </set>
    </class>
</hibernate-mapping>
```

下面对这个映射文件作一些说明。映射文件的开头是一个 DOCTYPE 的定义，然后是根元素<hibernate-mapping>，所有映射定义都是写在根元素内的。

（1）class 元素

<class>元素定义 POJO 类与数据表的映射关系：

- name：POJO 类的 Java 全限定名
- table：对应的数据库表名。
- catalog：对应的数据库名称。

在上述例子中，将 org.ngweb.demo.model.TblDepartment 类映射为数据库 demo 的 tbl_department 表。代码如下。

```
<class name="org.ngweb.demo.model.TblDepartment" table="tbl_department"
        catalog="demo">
</class>
```

（2）id 元素

被映射的类必须定义对应数据库表的主键字段，为每个实例提供唯一的标识。<id>元素定义了该属性到数据库表主键字段的映射。

- name：标识属性的名字，以小写字母开头。
- type：标识 Hibernate 类型的名字。
- column：主键字段的名字。
- generator：主键生成策略，identity 表示自动生成唯一标识。

实例代码如下。

```
<id name="idTblDepartment" type="java.lang.Integer">
        <column name="id_tbl_department" />
        <generator class="identity" />
</id>
```

（3）property 元素

<property>元素定义普通属性的映射：

- name：属性的名字，以小写字母开头。
- type：一个 Hibernate 类型的名字。
- column：对应的数据库字段名。
- unique（可选）：指定是否添加了唯一性约束。
- not-null（可选）：指定是否添加了为空性约束。
- 其他：如字符串长度。

实例代码如下。

```
<property name="colName" type="string">
        <column name="col_name" length="50" not-null="true" />
</property>
```

其中 type 属性的值是将 MySQL 数据类型映射为 Java 数据类型，参见表 4-1 有关 MySQL 数据类型与 Java 数据类型的关系。例如 varchar 是可变长字符串，将映射为 Java 的 string 类型，而 int 则可以映射为 Java 的 int 或 Interger，当字段不允许为空时，映射为 int，而允许为空时则映射为 Interger 包装类，因为包装类可以取空值 null，这时表示该字段的值为空。

（4）many-to-one 元素

<many-to-one>元素定义多对一关联：这个表的外键引用主表的主键字段。

- name：属性的名字，以小写字母开头。
- class：关联类的类全名。
- column：外键的名字。

实例代码如下。

```
<many-to-one name="tblDepartment" class="org.ngweb.demo.model.TblDepartment" fetch="select">
        <column name="id_tbl_department" not-null="true" />
</many-to-one>
```

（5）set 元素

集（Set）元素定义一对多关联：这个表的主键被其他表的外键引用。

- name：集的名字，它是其他类的多个实例的集，因此属性名采用名词的复数形式。
- column：主键（被引用的键）的名字。
- <one-to-many>的 class 定义引用类的类全名。

实例代码如下。

```
<set name="tblEmployees" table="tbl_employee" inverse="true" lazy="true" fetch="select">
        <key>
                <column name="id_tbl_department" not-null="true" />
        </key>
        <one-to-many class="org.ngweb.demo.model.TblEmployee" />
</set>
```

3．DAO 类

DAO 类（Data Access Object，数据访问对象）是应用程序与 Session 类（后面讨论）间的一个接口，它为特定的 POJO 类封装了 Sessicn 类提供的持久化及查询操作。

工具生成的代码中*Home 类和*Dao 类都是 DAO 类，是 DAO 类的两个层次，所不同的是前者由工具生成，包含了一些常用的方法，*Dao 类继承*Home 类，保存用户对*Home 类的扩展，就是说在需要时，程序员应该在扩展的*Dao 类编写自己的 DAO 方法，而不应该直接修改*Home 类中的方法。

*Home 类定义了一组对 POJO 对象的操作，例如 TblDepartmentHome 类定义了一组对 TblDepartment 类操作的方法，见表 4-6。

表 4-6　TblDepartmentHome 类的方法

方　法	说　明
public void attachDirty(TblDepartment instance)	将传入的对象持久化并保存。如果对象未保存（Transient 状态），调用 save 方法保存。如果对象已保存（Detached 状态），调用 update 方法将对象与 Session 重新关联
public void detach(TblUser instance)	使传入的对象成为脱管状态
public TblDepartment merge(TblDepartment detachedInstance)	将传入的 detached 状态的对象的属性复制到持久化对象中，并返回该持久化对象。如果该 session 中没有关联的持久化对象，则加载一个；如果传入对象未保存，则保存一个副本并作为持久对象返回，传入对象依然保持 detached 状态

（续）

方　法	说　明
public void persist(ChatUser transientInstance)	persist 把一个瞬态的实例持久化，但"不保证"标识符被立刻填入到持久化实例中，标识符的填入可能被推迟到 flush 的时间
public void delete(TblDepartment persistent Instance)	从数据库删除 TblDepartment 对象
public TblDepartment findById(java.lang.String id)	根据主键值从数据库中查询对象，找到后返回一个对象，没有找到则返回 null
public List<TblDepartment> findByExample (TblDepartment instance)	根据所提供的实例从数据库查询相似的对象，结果可能是 0 个、1 个或多个对象，因此返回的是以 List 形式表示的对象列表
public List<TblDepartment> hqlQuery(String hqlWhere)	根据提供的 HQL 语句参数进行查询，返回的是以 List 形式表示的对象列表

例如 TblDepartmentHome 类的 attachDirty 方法的代码如下。

```
public void attachDirty(TblDepartment instance) {
    log.debug("attaching dirty TblDepartment instance");
    try {
        sessionFactory.getCurrentSession().saveOrUpdate(instance);
        log.debug("attach successful");
    } catch (RuntimeException re) {
        log.error("attach failed", re);
        throw re;
    }
}
```

4．Hibernate 配置文件

Hibernate 的配置文件通常使用 xml 格式，其主要作用有 2 个，一是配置数据库连接参数。

```
<property name="connection.driver_class">com.mysql.jdbc.Driver</property>     驱动程序
<property name="connection.url">jdbc:mysql://localhost:3306/chat</property>   连接字符串
<property name="dialect">org.hibernate.dialect.MySQLDialect </property>       数据库方言
<property name="connection.username">root</property>                          用户
<property name="connection.password">sa</property>                            密码
```

二是配置映射文件。

```
<mapping resource="org/ngweb/demo/model/TblDepartment.hbm.xml" />     每个表一个映射
```

还有一些其他的配置，如配置调试模式（输出 SQL 语句）。

```
<property name="current_session_context_class">thread</property>
<property name="hibernate.show_sql">true</property>
```

注：SQL 语句的输出需要从 slf4j 转换为 log4j 的输出，因此需要有关的 jar 包，如 slf4j-api-1.6.1.jar、slf4j-nop-1.6.1.jar 和 commons-logging-1.0.4.jar 等。

不同的数据库管理系统，其驱动程序和连接字符串是不同的。表 4-7 列出常用的 3 种关系型数据库管理系统的驱动程序名字和连接字符串，其中 URL 连接字符串中的 TestDB 是数据库名。

表 4-7　常用数据库管理系统的 JDBC 驱动程序名称和 URL 连接字符串

数据库管理系统	JDBC 驱动程序名称	URL 连接字符串
MySQL	com.mysql.jdbc.Driver 或 org.gjt.mm.mysql.Driver	jdbc:mysql://127.0.0.1:3306/TestDB
Oracle	oracle.jdbc.driver.OracleDriver	jdbc:oracle:thin:@127.0.0.1:1521:TestDB
SQL Server	com.microsoft.sqlserver.jdbc.SQLServerDriver	jdbc:sqlserver://127.0.0.1:1433;DatabaseName=TestDB

5. Session 类

Session 类是 Hibernate 的核心，它负责管理对象的生命周期、事务处理和数据交互等。Session 类的常用方法见表 4-8。

表 4-8　Session 接口的常用方法

	方法	说明
事务	Transaction beginTransaction()	开始一个事务，返回该事务
	Transaction getTransaction()	返回会话的当前事务，常用于提交或回滚。如： session.getTransaction().commit(); 或 session.getTransaction().rollback();
增加 修改	Serializable save(Object object)	持久化一个瞬时对象，并立即指定其主键
	void update(Object object)	持久化一个脱管对象
	void saveOrUpdate(Object object)	根据情况，选择性地 save 或 update 一个对象
	Object merge(Object object)	复制一个对象，使其成为持久对象，而原来的对象仍然是脱管的
	void persist(Object object)	持久化一个瞬时对象，可能延迟指定其主键
删除	void delete(Object object)	从数据库中删除持久对象
查找	Object get(Class clazz, Serializable id)	根据主键 id 立即取得一个记录，如果没有找到，返回 null
检索	Query createQuery(String queryString)	使用 HQL 查询字符串生成一个 Query 对象
	Criteria createCriteria(Class persistentClass)	为一个持久对象生成一个 Criteria 对象
	SQLQuery createSQLQuery(String queryString)	使用 SQL 查询字符串生成一个 SQLQuery 对象
强写	void flush()	强制将 Session 中缓存的数据写入数据库中
关闭	Connection close()	结束会话，关闭 JDBC 连接

注意 Hibernate 的 Session 类与 JSP 的 session 内置对象是完全不同的，前者是 Java 程序与数据库的会话，是一个类，而后者是浏览器与服务器的会话，是一个内置对象。同样是会话，但会话的主角不同，相同的仅仅是使用了同一个单词。

DAO 类是通过调用 Session 类的方法来实现与数据库的会话的。Hibernate 通过 Session 类（会话）与数据库连接，一个会话相当于一个数据库连接。会话是基于 Trancaction（事务）的，事务必须提交（commit）后，才能真正写入数据库，如果回滚（rollback），则放弃这个事务的所有操作。

6. 事务处理

Hibernate 的事务处理有多种模式，本书使用的是手工管理，因此需要在程序中直接编写事务处理的代码。

```
TblDepartmentDao dao = new TblDepartmentDao();
dao.transactionBegin(); // 开始事务
```

```
    // 代码

    dao.transactionCommit(); // 提交事务
```

需要注意的是，事务是全局性的，即整个会话只有一个事务，事务不能重复开始，开始的事务必须要有结束（提交或回滚），就是说通过某个 dao 对象开始事务，可以通过另一个 dao 对象提交事务，不允许通过某个 dao 对象开始事务，又通过另一个 dao 对象重复开始事务。见下述代码的注释。

```
    TblDepartmentDao dao = new TblDepartmentDao();
    TblEmployeeDao dao1 = new TblEmployeeDao();
    dao.transactionBegin(); // 开始事务
    dao1.transactionBegin(); // 不允许重复开始事务，不同的 dao 对象对应的是同一个事务

    // 操作 Hibernate 数据库对象的代码

    dao1.transactionCommit(); // 可以通过另一个 dao 对象提交事务
```

4.5.3 HQL、QBC 和原生 SQL 查询

在前面的讨论中，对数据库操作使用的是*Home 中的方法，对于增、删、改的操作使用*Home 类的方法基本够用，而对于查询操作，由于 SSH 工具生成的*Home 类的查询方法不能满足特殊的查询需求，因此，需要在 Home 类的子类 DAO 类中添加满足项目需求的各种查询方法，灵活使用 Hibernate 的各种查询手段。

如 4.5.2 节所述，所有与数据库有关的操作都要通过 Session 类来实现，因此学习本节内容时请参考 Session 接口的常用方法（见表 4-8）。

1．HQL 查询

HQL（Hibernate Query Language，Hibernate 查询语言）是 Hibernate 提供的一种查询语言，对应的类是 Hibernate 的 Query 类。HQL 语句将被翻译成 SQL 语句执行，语法与 SQL 很相似，但是也有一些区别。

（1）条件查询

例如 TblDepartmentHome 类的 hqlQuery()就是使用 HQL 查询实现的。

```
public List<TblDepartment> hqlQuery(String hqlWhere) {
        Session session = getSessionFactory().getCurrentSession();
        Query query = session.createQuery("from TblDepartment "+hqlWhere);
        List<TblDepartment> list = query.list();
        return list;
    }
```

其中，查询条件是"from TblDepartment " + hqlWhere，特别要注意的是，查询条件中的 TblDepartment 指的是 Java 类，而不是数据库中的表，因此是大小写敏感的，而关键字 from 则不是大小写敏感的，同样，如果要提供 where 条件参数，应该使用 Java 类的属性名，而不应该用数据库的表名，例如"where colName like '%" + name + "%'"。

参数 hqlWhere 可以是 where 子句，也可以是 order by 子句等，如果 hqlWhere 为空串，则返回所有记录。

（2）属性查询

前述查询将返回类的所有属性（表的所有列），当不希望得到所有属性时，可以采用下述两种方法中的一种。

1）创建一个视图，它是所需的属性的一个视图，然后为这个视图生成一组*.java、*.hbm.xml 和*Home.java 文件。目前 Jitor 软件的 SSH 工具不支持这种方法。

2）在 HQL 的查询中使用属性列表，如下代码所示：

```
Session session = dao.getSessionFactory().getCurrentSession();
Query query = session.createQuery(                    // 带属性的 HQL 查询
            "select colName, colLoginAccount from TblEmployee");
List<Object[]> list = query.list();                   // 注意返回的是 Object[]类型的列表
if (list != null && list.size() > 0) {
    for (Object[] o : list) {
        System.out.println("姓名：" + o[0]);
        System.out.println("账号：" + o[1]);
    }
}
```

这种查询有两个特点。

- 虽然关键词 Select 和 from 是大小写不敏感的，但其中的类名和属性名是大小写敏感的，因为它们不是表名和列名。
- 查询返回的结果 List 的元素不是由 TblEmployee 对象组成，而是一个 Object 数组，数组的成员对应每条记录。

在这种情况下，Select 语句可以是连接查询、统计函数、分组统计以及子查询等。

（3）分页查询

Web 应用中分页是一项重要的功能，在第 6 章中将会讨论。这里先介绍 Hibernate 是如何支持分页的。如果下述代码返回 7 条记录。

```
Session session = dao.getSessionFactory().getCurrentSession();
Query query = session.createQuery("from TblEmployee as user");
List<TblEmployee> list = query.list();
for(TblEmployee empl :list){
    System.out.println(empl.getColName());
}
```

则对其进行如下分页以后，返回第 3 条到第 5 条记录，共 3 条记录。

```
Session session = dao.getSessionFactory().getCurrentSession();
Query query = session.createQuery("from TblEmployee as user");
query.setFirstResult(2);
query.setMaxResults(3);
List<TblEmployee> list = query.list();
for(TblEmployee empl :list){
```

```
        System.out.println(empl.getColName());
    }
```

注意，setFirstResult()设置的开始位置从 0 开始计数。

2．QBC 查询

除了 HQL 外，Hibernate 还支持 QBC 查询（Query By Criteria）。QBC 的优点是可以方便地组合多种查询条件，特别是当用户提供的查询条件可能有多种组合方式时。用 Criteria 类来装载查询条件，而查询条件用 Restrictions 进行封装。实例如下。

```
Session session = dao.getSessionFactory().getCurrentSession();
Criteria cr = session.createCriteria(
            "org.ngweb.demo.model.TblEmployee");
cr.add(Restrictions.eq("colName", "刘帆"));
cr.add(Restrictions.isNull("colRemark"));
List<TblEmployee> list = cr.list();
for (TblEmployee u : list) {
    System.out.println(u.getColName());
}
```

多个 Restrictions 之间的关系也可以是 and 或 or 的关系。

3．原生 SQL 查询

HQL 和 QBC 是 Hibernate 提供的常用查询手段，能够满足绝大多数的要求，但对复杂的查询则无能为力，另外，HQL 和 QBC 查询也可能导致查询时性能受损，这时需要直接使用 SQL 语句进行查询。

```
Session session = dao.getSessionFactory().getCurrentSession();
SQLQuery squery = session
        .createSQLQuery("select col_name, col_login_account from tbl_employee");
List<Object> list = squery.list();
for (Object obj : list) {
    Object[] o = (Object[]) obj;
    System.out.print("姓名：" + o[0]);
    System.out.println("==> 账号：" + o[1]);
}
```

注意这时的查询语句是 SQL 语句，因此必须使用表名，而不是类名。查询返回的结果 List 的元素不是由 TblEmployee 对象组成，而是一个 Object 数组，数组的元素对应每条记录。

Jitor 实验　实验 4-6：HQL、QBC 和原生 SQL 查询。在实验 4-1 创建的项目 helloHibernate 运行 Jitor 实训指导软件，根据指导软件的要求进行实验，实验内容是本小节讨论的 HQL、QBC 和 SQL 查询。

4.6　中文处理

常见的中文字符集编码有 GB2312、GBK、GB18030 和 Unicode 等，GB2312 是最早使用的国家标准，而 Unicode 则是国际标准，Java 语言使用的就是 Unicode。Unicode 代表了今后的发展方向，UTF-8 和 UTF-16 都是 Unicode 的实现，通常使用的是 UTF-8。

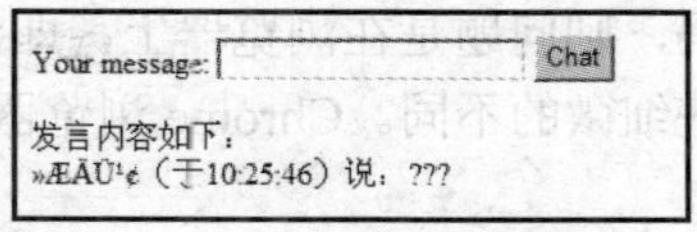

图 4-12　中文显示问题

虽然 Java 语言和 JSP 本身对中文的支持非常好，但还是会经常出现中文乱码问题，如图 4-12 所示，在同一页中，有的中文正常，有的中文显示为不可读的乱码，有的中文显示为问号。动态内容出现中文乱码的情况十分常见。

4.6.1　产生中文问题的原因

Java 的内核和 class 文件是基于 Unicode 的，这使 Java 程序具有良好的处理多国文字的能力，但为什么还会带来中文乱码问题呢？原因在于操作系统、浏览器以及数据库系统使用的不是 Unicode，造成多方面的不一致，图 4-13 显示了出现中文乱码问题的可能位置，这些位置是：① 浏览器的字符编码设置；② 浏览器发送请求时的字符编码；③ Web 容器的字符编码设置；④ JSP 或 HTML 等文件的字符编码格式；⑤ Web 容器与数据库连接采用的字符编码；⑥ 数据库保存数据时的字符编码设置；⑦ Web 容器响应的字符编码设置。

图 4-13　中文乱码出现的环节

4.6.2　中文乱码解决方案

有时网页会出现中文乱码的情况，是由于浏览器、Web 容器和数据库管理系统的字符集不一致造成的，因此应该把它们设置成相同的字符集，一般建议使用 UTF-8。

1．设置网页（JSP 或 HTML 页面）的字符集

对于 HTML 页面，通过 meta 元素指定字符集编码：

```
<meta http-equiv="Content-Type" content="text/html; charset=UTF-8">
```

对于 JSP 页面，通过下述命令指定字符集编码：

```
<%@ page language="java" contentType="text/html; charset=UTF-8"%>
```

在 Java 代码（如 Servlet）中，则通过下述命令指定字符集编码：

```
<%response.setContentType("text/html;charset=UTF-8");%>
```

2．设置接收数据时的字符集

在服务器端接收用户提交的表单数据时，虽然浏览器已经正确地使用 UTF-8 编码发送数据，但 JSP 也要使用正确的编码接收数据：

```
<%request.setCharacterEncoding("UTF-8");%>
```

这条语句必须放在接收数据的语句（如 request.getParamter()等）之前。

3．JSP 页面显示时乱码

通过前面两个步骤应该能解决 JSP 页面中静态内容的中文乱码问题，如果仍然有中文乱码，则问题是在浏览器上，即没有正确地设置浏览器的字符编码。不同浏览器的编码设置有些细微的不同。Chrome 浏览器的字符编码设置如图 4-14 所示。

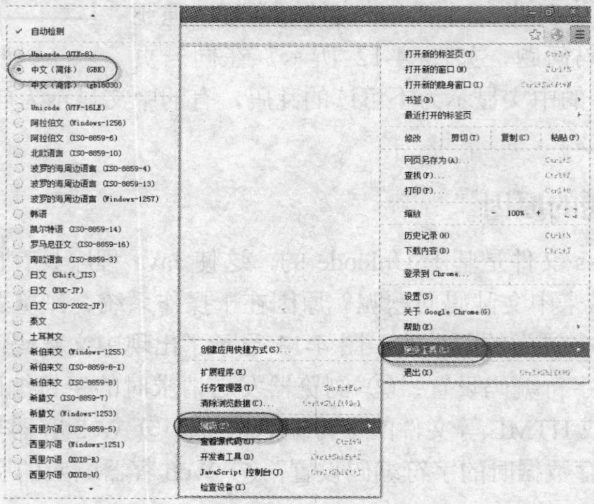

图 4-14　Chrome 浏览器的字符编码设置

4．Web 容器的编码

Tomcat 默认的字符集编码是 ISO-8859-1，在中文环境下要改为中文，可以在 Tomcat 的配置文件 conf/server.xml 中 Connector 的部分增加 URIEncoding="utf-8"。

```
<Connector port="8080" protocol="HTTP/1.1" URIEncoding="utf-8"
       connectionTimeout="20000" redirectPort="8443" />
```

在 Eclipse 中启动 Tomcat 服务器时，这个文件被复制到工作空间的下述目录中。

```
.metadata\.plugins\org.eclipse.wst.server.core\tmp0\conf
```

这个目录可以通过 application.getRealPath("/")找到。

5．数据库存储的编码

MySQL 支持以 Unicode 编码方式存储数据，但 MySQL 的默认编码是 latin-1，所以需要指定 MySQL 使用 UTF-8 编码（在 MySQL 中拼写为 utf8）。指定的方式至少有 3 种途径（只需采用其中一种）。

1）安装数据库系统时设置数据库系统的默认编码见“4.3 安装 MySQL 服务器”的有关内容。

2）创建数据库时设置数据库的默认编码（对每个数据库都要进行设置）。

```
create database talk default character set utf8;
```

3）创建数据表时设置数据表的默认编码（对每张表都要进行设置）。

```
create table user (
        user_id varchar(36) primary key,
        name varchar(100) not null
) default charset=utf8;
```

6．数据库连接时乱码

这是 Java 程序与其他存储介质交互时产生的乱码。很多存储介质，如数据库、文件等的存储方式是基于字节流的，而 Java 程序是基于字符流的，这时会发生字符（char）与字节（byte）之间的转换。

从 Java 程序到数据库：char → byte

从数据库到 Java 程序：byte → char

如果在以上转换过程中使用的编码方式与字节原有的编码不一致，很可能就会出现乱码。解决的办法是确保转换时使用的编码方式与字节原有的编码方式保持一致，对于 MySQL 数据库，需要在数据库连接字符串中指定字符集编码：

```
String strURL = "jdbc:mysql://127.0.0.1:3306/chat?useUnicode=true&characterEncoding=UTF-8";
```

7．URL 字符串乱码

当把中文字符作为 URL 的参数值传递给另一页面时，也会出现乱码，例如下述代码。

```
[<%=request.getParameter("key") %>]<br/>
<a href="index.jsp?key=关键字">查询字符串</a>
```

这时服务器接收到的是乱码。解决方法是在发送时对 URL 参数用 java.net.URLEncoder.encode()方法进行编码，在接收时再进行解码。代码如下。

```
<%
        String str = request.getParameter("key");
        if (str != null) {
                str = java.net.URLDecoder.decode(str, "UTF-8");
                str = new String(str.getBytes("ISO-8859-1"), "UTF-8");      // ISO-8859-1 到 UTF-8 的转换
                out.print(str);
        }
%><br />
<a href="index.jsp?key=<%=java.net.URLEncoder.encode("关键字", "UTF-8")%>">查询字符串</a>
```

编码后的 URL 变为（在浏览器上查看源代码）：

```
<a href="index.jsp?key=%E5%85%B3%E9%94%AE%E5%AD%97">查询字符串</a>
```

上述%E5%85%B3%E9%94%AE%E5%AD%97 是“关键字”的 URL 编码，这种编码不是 Unicode 编码，而是 ISO-8859-1 编码，因此在接收后要进行 ISO-8859-1 到 UTF-8 的转换。

因此，不建议在路径和文件名中使用中文，同时也尽量避免在查询字符串中使用中文。

8．URL 编码

URL 中不仅需要对中文进行编码，对某些特殊符号也需要进行编码，因此，URLEncoder 的一个更加重要的用途是对这些符号进行编码，如空格、#、&、?等在 URL 有特殊作用的符号。例如对下述含有空格、&、=等符号的 URL 必须进行编码，否则一定出错。

```
[<%=request.getParameter("key") %>]<br/>
<a href="index.jsp?key=you & me = 2 + 3.">查询字符串</a>
```

正确的代码如下（接收时可以自动解码）。

```
[<%=request.getParameter("key") %>]<br/>
```

```
<a href="index.jsp?key=<%= java.net.URLEncoder.encode("you & me = 2 + 3.", "UTF-8")%>">查询字符串</a>
```

在浏览器上查看源代码，上述内容成为如下代码。

```
[you & me = 2 + 3.]<br/>
<a href="index.jsp?key=you+%26+me+%3D+2+%2B+3.">查询字符串测试</a>
```

也就是说，参数“you & me = 2 + 3.”编码后成为“you+%26+me+%3D+2+%2B+3.”，其中空格编码为加号（+）或%20，加号+编码为%2B，在查询字符串中符号&用于分隔不同的参数，当它作为数据本身时，应该编码为%26，同样，等于号编码为%3D，小数点不需要编码。

4.6.3 字符编码转换过滤器

在前一小节中文乱码解决方案中，对于页面显示乱码和接收数据乱码，解决的办法是在每个 JSP 页面中或者 Servlet 中添加如下 Java 代码：

```
<%response.setContentType("text/html;charset=UTF-8");%>
```

和

```
<%request.setCharacterEncoding("UTF-8");%>
```

为了避免在每个 JSP 或 Servlet 中添加语言编码转换的指令代码，可以编写一个过滤器来统一指定。本节讨论它的实现，编写一个实现字符编码转换功能的过滤器。

1．字符编码转换过滤器

首先编写一个字符编码转换过滤器，这是 Tomcat 提供的一个例子，文件位于 Tomcat 安装目录的 webapps\examples\WEB-INF\classes\filters 目录中。

【例 4-13】 字符编码转换过滤器 SetCharacterEncodingFilter.java（Tomcat 提供）。

```
package org.ngweb.filter;

import java.io.IOException;
import javax.servlet.*;

public class SetCharacterEncodingFilter implements Filter {
    protected String encoding = null;
    protected FilterConfig filterConfig = null;
    protected boolean ignore = true;
    public void destroy() {
        this.encoding = null;
        this.filterConfig = null;
    }
    public void doFilter(ServletRequest request, ServletResponse response,
            FilterChain chain) throws IOException, ServletException {
        if (ignore || (request.getCharacterEncoding()= = null)) {
            String encoding = selectEncoding(request);
            if (encoding != null)
                request.setCharacterEncoding(encoding);
        }
```

```
        chain.doFilter(request, response);
    }
    public void init(FilterConfig filterConfig) throws ServletException {

        this.filterConfig = filterConfig;
        this.encoding = filterConfig.getInitParameter("encoding");
        String value = filterConfig.getInitParameter("ignore");
        if (value == = null)
            this.ignore = true;
        else if (value.equalsIgnoreCase("true'))
            this.ignore = true;
        else if (value.equalsIgnoreCase("yes"))
            this.ignore = true;
        else
            this.ignore = false;
    }
    protected String selectEncoding(ServletRequest request) {
        return (this.encoding);
    }
}
```

2．字符编码转换过滤器的配置

完成了过滤器的编写，还需在 web.xml 文件中加入下述配置（注意包名的匹配）:

```
<filter>
    <filter-name>CharacterEncoding</filter-name>
    <filter-class>org.ngweb.filter.SetCharacterEncodingFilter</filter-class>
    <init-param>
        <param-name>encoding</param-name>
        <param-value>UTF-8</param-value>
    </init-param>
</filter>
<filter-mapping>
    <filter-name>CharacterEncoding</filter-name>
    <url-pattern>/*</url-pattern>
</filter-mapping>
```

经过这样的设置，便可实现中文的统一处理，不再需要对每个 JSP 文件或 Servlet 加入有关字符编码的设置，从而提高效率，减少错误的发生。

4.7 实训 4 聊天室项目的数据持久化

Jitor 实训

实训 4：在第 3 章的实训 3 中已经实现了一个具有基本聊天功能的聊天室，但是功能非常简单，所有数据是保存在内存中的。本实训将采用数据库技术，完善聊天室的功能，包括用户注册功能。

4.7.1 数据结构设计

聊天项目使用两张表：用户表（tbl_user）记录用户的信息，聊天表（tbl_chat）记录聊天的信息。根据注册表单收集的信息，加上后台处理需要的数据，确定用户表的结构。根据聊天时收集的信息和显示需要的信息确定聊天表的结构。两张表之间通过主外键联系（见图4-15、表4-9和表4-10）。

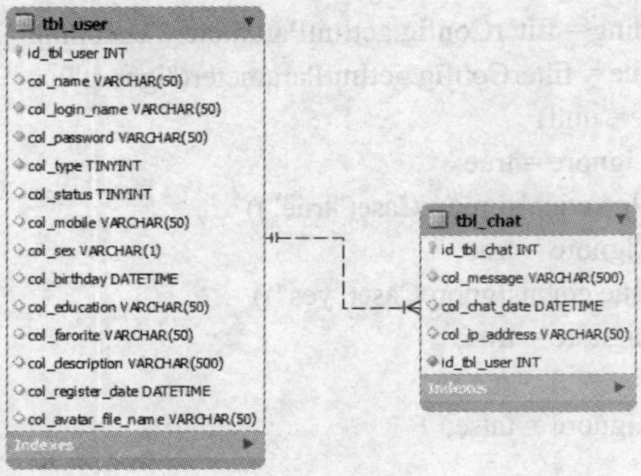

图4-15　数据结构图

表4-9　用户表tbl_user

列　　名	类　　型	属　　性	说明（中文字段名）
id_tbl_user	int(11)	非空，主键	主键，自动增量
col_name	varchar(50)	允许空	真实姓名
col_login_name	varchar(50)	非空，唯一	登录账号（唯一约束）
col_password	varchar(50)	非空	登录密码
col_type	tinyint(4)	非空	用户类型：0=普通用户，1=管理员
col_status	tinyint(4)	允许空	用户状态：0=正常；1=禁言；2=禁止登录
col_mobile	varchar(50)	允许空	手机号码
col_sex	varchar(1)	允许空	性别：M=男，F=女
col_birthday	datetime	允许空	生日
col_education	varchar(50)	允许空	教育程度（学历）
col_farorite	varchar(50)	允许空	兴趣爱好
col_description	varchar(500)	允许空	个人介绍
col_register_date	datetime	允许空	注册日期（自动记录）
col_avatar_file_name	varchar(50)	允许空	个人头像文件名

表4-10　聊天表tbl_chat

列　　名	类　　型	属　　性	说明（中文字段名）
id_tbl_chat	int(11)	非空，主键	主键，自动增量
col_message	varchar(500)	非空	聊天内容（不为空）
col_chat_date	datetime	允许空	发言时间（自动记录）
col_ip_address	varchar(50)	允许空	发言人的IP地址（自动记录）
id_tbl_user	int(11)	非空，	外键（发言人）

设计好数据结构以后，需要创建数据库和数据表。本项目采用 MySQL 数据库管理系统，数据结构设计采用 MySQL-Worckbench（可从 MySQL 网站下载）完成。

4.7.2 创建和初始化项目

1．创建项目

首先创建一个名为 chat4 的动态 Web 项目，下载和安装 Jitor 客户端，但不要运行。

2．安装 JDBC 驱动程序

从 Jitor 网站下载 JDBC 驱动程序，复制到 WebContent/WEB-INF/lib 目录中。安装完成后要记得刷新项目。

3．下载实训 3 代码

安装 JDBC 后才能运行 Jitor 客户端，从 Jitor 客户端进入“实训 4”，单击“下载实训 3 项目代码”链接，Jitor 客户端将会自动下载已完成的项目 3 代码到新项目中，从而保证所有的学生都在同一个起点上进行本次实训。

4．测试项目

先刷新项目，将项目添加到 Tomcat 服务器中，启动服务器，然后访问项目首页。

```
http://127.0.0.1:8080/chat4
```

通过测试证明实训 3 的代码工作正常，然后在此基础上进行实训 4 的操作。

4.7.3 生成数据库

Jitor 客户端软件的“实训 4”提供了创建前述数据结构的完整 SQL 语句，在命令行窗口中打开 MySQL 控制台，将 SQL 语句复制到控制台上，完成数据结构的创建。

提供的 SQL 语句中还包含了一条插入语句，用于初始化 admin 账号，密码也是 admin。

4.7.4 安装 Hibernate

从 Jitor 网站下载 Hibernate 包，解压到 WebContent/WEB-INF/lib 目录中。

4.7.5 Hibernate 相关代码的生成

使用 Jitor 客户端软件的“SSH 工具”，根据前述的数据结构生成 chat 数据库的 Hibernate 相关文件，见图 4-16。

1．生成相关的 Hibernate 文件

在“SSH 工具”界面填入正确的模型包名“org.ngweb.jee”和数据库名“chat”。然后单击“Hibernate”按钮，在项目中按〈F5〉键刷新项目后，就能看到生成的文件，POJO 类和 *Home 类的包名是“org.ngweb.jee.chat.model”（自动加上.chat.model）。

2．生成 DAO 文件

单击“DaoFiles”按钮，在项目中按〈F5〉键刷新项目后，就能看到生成的 Dao 文件，包名是 org.ngweb.jee.chat.dao 这些 Dao 类仅仅继承了对应的 Home 类，类中是空的，用于保存开发者自行编写的方法或覆盖 Home 类的方法。

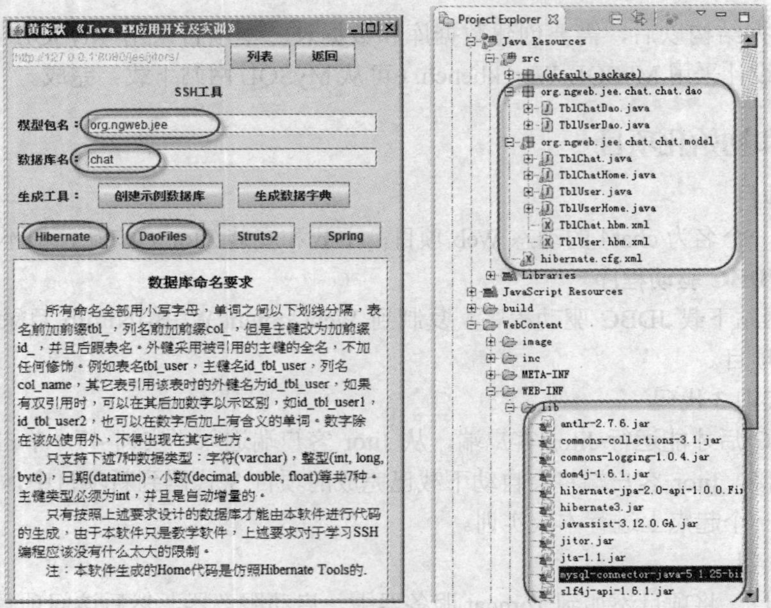

图 4-16　生成 chat 数据库的 Hibernate 相关文件

4.7.6　实现基于数据库的登录功能

登录功能是在 index.jsp 文件中实现的，以下是原来的登录验证代码。

```
if("123".equals(request.getParameter("password"))){
    session.setAttribute("account", request.getParameter("login_name"));
    response.sendRedirect("chat.jsp");
}else{
    msg = "密码错。";
}
```

现在需要将其改为基于 Hibernate 的数据库登录功能。

```
String name = request.getParameter("login_name");
String pwd = request.getParameter("password");
TblUserDao dao = new TblUserDao();
dao.transactionBegin();
List<TblUser> list = dao.hqlQuery("where colLoginName='"+name+"'");
if(list!=null && list.size()==1){
    TblUser user = list.get(0);
    if(user.getColPassword().equals(pwd)){
        // 这里保存的是 user 对象,而不是登录账号
        session.setAttribute("account", user);
        response.sendRedirect("chat.jsp");
        return;
    }else{
        msg = "密码错";
```

```
    }
}else{
    msg = "登录账号错";
}
dao.transactionCommit();
```

这段代码的思路是先从用户表中查询登录的用户，然后比对其预存的密码与登录的密码是否相同，相同的话则验证成功，跳转到 chat.jsp 页面，开始聊天。同时 chat.jsp 页面中显示用户名的代码需要修改为如下。

```
你的身份是：<%
TblUser user = (TblUser)session.getAttribute("account");
if(use!=null)
{
    out.print(user.getColName());
}
%>
```

4.7.7 实现基于数据库的聊天功能

聊天功能涉及到两个页面：chat.jsp 和 chat_list.jsp，前者提供聊天表单和接收聊天信息，后者列出所有聊天记录。

chat.jsp 原来的代码是将聊天内容保存到 application 内置对象中的，代码如下。

```
String chat = request.getParameter("chat");
String allChat = (String) application.getAttribute("chat");
if (chat != null && chat.length() != 0) {
    allChat = allChat == null ? "" : allChat;
    allChat += "<br>"+session.getAttribute("account") - "说：" + chat + " ["+request.
getRemoteAddr()+"]";
    application.setAttribute("chat",allChat);
}
```

现在将其改为将每一条聊天信息作为一条记录保存到聊天表中。

```
String msg = request.getParameter("chat");

TblChatDao dao = new TblChatDao();
dao.transactionBegin();
if(chat!=null&& chat.leugth()!=0){
    TblChat chat = new TblChat();
    chat.setColMessage(msg);
    chat.setColIpAddress(request.getRemoteAddr());
    chat.setColChatDate(new Date());
    chat.setTblUser((TblUser)session.getAttribute("account"));
}
    dao.attachDirty(chat);
```

```
dao.transactionCommit();
```

在聊天表中并不保存与界面显示格式有关的信息。

另一处修改是对 chat_list.jsp 页面的，原代码是非常简单的一行。

```
<%=application.getAttribute("chat")%>
```

现在将其改为从聊天表中取出所有记录，然后以一定的格式显示出来。

```
TblChatDao dao = new TblChatDao();

dao.transactionBegin();

String msg = "";
List<TblChat> list = dao.hqlQuery("order by colChatDate desc");
if(list!=null){
    for(TblChat chat:list){
        msg += "<br>" + chat.getTblUser().getColName()+"
                说:"+chat.getColMessage()+"["+chat.getColIpAddress()+"]";
    }
}

dao.transactionCommit();
out.print(msg);
```

在这个页面中，可以灵活设计显示的格式，实现分页功能（第 6 章讨论）。

4.7.8 实现用户注册功能

由于登录是基于数据库的，因此，必须提供用户注册功能，才能让用户使用。用户注册功能是在 register.jsp 页面中实现的，在实训 2 中已经完成了界面设计，包括注册用的表单，因此这时只需要用接收到的用户注册信息创建一个 TblUser 对象，然后保存，代码如下。

```
String name = request.getParameter("name");
if(name!=null){
    TblUserDao dao = new TblUserDao();
    dao.transactionBegin();

    TblUser user = new TblUser();
    user.setColName(name);                                  // 为简化代码，只保存 3 列的信息
    user.setColLoginName(request.getParameter("login_name"));// 完整的代码到第 5、6 章再实现
    user.setColPassword(request.getParameter("password1"));

    dao.attachDirty(user);

    dao.transactionCommit();
    response.sendRedirect("index.jsp");
    return;
}
```

上述代码只处理用户的关键信息，即用户名、登录账号和密码。对其他几项信息的处理留待第 5、6 章讨论。

4.8 小结

本章讨论了 JDBC 驱动程序的概念，MySQL 的一些基础知识，学习使用 MySQL 控制台对数据库进行基本操作、创建数据库和数据表、增删改、查询、备份、权限设置等操作。

本章重点讨论了 Hibernate 技术，它是基于 ORM（对象-关系映射）思想的一种工具，使用它可以在 Java 语言中以面向对象的思想来操作关系型数据库。Hibernate 技术的关键概念是 POJO 类、hbm.xml 映射文件和 DAO 类，POJO 类用于封装数据库中一条记录的数据，hbm.xml 用于映射数据表和 POJO 类，而 DAO 类则封装了对操作库的增删改查操作，这些操作在底层都是由 Session 类提供的，即通过 HQL、QBC 或 SQL 对数据库进行操作。

4.9 作业

一、问答题

1．JDBC 的作用是什么？如果需要访问 Oracle 数据库管理系统上的数据库，还需要什么类库？

2．ORM 是什么意思（即中文含义），它的作用是什么？

3．请解释说明 POJO 类的 3 种状态。

4．hbm.xml 映射文件在 Hibernate 中起什么作用？

5．HQL 查询和 QBC 查询有什么区别？

二、探索题

1．从网上查阅关于 Hibernate 优缺点讨论的资料。

2．从网上查找有关 JDBC 数据库连接池的资料，谈谈什么是数据库连接池技术。

3．从网上查找有关 Hibernate 的更多资料，进一步学习 Hibernate。

4．从网上查找有关 MyBatis 的资料，并对 MyBatis 和 Hibernate 进行比较。

第 5 章　Struts2 基础——聊天室架构改进

通过前一章的学习，我们掌握了 Hibernate 的基本使用方法，了解了 Hibernate 的一些基础知识，从而实现了对数据库的增、删、改、查等操作，并将聊天室项目的相关信息以数据库的方式进行保存，实现了聊天室的大部分功能。

本章学习 Struts2 技术，包括 MVC 设计模式、Struts2 框架和流程、Action 结果和视图、OGNL 表达式和 Struts2 标签库等，并采用这些技术改进聊天室项目。

5.1　聊天室项目需求分析

5.1.1　项目需求

在本开发阶段，项目的功能性需求只有一个：

- 为管理员提供一个管理用户的界面，功能包括：用户列表、查看用户详情、增加用户、编辑用户信息以及删除用户。

技术性需求是：

- 根据 MVC 设计思想对聊天室项目进行重新设计和改进，即采用 Struts2 技术重新实现视图层和控制层，保留原来的模型层（即以 Hibernate 为主的部分）。

5.1.2　学习需求

学习和理解 MVC 设计思想，学习 Struts2 技术的使用，使用 Struts2 技术来实现 MVC 模式，学习 OGNL 表达表和各种 Struts2 标签库。

5.2　MVC 设计模式

模型－视图－控制器（Model-View-Controller，MVC）是一种软件设计模式，现已被广泛使用。它作为 Java EE 平台的设计模式，受到越来越多开发者的欢迎。

5.2.1　MVC 概述

下面以 3 个不同规模的餐馆为例来进行说明。

传统模式：走进第一家餐馆，老板热情地拿着菜单迎过来："客官来点什么？""来个宫保鸡丁。""好嘞！～"，老板返身进厨房就开始切菜炒菜，一会儿做完端出来，身上已溅了不少油点子，老板一个人完成了所有工作，最后还要收钱，显然这是一家规模极小的餐馆，老板一人身兼小二、大厨、账房等多职，虽然忙前忙后，但一共也伺候不了多少人，永远都只是小打小闹小规模——这就是初学者编程最容易出现的原始状态（见图 5-1a）。第 3 章的实训 3 基本上就是这种模式，所有的工作都由 JSP 页面完成。

MVC I 模式：第二家餐馆是个夫妻店，老板娘在前面招待，老板在后面干活。即使老板衣衫不整、厨房再脏再乱，招待顾客的老板娘总是干净体面的，两个人之间的分工比较明确，业务量就可以明显加大——这就是所谓的 Model I 模式，项目文件被分成两部分，一部分专门用于对用户的显示，另一部分专门进行后台的业务处理（见图 5-1b）。第 4 章的实训 4 基本上就是这种模式，JSP 页面负责对用户的显示，而 Hibernate 负责后台处理。

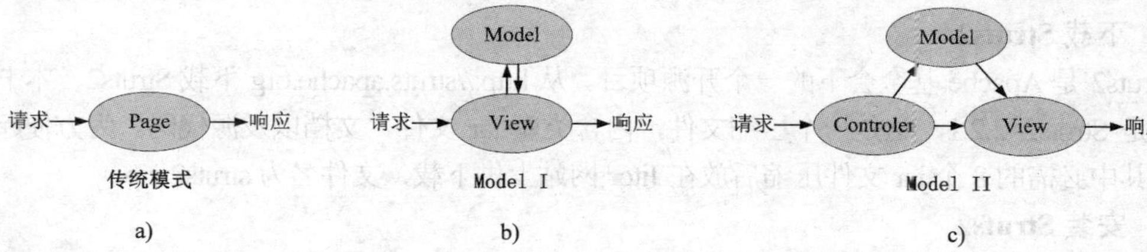

图 5-1 传统模式、MVC I 和 MVC II 模式

MVC II 模式：第三家餐馆明显在管理上规范得多。老板一直坐在服务台边，客人一进门，老板就会赶紧找一个空闲的服务员上前迎接招待；客人点好菜后，服务员提交给老板，老板再交给后厨去做；菜做好后，老板再指示服务员将菜端给顾客——这就是 MVC II，老板是 Controller，厨师是 Model，服务员是 View（见图 5-1c）。本章的实训 5 将采用这种模式。

5.2.2 模型、视图、控制器

MVC 强制性地使应用程序的输入、处理和输出分开。使用 MVC 模式进行设计的应用程序被分成 3 个核心部件：模型、视图、控制器，它们各自处理自己的任务。

1．视图 View

视图是用户看到并与之交互的界面。对一些 Web 应用程序来说，视图就是由 HTML 或 JSP 元素组成的界面，随着技术的进步，虽然 HTML 依旧在视图中扮演着重要的角色，一些新技术（如 Ajax 技术）的加入使 Web 应用程序具有更好的用户体验。

2．模型 Model

模型表示数据处理的业务规则。在 MVC 的 3 个部件中，模型可能是最复杂的。模型返回的数据是中立的，就是说模型与数据的显示格式无关。在本章的实验及实训中，模型都还是极其简单的。

3．控制器 Controller

控制器接受用户的输入并调用模型和相应的视图去完成用户的需求。单击一个超链接或提交 HTML 表单时，请求首先被送到控制器，但控制器本身不输出任何东西和做任何处理。它只是接收请求并决定调用哪个模型构件去处理请求，然后再确定用哪个视图来显示模型返回的数据。

MVC 的处理过程是，首先控制器接收用户的请求，并决定应该调用哪个模型来进行处理，然后模型的业务逻辑处理用户的请求并返回数据，最后控制器调用相应的视图来格式化模型返回的数据，最后返回并呈现给用户。

5.3 Struts2 基础

5.3.1 Struts2 概述和安装

Struts 1.x 曾经是主流的 MVC 框架技术，但是 2.x 版并非是 1.x 版的升级，而是 WebWork 的升级，因此 Struts2 与 Struts 1.x 在技术上有比较大的区别，而是与 WebWork 比较相近，2.x 版抛弃了许多 1.x 版的弊端，成为目前 MVC 框架的主流。

1．下载 Struts2

Struts2 是 Apache 基金会下的一个开源项目。从 http://struts.apache.org 下载 Struts2，本书使用的版本是 Struts2 2.2.1，这是一个压缩文件，内含类库 jar 文件，文档以及源代码。为方便起见，本书将其中必需的 8 个 jar 文件压缩后放在 Jitor 网站上供下载，文件名为 struts2.zip。

2．安装 Struts2

将下载的文件 struts2.zip 解压缩到 WebContent/WEB-INF/lib 目录下，刷新项目即可。

5.3.2 Struts2 实例

Jitor 实验

实验 5-1：Struts2 实例。本章的实验项目是 helloStruts，先创建一个名为 helloStruts 的动态 Web 项目，然后在这个项目中安装并运行 Jitor 实训指导软件，根据指导软件的要求进行实验，通过实验来体验一个 Struts2 项目。

1．初始化项目

首先按照“4.4.2 Hibernate 实例”的要求，重新实现 Hibernate 实例。

（1）生成数据库

通过 Jitor 实训指导软件的“SSH 工具”，创建示例数据库。

（2）安装 Hibernate

下载和安装 JDBC 驱动程序和 Hibernate 包。

（3）生成 Hibernate 相关代码和 Dao 相关代码

通过 Jitor 实训指导软件的“SSH 工具”完成。

本步骤需要修改 web.xml 文件，添加下述配置代码。

```
<servlet>
    <servlet-name>InitSessionFactory</servlet-name>
    <servlet-class>org.ngweb.javaee.InitSessionFactory</servlet-class>
    <load-on-startup>0</load-on-startup>
</servlet>
```

（4）测试 Hibernate

生成 Hiberneate 相关代码后，应该测试其是否能正常工作。测试文件是 dao_test.jsp.txt，将其改名为 dao_test.jsp，根据需要修改这个文件后即可开始测试。

先刷新项目，将项目添加到 Tomcat 服务器中，启动服务器，然后访问其示例代码。

```
http://127.0.0.1:8080/helloStruts/demo/dao_test.jsp
```

2．安装 Struts

现在开始体验 Struts2，从 Jitor 网站下载 Struts2，解压缩到 WebContent/WEB-INF/lib。

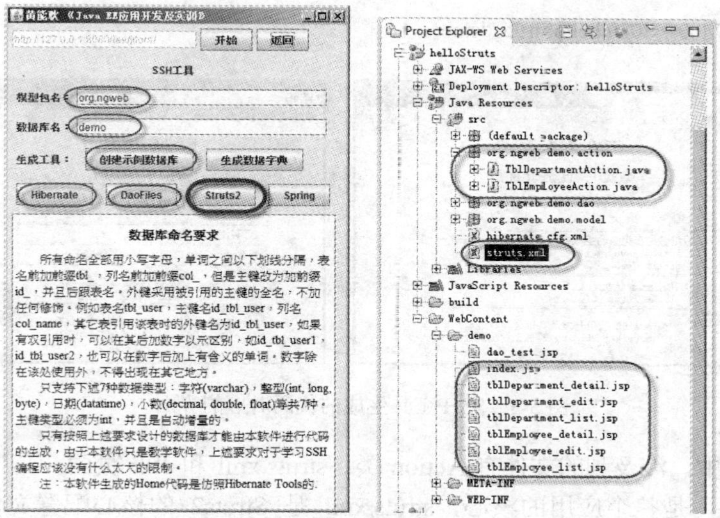

图 5-2　生成 demo 数据库的 Hibernate、Struts2 相关文件和生成的 Struts2 相关的文件列表

3．生成 Struts2 相关代码

通过 Jitor 客户端的“SSH 工具”，单击“Struts2”按钮为项目生成 Struts2 相关代码，见图 5-2。本步骤生成的相关代码如下。

- 模型层：org.ngweb.demo.action 包及其 Action 类，每张表对应一个 Action 类。
- 视图层：WebContent 目录下以数据库名命名的一组样例 JSP 文件，每张表对应 3 个 JSP 文件，其作用分别是列出所有记录、显示详细信息、修改（含新增）记录，另外还有一个 index.jsp 文件作为这个目录的首页。
- 控制器：配置文件 struts.xml。它位于 src 目录下。

生成 Struts2 相关代码时，SSH 工具在 Eclipse 的控制台上输出一些提示信息，这些信息也被保存在文件 readme_struts.txt 中，请仔细阅读这些信息。

根据提示信息的指示，修改 web.xml 文件，添加下述配置代码。

```
<filter>
    <filter-name>struts2</filter-name>
    <filter-class>org.apache.struts2.dispatcher.ng.filter.StrutsPrepareAndExecuteFilter</filter-class>
</filter>
<filter-mapping>
    <filter-name>struts2</filter-name>
    <url-pattern>/*</url-pattern>
</filter-mapping>
```

这段配置的作用是配置一个名为 struts2 的过滤器（过滤器的概念见 3.5.2），并对所有 URL（<url-pattern>/*</url-pattern>）进行过滤，就是说，所有 URL 请求都会被过滤器 struts2 对应的类 StrutsPrepareAndExecuteFilter 过滤处理，这是配置 Struts2 的关键一步。

4．测试 Struts2

重启 Tomcat 后，通过下述地址测试其是否正常工作，SSH 工具生成的代码对应的界面见图 5-3。

http://127.0.0.1:8080/helloStruts/demo/

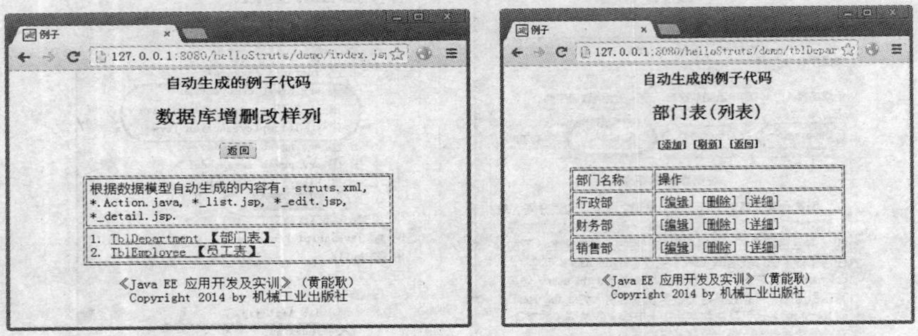

图 5-3　SSH 工具生成的代码对应的界面

在这个实例中，涉及到的文件有 Action 类、struts.xml 和 JSP 页面。其中 Action 类负责具体的业务逻辑，是整个应用的核心，struts.xml 是 Struts2 的核心配置文件，管理所有的 Action，而 JSP 文件则充当了展示用户界面的角色。

注：生成的 JSP 代码采用了 Struts2 标签（见 5.4 节）和 i18n 国际化技术（见 5.5 节），因此在 JSP 代码中的表单不是 HTML 表单，也不需要直接使用中文作为提示信息。

5.3.3　Struts2 技术

Struts2 相关的文件是配置文件（控制器，Controller）、Action 类（模型，Model）和 JSP 文件（视图，View）。

图 5-4 是 Struts2 的工作流程，当用户从浏览器发出一个请求，请求到达 Web 服务器后被 Struts2 过滤（在 web.xml 文件中配置），Struts2 从 struts.xml 文件中查找请求中包含的 Action 名称，如果找到，则调用对应的 Action 类，这个 Action 类有可能调用底层的 Dao 类来访问数据库。Action 类必须返回一个结果，Struts2 根据这个结果来调用对应的 JSP 文件展示数据给用户。

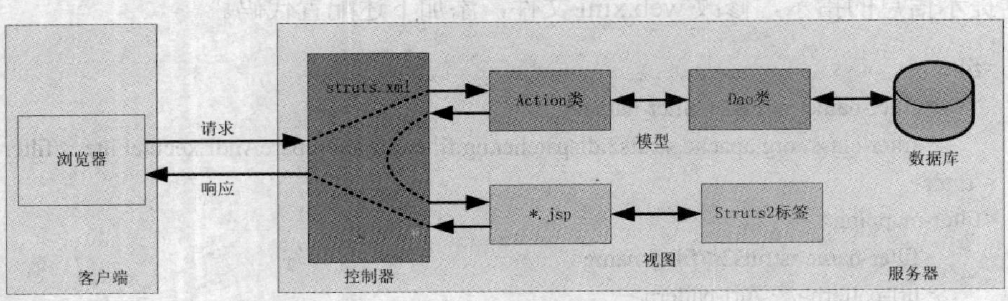

图 5-4　Struts2 的工作流程

下面分别对它们进行讨论。

1. 模型层 Model：Action 类

Action 类的作用是进行业务逻辑处理，是 MVC 设计模式中 Model 的一部分，所有 Action 类的类名都以 Action 结束。以下是 TblDepartmentAction 类的代码。

【例 5-1】 TblDepartmentAction 类。

```
package org.ngweb.demo.action;
```

```java
import java.util.List;
import org.ngweb.demo.dao.TblDepartmentDao;
import org.ngweb.demo.model.TblDepartment;
import org.ngweb.javaee.JspOperation;
import com.opensymphony.xwork2.Action;
import com.opensymphony.xwork2.ActionSupport;

public class TblDepartmentAction extends ActionSupport {
        private static final long serialVersionUID = 1L;

        private String op; // 记录用户选择的操作（URL 参数）
        private String id; // 通过 URL 传入的 ID 主键值（URL 参数）
        private String submit; // 用于判断是否提交（提交按钮的名字必须是 submit）

        private TblDepartmentDao tblDepartmentDao = new TblDepartmentDao();
        private TblDepartment tblDepartment; // 一条记录，用于编辑或显示详情
        private List<TblDepartment> tblDepartmentList; // 返回所有记录，用于列表显示

        @Override
        public String execute() {
                tblDepartmentDao.transactionBegin();
                try {

                        if (JspOperation.ADD.equals(op)) {
                                // 添加空的记录
                                tblDepartment = new TblDepartment();
                        } else if (JspOperation.EDIT.equals(op)) {
                                // 修改原有记录，返回将被修改的记录
                                tblDepartment = tblDepartmentDao.findById(new Integer(id));
                        } else if (JspOperation.SAVE.equals(op)) {
                                // 保存新的记录或被修改的记录
                                tblDepartmentDao.attachDirty(tblDepartment);
                                // 然后返回所有最新记录，以备列表之用
                                tblDepartmentList = tblDepartmentDao.hqlQuery("");
                        } else if (JspOperation.DELETE.equals(op)) {
                                // 删除 URL 参数 id 指定的记录
                                TblDepartment instance = tblDepartmentDao.findById(new Integer(id));
                                tblDepartmentDao.delete(instance);
                                tblDepartment = null;
                                // 然后返回所有最新记录，以备列表之用
                                tblDepartmentList = tblDepartmentDao.hqlQuery("");
                        } else if (JspOperation.DETAIL.equals(op)) {
                                // 返回当前记录
                                tblDepartment = tblDepartmentDao.findById(new Integer(id));
                        } else if (JspOperation.LIST.equals(op)) {
```

```
                // 列出所有记录，返回一个列表
                tblDepartmentList = tblDepartmentDao.hqlQuery("");
            } else {
                op = Action.ERROR;
            }
        } catch (Exception e) {
            e.printStackTrace();
            tblDepartmentDao.transactionRollback();
        } finally {
            try {
                tblDepartmentDao.transactionCommit();
            } catch (Exception e) {
                e.printStackTrace();
            }
        }
        return op;
    }

    // 数据校验
    @Override
    public void validate() {
        // 印刷时省略
    }

    // 以下是 getters 和 setters 方法，如果新增了属性，同时应该添加相应的 getters 和 setters 方法
    // 这些 getters 和 setters 方法保证了与 JSP 页面的数据交互
    // 印刷时省略
}
```

其中 validate()是数据校验，将在第 6 章讨论。TblDepartmentAction 类的主要功能如下。

- 用户添加新记录时，创建一个新的 TblDepartment 对象，并返回给用户输入数据。
- 用户修改某条记录时，根据 ID 值查询该记录，并返回给用户修改。
- 用户提交了编辑过的表单数据（新增或修改），保存该记录，并返回所有记录。
- 用户删除某条记录时，根据 ID 值删除该记录，并返回所有记录。
- 用户查看某条记录的详情时，根据 ID 值查询该记录，并返回给用户显示。
- 列出所有记录，这时返回所有记录，用于在浏览器上显示记录列表。

（1）Action 类的属性

Action 类中通常有一些属性，这些属性有特殊的作用，并且必须要有对应的 getters()和 setters()方法。这些属性的名字应该与 JSP 文件中表单元素的 name 属性值一一对应，拼写完全相同。

例如在上述类中有 5 个私有属性：op、id、submit、tblDepartment 和 tblDepartmentList，这 5 个属性的 getters()和 setters()方法通过 Struts2 实现与 JSP 页面中用户数据（URL 同名参数或表单中同名的表单域）的关联。例如 TblDepartmentAction 类的属性对应下述表单中的

一些 URL 参数和表单域（表单中的<s:textfield >等以 s:起头的标签是 Struts2 标签，将在本章 5.4 节讨论）。

```
<s:form action="?op=save">
        <s:hidden name="tblDepartment.idTblDepartment" value="%{tblDepartment.idTblDepartment}" />
        <s:textfield name="tblDepartment.colName" label="colName" /><br/>
        <s:textfield name="tblDepartment.colRemark" label="colRemark" /><br/>
        <s:submit name="submit" value="保存" />
</s:form>
```

其中 Action 类中的属性 op 对应 JSP 表单中 action 属性的参数 op（它就是提交页面的 URL 查询字符串），属性 submit 对应提交按钮 submit，属性 tblDepartment 是一个对象，这个对象的 3 个属性分别对应一个隐藏域和两个文本域。

（2）Action 类的 execute()方法

每个 Action 类中必须有一个 execute()方法，其方法签名如下。

```
public String execute();
```

这个方法实现了 Action 类的核心功能，在上述例子中实现了对 tbl_department 表的增、删、改、查操作，在实际项目中，可能还有更为复杂的功能。

（3）逻辑视图（结果 result）和物理视图（JSP 页面）

Action 类的 execute()方法有一个特别的要求，即返回一个具有特别含义的字符串，这个字符串被命名为结果（result），也称为逻辑视图，这个结果在 struts.xml 配置文件中被用于与 JSP 视图（也称为物理视图）进行映射。Struts2 通过 Action 接口预定义了如下几个结果字符串。

```
package com.opensymphony.xwork2;

public interface Action {
        public static final String SUCCESS = "success"; // 声明一组静态的常量，用于返回逻辑视图
        public static final String NONE = "none";
        public static final String ERROR = "error";
        public static final String INPUT = "input";
        public static final String LOGIN = "login";

        public String execute() throws Exception;          // 声明抽象方法
}
```

（4）Action 的形式

Struts2 的 Action 类应该满足下述条件。

- 有一个无参的、返回字符串的 execute()方法，用于处理用户的请求，并根据处理的结果返回适当的逻辑视图（一个字符串）。
- 有 0 到多个属性，其名称对应表单元素的字段名或查询字符串中的变量名，并为属性提供 getters()和 setters()方法。

Action 类可以有 3 种形式，下面分别介绍。

1）普通 Java 类

使用普通的 Java 类作为 Action，只要它满足上述 Action 类的条件。

2）实现 Action 接口

使用普通的 Java 类作为 Action，优点是灵活方便，但是编程时容易出错，当实现 Action 接口时，则可以规范 Action 类，不易出错。Action 接口还预定义了常用的结果字符串。

3）继承 ActionSupport 类

Struts2 还提供了一个名为 ActionSupport 的类，该类实现了 Action 接口以及 LocaleProvider、TextProvider、Validateable、ValidationAware、Serializable 等接口，这个 Action 类还可用于数据校验的用途。【例 5-1】的例子就是继承 ActionSupport 类。

（5）从 Action 访问 Servlet API

Action 提供了直接访问用户提交的数据的途径，但是如果要访问其他数据，如 request 等 JSP 内置对象的一些参数，就需要访问 Servlet API，即通过 JSP 内置对象来访问有关数据。

Struts2 提供了 ServletActionContext 类，从这个类可以得到 Servlet API 中的对象，代码如下。

【例 5-2】 访问 Servlet API。

```
public String execute(){
        PageContext pageContext = ServletActionContext.getPageContext();
        HttpServletRequest request = ServletActionContext.getRequest();
        HttpServletResponse response = ServletActionContext.getResponse();
        HttpSession session = request.getSession();
        ServletContext application = ServletActionContext.getServletContext();
        // 可以访问上述 Servlet API 的对象。

        // 其他业务逻辑
}
```

2．视图层 View：JSP 文件

Struts2 技术支持多种形式的视图，其中最常用的是 JSP 文件。在 Struts2 中，JSP 是作为 MVC 设计模式中的视图层而存在的，就是说，JSP 文件仅仅用于展现数据，不对数据进行处理，对数据的处理是在 Action 类实现的，因此 JSP 需要访问 Action 类的数据，这是通过 Struts2 标签库（见第 5.4 节）实现的。

SSH 工具为每张表生成了 3 个 JSP 文件，这些都是用于展现数据的。例如对 tbl_department 表生成如下 3 个文件。

- tblDepartment_list.jsp：用于列出表中所有记录，并提供增删改的链接。
- tblDepartment_detail.jsp：列出一条记录的详细内容。
- tblDepartment_edit.jsp：新增或编辑一条记录的表单。

文件 tblDepartment_list.jsp 的内容如下。

```
<%@ page language="java" contentType="text/html; charset=UTF-8"
    pageEncoding="UTF-8"%>
<%@ taglib prefix="s" uri="/struts-tags"%>
<s:head/>
<%@ include file="inc/header.jsp"%>
```

```
<h2 align="center"><s:text name="table.tblDepartment" />(<s:text name="title.list" />)</h2>
<h5 align="center">
    [<a  href="?op=add"><s:text  name="title.add"  /></a>]  [<a  href="?op=list"><s:text
name="title.refresh" /></a>] [<a href="index.jsp"><s:text name="title.back" /></a>]
</h5>
<p />
<table width="70%" align="center" border="1" cellpadding="4">
    <tr>
        <td><s:text name="table.tblDepartment.colName" /></td>
        <td><s:text name="title.action" /></td>
    </tr>
    <s:iterator var="tblDepartment" value="%{tblDepartmentList}">
        <tr>
            <td>
                <s:property value="%{#tblDepartment.colName}" />
            </td>
            <td>
[<a href="?op=edit&id=<s:property value="%{#tblDepartment.idTblDepartment}"/>">
    <s:text name="title.edit" /></a>]
[<a href="?op=delete&id=<s:property value="%{#tblDepartment.idTblDepartment}"/>"
onclick="return confirm('<s:text name="message.delete_confirm" />
    [<s:property value="%{#tblDepartment.colName}"/>]?')"><s:text name="title.delete" /></a>]
[<a href="?op=detail&id=<s:property value="%{#tblDepartment.idTblDepartment}"/>">
    <s:text name="title.detail" /></a>]
            </td>
        </tr>
    </s:iterator>
</table>
<%@ include file="inc/footer.jsp"%>
```

其中，代码<s:iterator var="tblDepartment" value="%{tblDepartmentList}">中的<s:iterator>是 Struts2 标签；%{tblDepartmentList}是 Struts2 标签引用的 OGNL 表达式，这些将在 5.4 节讨论，而<s:text name="table.tblDepartment" />是国际化标签，将根据属性 name 的值“table.tblDepartment”转换为中文字符串“部门表”，在 5.5 节中讨论。

3．控制器 Controler：struts.xml 配置文件

struts.xml 文件是 Struts2 的核心配置文件，在 MVC 设计模式中，Struts2 的作用是控制器，而 struts.xml 文件就是这个控制器的配置文件，它决定了控制器的功能定义。

一个项目必须有至少一个配置文件，位于 src 目录之下。上述实例的配置文件如下。

【例 5-3】 实例的 struts.xml 配置文件。

```
<?xml version="1.0" encoding="UTF-8" ?>
<!DOCTYPE struts PUBLIC "-//Apache Software Foundation//DTD Struts Configuration 2.1//EN"
"http://struts.apache.org/dtds/struts-2.1.dtd">

<struts>
    <package name="com" extends="struts-default">
```

```
            <action name="tblDepartment" class="org.ngweb.demo.action.TblDepartmentAction">
                <result name="add">tblDepartment_edit.jsp</result>
                <result name="edit">tblDepartment_edit.jsp</result>
                <result name="save">tblDepartment_list.jsp</result>
                <result name="delete">tblDepartment_list.jsp</result>
                <result name="detail">tblDepartment_detail.jsp</result>
                <result name="list">tblDepartment_list.jsp</result>
            </action>

            <action name="tblEmployee" class="org.ngweb.demo.action.TblEmployeeAction">
                <result name="add">tblEmployee_edit.jsp</result>
                <result name="edit">tblEmployee_edit.jsp</result>
                <result name="save">tblEmployee_list.jsp</result>
                <result name="delete">tblEmployee_list.jsp</result>
                <result name="detail">tblEmployee_detail.jsp</result>
                <result name="list">tblEmployee_list.jsp</result>
            </action>
        </package>
    </struts>
```

根元素<struts>可以有一个或多个<package>元素，每个<package>元素定义一个或多个<action>元素，每个<action>元素定义一个 Action 的执行结果与 JSP 页面（即 View 视图层）的映射关系。

例如，上述配置文件中，针对 tblDepartment 的 Action，名为 list 的结果映射为 tblDepartment_list.jsp 视图，名为 detail 的结果映射为 tblDepartment_detail.jsp 视图，依此类推。

5.3.4 理解 Struts2 的 MVC 架构

Jitor 实验 实验 5-2：理解 Struts2。在实验 5-1 创建的项目 helloStruts 中运行 Jitor 实训指导软件，根据指导软件的要求进行实验，通过实验来理解 Struts2 的 MVC 架构。

在前一实例中，所有的代码都是由“SSH 工具”生成的，但是生成的代码仅仅是与每一张表的增、删、改、查相关，缺少登录功能，本实验将为这个项目加上登录功能，通过这个过程理解 Struts2，进而理解 MVC 架构。

1．模型层：新增 LoginAction 类

在 org.ngweb.demo.action 包中新增 LoginAction 类，它的功能是接受用户提交的 account 和 password，从数据库中找出 account 账号，比对预置的密码与用户提交的 password 是否相同，相同则登录成功，并将用户对象保存在 session 的 account 属性中。代码如下。

```
    public class LoginAction {
        private String account;            // 属性名必须与登录表单中的“账号”文本域名相同
        private String password;           // 属性名必须与登录表单中的“密码”文本域名相同

        public String execute() {
            TblEmployeeDao dao = new TblEmployeeDao();
            dao.transactionBegin();
```

```
            List<TblEmployee> list = dao.hqlQuery("where colLoginAccount='"
                    + account + "'");
            if (list != null && list.size()== 1) {                    // 如果找到该用户
                TblEmployee empl = list.get(0);
                if (empl.getColPassword().equals(password)) { // 如果密码正确
                    // 取得 session 对象
                        HttpServletRequest request = ServletActionContext.getRequest();
                        HttpSession session = request.getSession();

                        session.setAttribute("account", empl);    // 将当前登录的用户保存在会话中
                        dao.transactionCommit();
                        return Action.SUCCESS;                    // 返回成功，值为字符串 success
                }
            }
            dao.transactionCommit();
            return Action.INPUT;                                  // 返回重新输入，值为字符串 input
        }

        @Override
        public void validate(){
            if(submit == null){
                // 只有保存时才需要校验，否则清除一切校验出错的结果
                this.clearErrors();
                this.clearActionErrors();
                this.clearFieldErrors();
                return;
            }else{

            }
        }
        // 不要忘记为所有属性添加 setters()和 getters()方法
    }
```

注意 execute()方法返回的值是 success 时表示登录成功，是 input 时表示登录失败并要求用户重新录入登录表单，这两个值在后面的 struts.xml 配置文件中会用到。

2．视图层：新增 login.jsp 登录界面

新增一个专门用于登录的界面 login.jsp。代码如下。

```
<h2>登录</h2>
<form action="login.action" method="post">
    <br />请登录：
    <br />账号：<input type="text" name="account"/>
    <br />密码：<input type="password" name="password"/>
    <br /><input type="submit" name="submit" value="登录"/>
</form>
```

表单的 action 属性值是 login.action，意味着表单数据将被提交给一个名为 login 的 Action。在这个文件中没有任何 Java 代码，因为已经把后台处理的有关代码放在 LoginAction

类中，这使得 login.jsp 是完全由 html 标签组成，非常简洁。

这个文件没有使用前述实例中的 Struts2 标签，等到下一节学习 OGNL 表达式和 Struts2 标签之后，会发现 Struts2 标签的功能更加强大。

3．控制器：修改 struts.xml

最后一步是通过控制器将 LoginAction 类和 login.action 以及有关的视图关联起来。因此，在 struts.xml 文件已有的两个 action 配置之后加上一个新的 action 配置（实际上顺序是无关的）。

```
<action name="login" class="org.ngweb.demo.action.LoginAction">
        <result name="success">index.jsp</result>
        <result name="input">login.jsp</result>
</action>
```

这段配置代码的作用如下。

- 定义一个名为 login 的 Action，用户访问 login.action 时将实例化 LoginAction 类（类名用全限定名），并执行其 execute()方法，Struts2 会自动判断.action 扩展名。
- 当 LoginAction 类的 execute()方法返回结果 success（表示登录成功）时，跳转到 index.jsp 页面。
- 当 LoginAction 类的 execute()方法返回结果 input（表示登录失败）时，跳转到 login.jsp 页面，要求用户继续登录。

这个 action 的名字是 login，这就是为什么视图层 login.jsp 文件中登录表单 action 属性的值是 login.action 的原因。扩展名.action 是自动识别的，并可以省略。

从这个例子可以看出，后台代码（登录业务的实现）放在 LoginAction 类中，前台代码（登录表单）放在 login.jsp 中，二者通过 struts.xml 配置文件进行关联，从而使得不同的代码之间分离，各自的职责分明，从而体现 MVC 的设计思想。

4．Action 类和 action

一个项目可能有许多 action 和 Action 类。通常为一个功能（或有关联的一组功能）在 struts.xml 文件中定义一个 action，并与一个 Action 类关联。虽然一个 Action 类可以被多个 action 关联，但最好只被一个 action 关联。考虑到 Struts2 校验器的要求（见第 6.2.3 节），设计 action 和 Action 类的原则如下。

- 每个 action 应该只有一个表单视图，并且应该在 action 定义中为 input 逻辑视图设置为关联到这个物理视图，因为一旦校验失败，Struts2 会自动定向到 input 逻辑视图。即每个 action 都应该定义一个类似<result name="input">login.jsp</result>的结果配置，在这个例子中 login.jsp 是该 action 中唯一具有表单的 JSP 页面。
- 如果一个 Action 类有多个校验规则，则应该为每种校验规则写一个 Action 类，可能这些 Action 类的代码基本相同或完全相同。

5.4 Struts2 标签库

标签库是一组基于 Java Bean 的可重用的代码库，它以 xml 脚本的方式被调用。Struts2 提供了一个功能强大的标签库，是 Struts2 的一个重要组成部分。

5.4.1 Struts2 标签的分类

Struts2 标签分为两大类 5 小类，其中最重要的是表单标签（见表 5-1）。

表 5-1 Struts2 标签分类

标签大类	子 类	标 签 名
通用标签	数据标签	set、property、bean、param、a、action、date、push、text、url、include、i18n、debug
	控制标签	if、elseif、else、iterator、generator、append、merge、sort、subset
UI 标签	表单标签	form、textfield、password、file、hidden、checkbox、radio、textarea、select、submit、reset checkboxlist、combobox、doubleselect、optgroup、updownselect label、head、token、inputtransferselect、optiontransferselect
	非表单 UI 标签	actionerror、actionmessage、component、div、fielderror
	Ajax 标签	a、autocompleter、bind、datetimepicker、div、head、submit、tabbedPanel、textarea、tree、treenode

Struts2 标签数量多，功能强大，本书仅讨论常用的标签。

5.4.2 标签的使用

在 JSP 页面使用 Struts2 标签库，首先必须设置 taglib 指令。

```
<%@ taglib prefix="s" uri="/struts-tags" %>
```

其次，JSP 页面必须经过 Struts2 过滤器的处理，可以用下述两种方式中的任意一种。

- JSP 文件通过 Action 的逻辑视图和物理视图的映射而被使用，这时用户不能直接访问 JSP 文件，这种方式提高了 JSP 文件的安全性。
- 在 web.xml 文件的 Struts2 过滤器设置中包含对 JSP 文件的处理，例如将<url-pattern>设置为“/*”的匹配。这就是 5.3.2 节中对 web.xml 文件的修改。

```
<filter>
    <filter-name>struts2</filter-name>
    <filter-class>org.apache.struts2.dispatcher.ng.filter.StrutsPrepareAndExecuteFilter</filter-class>
</filter>
<filter-mapping>
    <filter-name>struts2</filter-name>
    <url-pattern>/*</url-pattern>
</filter-mapping>
```

5.4.3 数据标签

1．set 和 property

标签 set 的作用是在指定的作用域内定义一个新的变量，并将一个 ONGL 表达式的值赋给这个新变量。语法格式如下。

```
<s:set var="name" value="ognl" [scope="action|page|request|session|application"] />
```

其中，ognl 是一个 OGNL 表达式（见本节后面讨论），在 OGNL 表达式中，字符串常量值要用单引号括起来，明确表示它是一个字符串常量。

标签 property 的作用是将变量的值显示在浏览器上。语法格式如下。

```
<s:property value="ognl" default="default" />
```

下面是一个简单的例子，按照 OGNL 表达式的定义，表达式的内容被放在%{}内。

```
<s:set var="a1" value="%{'abcxyz'}"/><br/>
<s:property value="%{a1}"/><br/>
<s:property value="%{ 2 + 3 }"/><br/>
```

但是 OGNL 表达式中的%{}标记可以省略，因此可以改写为如下。

```
<s:set var="a1" value="'abcxyz'"/><br/>
<s:property value="a1"/><br/>
<s:property value=" 2 + 3 "/><br/>
```

其中的 OGNL 表达式可以进行各种运算。例如下述代码。

```
字符串运算: <s:property value="%{'aaa' + 'xyz'}"/><br/>
数学运算: <s:property value="%{12 + 25}"/><br/>
比较运算: <s:property value="%{3 > 5}"/><br/>
逻辑运算: <s:property value="%{3 > 5 || 6 > 4}"/><br/>
?:三元运算: <s:property value="%{2>3?'真':'假'}"/><br/>
```

2．作用域

set 标签有 5 种作用域，默认的作用域为 action。【例 5-4】演示了各个作用域范围变量的赋值和引用，不同作用域的变量名虽然相同，但它们是不同的变量。

【例 5-4】 set 标签中和 property 标签中的作用域（文件名 test.jsp）。

```
<%@ page language="java" contentType="text/html; charset=UTF-8" pageEncoding="UTF-8"%>
<%@ taglib prefix="s" uri="/struts-tags"%>
<html>
<head>
</head>
<body>
    <s:setvar="test" value="%{'scope=default'}"/> <!-- 默认为 action 作用域，与下一行相同 -->
    <s:setvar="test" value="%{'scope=action'}" scope="action"/>
    <s:setvar="test" value="%{'scope=page'}" scope="page"/>
    <s:setvar="test" value="%{'scope=request'}" scope="request"/>
    <s:setvar="test" value="%{'scope=session'}" scope="session"/>
    <s:setvar="test" value="%{'scope=application'}" scope="application"/>

    <br/>Action 类的属性|action 变量: <s:property value="%{test}"/>
    <br/>action 变量: <s:property value="%{#test}"/>
    <br/>Action 类的属性: <s:property value="%{#action.test}"/>
    <br/>page 变量(只能通过#attr 访问): <s:property value="%{#page.test}"/>
    <br/>request 变量: <s:property value="%{#request.test}"/>
    <br/>session 变量: <s:property value="%{#session.test}"/>
    <br/>application 变量: <s:property value="%{#application.test}"/>
    <br/>parameters 参数: <s:property value="%{#parameters.test}"/>
    <br/>page|action|request|session|application 变量: <s:property value="%{#attr.test}"/>
    <br/><br/>内置对象的属性和参数:
```

```
        <br/>request: <%=request.getAttribute("test' ) %>
        <br/>session: <%=session.getAttribute("test") %>
        <br/>application: <%=application.getAttribute("test") %>
        <br/>request 参数: <%=request.getParameter("test") %>
    </body>
    </html>
```

上述 6 行 set 标签共有 5 个作用域范围，定义了 5 个变量，因为第 1 行和第 2 行的作用域相同，因此，第 1 行和第 2 行定义了同一个变量，第 1 个被第 2 个覆盖，即“'scope=default'”被“'scope=action'”覆盖。

引用不同作用域范围的变量时，需要在变量前加上变量的作用域前缀，上述 property 标签引用了各种作用域范围的变量，以及 Action 类变量和查询字符串参数。

测试【例 5-4】时应该为它创建一个 Action，用于演示访问 Action 类中的属性。例如创建一个名为 ScopeAction 的类，代码见【例 5-5】。

【例 5-5】 ScopeAction 类的代码（文件名 ScopeAction.java）。

```
public class ScopeAction implements Action {
    private String test; // Action 类中的属性可以通过 ognl 表达式访问（需 getters 和 setters 方法）
    @Override
    public String execute() throws Exception {
        test = "test in Action";
        return "test";
    }
    // 省略 getters 和 setters 方法
}
```

并且在 struts.xml 中添加如下配置。

```
<action name="test" class="org.ngweb.demo.action.ScopeAction">
    <result name="test">test.jsp</result>
</action>
```

这时访问如下的 URL。

```
http://127.0.0.1:8080/helloStruts/demo/test.action?test=param
```

对照表 5-2 来理解【例 5-4】的代码，最常用的是无前缀和单纯的#号前缀，分别用于引用 Action 类的属性和 action 作用域的变量，这两种变量在 JSP 中使用得比较频繁，特别要注意它们的区别。#attr.前缀比较特别，它依次查找 page、action、request、session 和 application 作用域的变量，返回找到的第 1 个。另外请注意【例 5-4】中的最后 4 行代码分别与#request.、#session.和#application.和#parameters.等前缀具有相同的结果。

表 5-2　ognl 表达式中变量前缀的含义

变量前缀	作　用
（无前缀）	Action 类的属性或 action 作用域的变量，返回找到的第一个
#	action 作用域的变量
#action.	Action 类的属性

（续）

变量前缀	作　用
#page.	不可用（不存在这种前缀），page 作用域的变量只能通过#attr 访问
#request.	request 作用域的变量，与 request.getAttribute()作用相同
#session.	session 作用域的变量，与 session.getAttribute()作用相同
#application.	application 作用域的变量，与 application.getAttribute()作用相同
#parameters.	parameters 参数，与 request.getParameter()作用相同，只有在 URL 中存在该变量的查询字符串时才有效
#attr.	依次查找 page|action|request|session|application 作用域的变量，返回找到的第一个

3．OGNL 表达式

本节一开始用到了 OGNL 表达式语言，OGNL（Object Graphic Navigation Language，对象图导航语言）是一种功能强大的表达式语言，它通过简单一致的表达式语法，可以存取对象的任意属性，调用对象的方法，遍历整个对象的结构图，实现字段类型转化等功能。

（1）语法格式

OGNL 表达式的语法如下。

```
%{表达式}
```

其中的表达式是一个由字面常量和变量组成的表达式，不仅包括字面常量和常见的运算符等，还具有强大的功能，不仅能读取数据，还能设置数据的值。

- 字面常量：类型可以是字符串，如'abc' 或 "abc"，也可以是数字的，如 3.14。
- 运算符：可以是字符串运算，例如'abc' + 'xyz'，也可以是数学运算，如 12 + 6。
- 访问方法：直接使用点分隔符访问，如'test'.length()，结果是字符串长度 4。
- 访问属性：直接使用点分隔符访问，例如：#parameters.account。还能通过点分隔符形成的链，访问深层的属性，例如：#session.account.name，属性一般对应 getters()方法。
- 访问数组：通过数组下标访问，例如：#parameters.favorite[0]。
- 访问 List：如同数组一样，通过下标访问，例如：#dbList[0]。
- 访问 Map 的元素：有两种方法访问 Map 中的元素，一是像属性一样，将键名作为属性名访问；二是像数组一样，将属性名作为下标访问。例如访问名为#user 的 Map 中的键 name 的值，第一种方法是#user.name，第二种方法是#user["name"]，后者还可使用动态的属性名。

（2）集合的伪属性

OGNL 将集合的一些方法（size()、length()方法等）转换为属性，供 OGNL 表达式访问，这类属性称为伪属性（见表 5-3）。

表 5-3　集合的伪属性

集　合	伪 属 性
Collection（被 Map、List 和 Set 继承）	size ,isEmpty
List	iterator
Set	iterator
Map	keys , values
Iterator	next , hasNext
Enumeration	next , hasNext , nextElement , hasMoreElements

注意：如果 OGNL 表达式有一般性的错误，将不输出任何信息，调试时需要特别小心。例如访问未定义的变量时不输出任何信息，而不是显示 null 字符串，又如下述代码不显示任何信息，也不输出异常信息（任何数都不能被 0 除，因此是出错的）。

```
出错时无显示: <s:property value="%{2 / 0}" /><br/>
```

5.4.4 控制标签

1．if～elseif～else 标签

类似于 if 语句，但语法格式有较大不同。实例如下。

```
<s:set var="score" value="%{78}"></s:set>

<s:if test="%{#score>80}">成绩优秀</s:if>
<s:elseif test="%{#score>60}">成绩及格</s:elseif>
<s:else>成绩不及格</s:else>
```

属性 test 的值是一个 OGNL 布尔表达式，通过这个表达式的值为 true 或 false 来决定是否输出其中的内容。注意这里的 score 变量是 action 作用域的变量，因此要加前缀#符号。

2．iterator 标签

iterator 标签用于循环，它有两种使用方式。

（1）增量式循环

这种循环象是普通的 for 语句，它有起始值，终止值以及每次循环的增量，增量必须是整数，可以是正值，也可以是负值。

```
<s:iterator var="i" begin="%{1}" end="%{9}" step="%{1}">
    <s:property value="%{#i}"/>
</s:iterator>
```

其中变量 i 是一个 action 作用域的变量，因此要加前缀#符号。iterator 标签可以嵌套使用，下述代码将输出 99 乘法表。

```
<s:iterator var="x" begin="%{1}" end="%{9}" step="%{1}">
    <s:iterator var="y" begin="%{1}" end="%{9}" step="%{1}">
        <s:property value="%{#x * #y}"/>
    </s:iterator>
    <br>
</s:iterator>
```

注意，在上述代码中，变量 x 和 y 都是 action 作用域的变量，应该加上前缀#符号。

（2）遍历式循环

这种循环与增强型 for 语句类似，用于遍历数组、集合（List 和 Set）等。以下是一个简单的例子。

```
<s:set var="weekday" value="{'星期一','星期二','星期三','星期四','星期五','星期六','星期日'}"></s:set>
<s:iterator var="day" value="%{#weekday}" status="st">
    <s:property value="%{#day}" />
</s:iterator>
```

其中 iterator 标签的几个属性说明如下。

● value：被迭代的集合，可以是数组、Lst 或 Set 等，例中 weekday 被初始化为数组。

● var：每次迭代时表示集合里的一个元素，例中的 day 表示一个星期的每一天。

● status：迭代的当前状态变量，例中变量名为 st，使用方法见下面说明。

status 代表的是迭代的当前状态，从这个状态中可以获得有关迭代的信息，包括索引值（从 0 开始计数）、计数值（从 1 开始计数）、是否是第一个元素等。它的属性如下。

● index：返回当前元素索引。

● count：返回当前迭代了几个元素。

● first：当前是否第一个元素。

● last：当前是否最后一个元素。

● even：当然的索引是否为偶数。

● odd：当前元素索引是否为奇数。

以下是一个复杂一点的例子。

```
<s:set var="weekday" value="{'星期一','星期二','星期三','星期四','星期五','星期六','星期日'}"></s:set>
<s:iterator var="day" value="%{#weekday}" status="st">
        <s:if test="%{#st.first}">这是星期列表：<br></s:if>
        <s:property value="%{#st.count}" /> =
        <s:property value="%{#day}" />
        <s:if test="%{#st.last}"><br>列表结束</s:if>
</s:iterator>
```

注意，上述代码中，变量 weekday、day 和 st 都是 action 作用域的变量，应该加上#符号。上述代码的输出如下。

```
这是星期列表：
1 = 星期一  2 = 星期二  3 = 星期三  4 = 星期四  5 = 星期五  6 = 星期六  7 = 星期日
列表结束
```

5.4.5 表单标签

表单标签细分为表单标签和表单元素标签，前者只有一个（即 form），后者有多个，可生成对应于 HTML 的表单和各种表单元素，可选的还可以同时生成定位表单元素的表格。

1．表单元素标签的通用属性

Struts2 的表单元素标签有一些通用的属性，见表 5-4。

表 5-4 表单元素标签的通用属性

属 性	说 明	例 子
name	表单元素的 name 属性	name="sex"
value	表单元素的初始值	value="初始值"
label	表单元素的标签，显示在表格的第 1 列中	label="性别"
key	国际化使用的表单元素标签键值	key="table.colName"
required	标识为必填表单元素，并在标签处加上*标记	required="true"
size	表单元素的尺寸大小（宽度）	size="40"
disabled	表单元素是否可用，为 true 时表示不可用，默认值是 false，即可用的	disabled="true"
cssClass	转换为 HTML 的 class 属性	cssClass="class2"

（1）name 和 value 属性

所有表单元素都有 name 和 value 属性，Struts2 对此有特别的处理：表单元素的 name 属性值映射为接受表单的 Action 类的属性名，该表单元素的 value 值与 Action 类对应属性的值绑定。因此，如果 Action 类中有如下属性。

```
private String account;                        // 必须与表单中的输入域相同
```

并为该属性定义了 getters()和 setters()方法，那么下述 name 为 account 的表单元素将与上述 Action 类中 account 属性对应，它们的值相互绑定。

```
<s:textfield name="account" label="账号" />
```

可以这样认为，属性 name 的值是一个 OGNL 表达式，值"account"表示 Action 类中应该有一个同名的属性，Struts2 有一种机制保证了二者的值的相互转换，并且可以实现类型的自动转换。

（2）label 和 key 属性

Struts2 的表单元素标签都有一个 label 属性，用于显示表单元素前的文本标记，便于统一显示格式。

key 属性用于国际化功能（见 5.5 节的讨论），使用了 key 属性后就不应该再使用 label 属性。

2．生成 HTML 表单标签的 Struts2 标签

Struts2 表单标签用于生成对应的 HTML 表单标签，其对应关系见表 5-5。

表 5-5　表单标签和 HTML 表单标签的对应关系

Struts2 标签	说明	对应的 HTML 表单元素	实例
<s:form>	表单标签	<form>	<s:form action="userEdit">
<s:textfield>	文本输入框	<input type="text">	<s:textfield name="name" label="姓名" />
<s:password>	密码输入框	<input type="password">	<s:password name="password" label="密码" />
<s:file>	上传文件输入框	<input type="file">	<s:file name="avator_file" label="头像文件" />
<s:hidden>	隐藏字段	<input type="hidden">	<s:hidden name="user_id" />
<s:radio>	单选按钮（一组）	<input type="radio">	<s:radio name="sex" label="性别" list="#{'0':'女','1':'男'}"/>
<s:checkbox>	多选框（单个）	<input type="checkbox">	<s:checkbox label="同意" name="agree" value="yes" />
<s:checkboxlist>	多选框（一组）	<input type="checkbox">	<s:checkboxlist name="favorite" list="#{'sports':'体育','reading':'阅读','travel':'旅游','music':'音乐'}"/>
<s:select>	下拉菜单（单选）	<select>	<s:select name="edu" list="#{'primary':'小学','middle':'中学'}" />
<s:select>	下拉菜单（多选）	<select>	<s:select name="feeling" multiple="true" size="3" list="#{'math':'数学','chinese':'语文','english':'英语'}" />
<s:textarea >	文本区	<textarea>	<s:textarea name="note" label="备注" rows="9" cols="40" />
<s:submit>	提交按钮	<input type="submit">	<s:submit value="提交" />
<s:reset>	重置按钮	<input type="reset">	<s:reset value="重置" />

其中单选按钮和下拉菜单可以同时指定一个数组，用于显示多个选择，而多选框 checkbox 只能是单个选择，如果要使用多个选择，可以选用另外一个标签 checkboxlist。

例如下述代码包含 3 个 Struts2 表单标签。

```
<%@ page language="java" contentType="text/html; charset=UTF-8"
    pageEncoding="UTF-8"%>
<%@ taglib prefix="s" uri="/struts-tags"%>
<html>
<head>
<title>Struts2 标签举例</title>
</head>
<body>
<s:form action="form.jsp" method="post">
      <s:textfield name="account" label="账号" />
      <s:password name="password" label="密码" />
      <s:submit name="submit"/>
</s:form>

<br>账号是：<s:property value="#parameters.account"/>
<br>密码是：<s:property value="#parameters.password"/>
</body>
</html>
```

其中的表单部分（包含 3 个 Struts2 表单标签）将被翻译为如下 HTML 代码。

```
<form id="form" name="form" action="form.jsp" method="post">
<table class="wwFormTable">
      <tr>
      <td class="tdLabel"><label for="form_account" class="label">帐号:</label></td>
      <td>
<input type="text" name="account" value="" id="form_account"/></td>
</tr>

      <tr>
      <td class="tdLabel"><label for="form_password" class="label">密码:</label></td>
      <td>
<input type="password" name="password" id="form_password"/></td>
</tr>

      <tr>
      <td  colspan="2"><div  align="right"><input  type="submit"  id="form_submit"  name="submit"
value="Submit"/>
</div></td>
</tr>

</table></form>
```

Struts2 表单标签的另一个例子见 5.3.3 一节中关于视图层 JSP 文件的讨论，更多的例子见本章实训 5 中 5.6.6 的视图层代码。

5.4.6 非表单 UI 标签

常用的非表单 UI 标签有 actionerror、fielderror 和 actionmessage，它们用于显示 Action

中设置的出错信息和其他信息。

例如在 Action 中添加如下一条信息

```
addActionMessage("数据输入校验成功.");
```

在视图层上可以用下述标签显示这条信息。

```
<s:actionmessage/>
```

而 s:actionerror、s:fielderror 标签的作用主要是显示校验失败的信息，分别对应 Action 中 addActionError()和 addFieldError()方法添加的错误信息。

5.4.7 Ajax 标签

Ajax 标签是一组需要 Ajax Dojo 插件支持的标签。Dojo 不是 Struts2 的核心组件，因此需要另外添加和配置。配置过程如下。

- 将 struts2-dojo-plugin-2.1.8.1.jar 复制到 lib 目录下。
- 在 JSP 页面加上 taglib 标签：<%@ taglib prefix="sx" uri="/struts-dojo-tags" %>。
- 在 JSP 页面的 head 标签内加上：<sx:head/>。

在 web.xml 配置文件中对 js 文件进行过滤，增加下述配置（如果已对所有 URL 过滤，则不再需要这个配置）。

```
<filter-mapping>
    <filter-name>struts2</filter-name>
    <url-pattern>*.js</url-pattern>    <!-- 过滤所有以 js 为扩展名的请求，当集成 Dojo 时 -->
</filter-mapping>
```

配置完成后就能使用 Ajax 标签，注意前述 taglib 标签指定的前缀是 sx。以下是使用 Ajax 标签的一个例子，实现生日日期的选择性输入。

```
<sx:datetimepicker name="birthday" label="生日" />
```

5.4.8 Struts2 标签的使用

实验 5-3：Struts2 标签的使用。在实验 5-1 创建的项目 helloStruts 中运行 Jitor 实训指导软件，根据指导软件的要求进行实验，实验内容是本小节讨论的 Struts2 标签的使用。

5.5 国际化

一个网站的访问者遍布全球，不同国家的读者希望能够用自己国家的语言来阅读网站内容，因此网站信息的国际化就成了一个很重要的方面。

5.5.1 国际化概述

1．国际化的概念

国际化（Internationalization，缩写为 i18n，因为 i 和 n 之间有 18 个字母）是指在设计时，将软件与特定语言及地区脱钩的过程。当软件被移植到不同的语言及地区时，软件源代码不需作任何修改。

Java SE 规范也包括国际化 i18n，如提供了 Locale 类和 ResourceBundle 类，Struts2 将 Java SE 中的 i18n 技术延伸到 Struts2 的框架体系中。

2．国际化的内容

采用国际化技术显示的内容一般是网页上的固定信息，也就是说，将这些固定信息翻译成不同语言的文字，分别保存在对应的语言资源文件中，当用户通过浏览器访问时，再根据用户的运行环境（操作系统的语言设置或浏览器的语言设置）来决定显示哪种语言。

国际化的内容包括：文本信息（自然语言翻译）、日期格式（例如中国日期格式是“年-月-日”、美国日期格式是“月/日/年”、英国日期格式是“日/月/年”）、货币格式（例如美元$、英镑£等，以及负值的表示）、数字格式（例如 1,234.56 用德语的数字格式表示则是 1.234,56，逗号和小数点的用法相反）等。本书仅讨论文本信息的国际化。

用户的数据不包括在国际化技术中，因为通常这些数据是保存在数据库中的，无法做到采用国际化技术来动态显示各种语言的翻译。

5.5.2 国际化的实现

1．资源文件

Java SE 规范中规定国际化是通过一组资源文件实现的，每个资源文件保存一种语言的翻译，资源文件具有一定的文件命名规则，其后缀为. properties，文件名部分由 3 部分组成。

```
BaseName_LanguageCode_CountryCode.properties
```

即基本名、语言代码和国家（地区）代码，三者之间由下划线分隔。其中语言代码和国家（地区）代码分别由两个字母组成，是由 ISO 制定的国际标准（ISO-639 和 ISO-3166）规定的，部分内容如表 5-6 所示。

表 5-6　部分语言代码和国家或地区代码

语言	语言代码	国家（地区）代码	语言	语言代码	国家（地区）代码
英文(美国)	en	US	法语(法国)	fr	FR
英文(英国)	en	GB	俄语(俄国)	ru	RU
中文(中国大陆，简体)	zh	CN	西班牙语(西班牙)	es	ES
中文(中国台湾，繁体)	zh	TW	阿拉伯语(沙特阿拉伯)	ar	SA
中文(中国香港，繁体)	zh	HK	德语(德国)	de	DE
中文(新加坡，简体)	zh	SG	日语(日本)	ja	JP

资源文件保存在 src 目录下，资源文件是一个纯文本文件，每行一条国际化信息，每行的格式是 key=value，其中的 key 是信息的键名，键名统一使用英文，不含空格，需要时以句点分隔，value 是不同语言的文字表示。文件的第 1 行直接就是正文，不像 xml 文件那样有文件标识。如果资源文件的基本名为 i18n 时，则简体中文的资源文件名为 i18n_zh_CN.properties，其内容如下。

```
system.name=学生信息系统
```

繁体中文的资源文件名为 i18n_zh_TW.properties，其内容如下。

```
system.name=學生資訊系統
```

美国英文的资源文件名为 i18n_en_US.properties，其内容如下。

```
system.name=Student Information System
```

法文的资源文件名为 i18n_fr.properties（文件名中未指定国家），其内容如下。

```
system.name=Système d'information des étudiants
```

如果省略了国家代码，则这个资源文件是该语言的默认资源文件。如果同时省略了国家代码和语言代码，则这个资源文件是全局的默认资源文件，也就是说，当找不到某种语言对应的资源文件时，就使用该默认资源文件（通常是英文的），如果连这个文件也找不到，则可能无法显示任何信息（见图 5-5）。

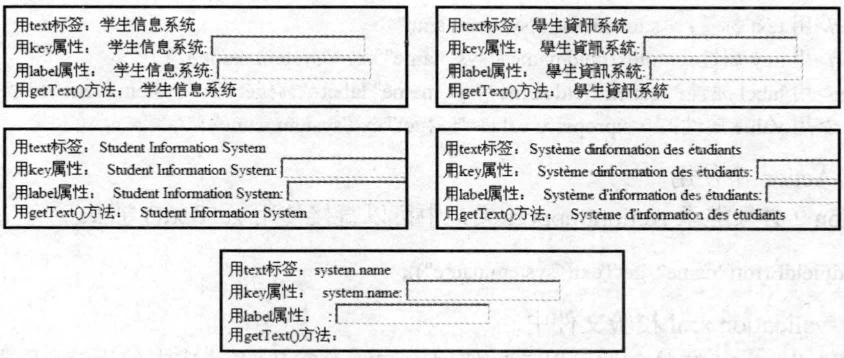

图 5-5　4 种语言及配置错误时的运行结果

Eclipse 不支持直接编辑资源文件，原因是资源文件中的中文等非基本 ASCII 字符必须转换成 Unicode 编码。因此必须在 Eclipse 中安装一个名为 propedit 的插件，可以从 Jitor 网站中下载 propedit.zip 文件，解压缩该文件的内容到 Eclipse 的安装目录下的 dropins 目录中，然后重启动 Eclipse 即可。当使用这个插件编辑资源文件时，编辑器中显示的是正常的文字，但文件被保存为 Unicode 编码的格式，前述文件 i18n_zh_CN.properties（简体中文）的 Unicode 编码内容如下（用记事本打开查看）。

```
system.name=\u5b66\u751f\u4fe1\u606f\u7cfb\u7edf
```

资源文件 i18n_zh_TW.properties（繁体中文）的 Unicode 编码内容如下。

```
system.name=\u5b78\u751f\u8cc7\u8a0a\u7cfb\u7d71
```

资源文件 i18n_fr_FR.properties（法文）的 Unicode 编码内容如下。

```
system.name=Syst\u00e8me d'information des \u00e9tudiants
```

注意：在资源文件中有几个字符有特殊的用途，它们是单引号、斜杠、正花括号和反花括号，因此这 4 个符号需要转义，转义的方式是用两个单引号、两个斜杠、单引号括起来的花括号等来表示，即单引号为''、斜杠为\\、正花括号为'{'、反花括号为'}'。

2．配置

资源文件的配置可以在 struts.xml 中进行。如果资源文件名是一组基本名为 i18n 的文件，则 struts.xml 中加入下述配置代码。

```
<constant name="struts.custom.i18n.resources" value="i18n" />
```

配置时只要使用资源文件的基本名，运行时根据用户的操作系统使用的语言，或用户在浏览器上设置的语言选择适当的资源文件，返回给浏览器。

3．使用

（1）在 JSP 页面中使用

在 JSP 页面中可以有如下几种使用方法。

【例 5-6】 在 JSP 页面中国际化的几种方式，运行结果见图 5-5。

```
<br/>用 text 标签：<s:text name="system.name" />
<br/>用 key 属性：<s:textfield name="sys_name" key="system.name" />
<br/>用 label 属性：<s:textfield name="sys_name" label="%{getText('system.name')}" />
<br/>用 value 属性：  <s:property value="%{getText('system.name')}"/>
```

（2）在 Action 中使用

在 Action（必须继承 ActionSupport 类）中可以直接使用 getText()方法。

```
addFieldError("name", getText("system.name"));
```

(a) 在*-validation.xml 校验文件中

在*-validation.xml 校验文件可以这样使用，注意 OGNL 表达式中使用$而不是%。

```
<message>${getText('system.name')}</message> <!--校验失败后的提示信息-->
```

或者

```
<message key="system.name"/> <!--校验失败后的提示信息-->
```

4．测试结果

当配置了 4 种语言的国际化资源文件后，【例 5-5】JSP 页面分别在 4 种语言及配置错误时的运行结果如图 5-5 所示。

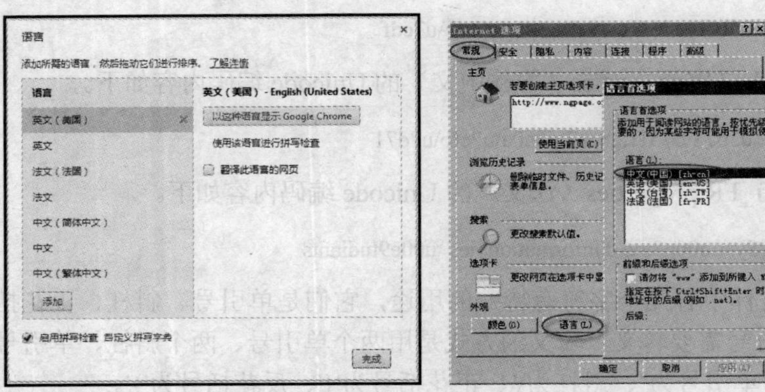

图 5-6　歌谷浏览器和 IE 浏览器的设置语言选项

图 5-6 显示的是在歌谷浏览器和 IE 浏览器中选择语言的界面，可以选择多种语言，实际显示时是根据语言的排列顺序查找对应的资源文件，如果找不到，则找下一种语言；如果都找不到，则找默认的资源文件（即没有语言代码和国家代码的资源文件）；如果还是找不到（或者是配置错误），则无法显示（或者显示 key 值，或者什么都不显示，见图 5-5 下）。

实验 5-4：国际化。在实验 5-1 创建的项目 helloStruts 运行 Jitor 实训指导软件，根据指导软件的要求进行实验，实验内容是本小节讨论的国际化。

5.6 实训 5 用 Struts2 技术重构聊天室项目

实训 5：在第 4 章的实训 4 中已经为聊天室项目增加了数据库支持，但是访问数据库以及登录、发言等的代码都是在 JSP 文件中。本实训将使用 MVC 设计模式重构聊天室项目，采用 Struts2 实现后台 Java 代码和前台 HTML 标签的分离。

5.6.1 创建和初始化项目

1. 创建项目

首先创建一个名为 chat5 的动态 Web 项目，下载和安装 Jitor 客户端，但不要运行。

2. 安装 JDBC 驱动程序、Hibernate 包

从 Jitor 网站下载 JDBC 驱动程序和 Hibernate 包，复制或解压到 WebContent/WEB-INF/lib 目录中。安装完成后要记得刷新项目。

3. 下载实训 4 代码，生成数据库

运行 Jitor 客户端，从 Jitor 客户端进入“实训 5”，单击“下载项目初始代码并生成数据库”链接，Jitor 客户端将会自动下载实训 4 项目代码到新项目中，同时还会生成数据库和初始记录，从而保证所有的学生都在同一个起点上进行本次实训。

4. 测试项目

先刷新项目，将项目添加到 Tomcat 服务器中，启动服务器，然后访问项目首页。

```
http://127.0.0.1:8080/chat5
```

通过测试证明实训 4 的代码工作正常，在此基础上进行实训 5 的操作。

5.6.2 安装 Struts2

从 Jitor 网站下载 Struts2 包，解压到 WebContent\WEB-INF\lib 目录中。

5.6.3 生成 Action 代码

使用 Jitor 实训指导软件的 SSH 工具，为 chat 数据库生成 Action 代码（见图 5-7，注意其中的包名和数据库名），这一步骤将生成一个 Struts2 配置文件 struts.xml，为每一张表生成一个 Action 类文件，在 chat 文件夹中生成 index.jsp 文件，以及为每张表生成 3 个 JSP 文件。SSH 工具会在 org.ngweb.jee 之后加上.chat.action 作为 Action 的包名。

刷新项目后，在 web.xml 中加入 Struts2 过滤配置，将项目加入服务器，重新启动服务器。完成后访问 http://127.0.0.1:8080/chat5/chat/index.jsp，测试其是否能够正常工作。

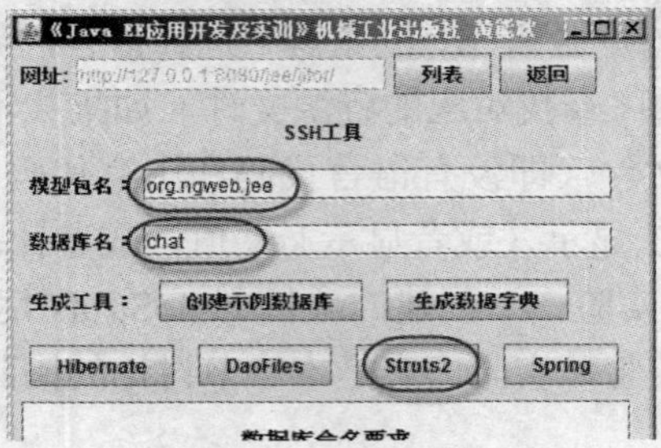

图 5-7 生成 chat 数据库的 Struts2 相关文件

5.6.4 采用 Struts2 实现登录

这个步骤分 3 个子步骤完成，即编写模型层的 Action 类、视图层的 JSP 文件和修改控制层的 struts.xml 文件。为保证代码的可读性，本节没有采用国际化技术。

1．添加模型层的 Action 类

在 org.ngweb.jee.chat.action 包中添加一个 Action 类，名为 LoginAction，代码如下。

【例 5-7】 登录 Action 类 LoginAction.java。

```
public class LoginAction extends ActionSupport{
    private String submit;
    private String account; // 属性名必须与登录表单中的“账号”文本域名相同
    private String password;      // 属性名必须与登录表单中的“密码”文本域名相同

    public String execute() {
        TblUserDao dao = new TblUserDao();
        dao.transactionBegin();

        List<TblUser> list = dao.hqlQuery("where colLoginName='" + account
                + "'");
        if (list != null && list.size()== 1) { // 如果找到该用户
            TblUser user = list.get(0);
            if (user.getColPassword().equals(password)) { // 如果密码正确
                // 取得 session 对象
                HttpServletRequest request = ServletActionContext.getRequest();
                HttpSession session = request.getSession();

                session.setAttribute("account", user); // 将当前登录的用户保存在会话中
                dao.transactionCommit();
                return Action.SUCCESS; // 返回成功
            }
        }
        dao.transactionCommit();
        addActionError("登录失败");
        return Action.INPUT; // 返回重新输入
    }
```

```
        @Override
        public void validate(){
            if(submit == null){
                // 只有保存时才需要校验，否则清除一切校验出错的结果
                this.clearErrors();
                this.clearActionErrors();
                this.clearFieldErrors();
                return;
            }else{

            }
        }
        // setters()和 getters()方法
    }
```

这个 Action 类的功能是实现登录的业务逻辑。

2．修改视图层的 index.jsp

将 index.jsp 文件中的所有 Java 程序标识删除，然后改为如下代码。

【例 5-8】 首页（含登录功能）index.jsp。

```
<%@ page language="java" contentType="text/html; charset=UTF-8"
    pageEncoding="UTF-8"%>
<%@ taglib prefix="s" uri="/struts-tags"%>
<%@ include file="inc/header.jsp"%>
<h1>Java 聊天室</h1>
<br />欢迎访问 Java 聊天室。
<s:if test="#session.account==null">
<s:form action="login.action" method="post">
    <s:textfield name="account" label="账号"/>
    <s:password name="password" label="密码"/>
    <s:submit name="submit" value="登录"/> <s:actionerror/>
</s:form>
</s:if>
<%@ include file="inc/footer.jsp"%>
```

可以看到，这时视图层的代码非常简洁，其功能仅仅是显示数据。

3．配置控制器的 struts.xml 文件

修改 Struts2 的配置文件 struts.xml，加上一个 Action 配置，代码如下。

```
<action name="login" class="org.ngweb.jee.chat.action.LoginAction">
    <result name="success">chat.jsp</result>
    <result name="input">index.jsp</result>
</action>
```

经过上述配置后，登录过程可以正常工作。访问的 URL 如下。

```
http://127.0.0.1:8080/chat5/index.jsp
```

5.6.5 采用 Struts2 实现聊天

与前述步骤相似，这个步骤分 3 个子步骤完成，即编写模型层的 Action 类、视图层的 JSP 文件和修改控制层的 struts.xml 文件。为保证代码的可读性，本节没有采用国际化技术。

1．添加模型层的 Action 类

在 org.ngweb.jee.chat.action 包中添加一个 Action 类，名为 ChatAction，其功能有两项，一是保存聊天信息；二是查询所有聊天信息。代码如下。

【例 5-9】 聊天 Action 类 ChatAction.java

```
public class ChatAction extends ActionSupport{
    private String op;

    private String submit;
    private TblChat chat;
    private List<TblChat> chatList;

    public String execute() {
        TblChatDao dao = new TblChatDao();
        dao.transactionBegin();
        if ("save".equals(op)) {                    // 保存聊天内容，每条聊天作为一条记录保存
            // 取得 session 对象
            HttpServletRequest request = ServletActionContext.getRequest();
            HttpSession session = request.getSession();

            TblUser user = (TblUser) session.getAttribute("account");
            chat.setTblUser(user);
            chat.setColChatDate(new Date());
            chat.setColIpAddress(request.getRemoteAddr());

            dao.attachDirty(chat);
            dao.transactionCommit();
            return Action.INPUT; // 继续聊天
        } else {                                    // 取出所有聊天信息，按发言时间倒序排列
            chatList = dao.hqlQuery("order by colChatDate desc");

            //dao.transactionCommit();
            return Action.SUCCESS; // 列出聊天列表
        }
    }

    @Override
    public void validate(){
        if(submit == null){
            // 只有保存时才需要校验，否则清除一切校验出错的结果
            this.clearErrors();
            this.clearActionErrors();
```

```
                this.clearFieldErrors();
                return;
            }else{

            }
        }
        // setters()和 getters()方法
    }
```

2．修改视图层的 chat.jsp 和 chat_list.jsp

这两个文件分别是聊天表单和聊天列表。将 chat.jsp 的代码改为如下。

【例 5-10】 聊天页面 chat.jsp。

```
<%@ page language="java" contentType="text/html; charset=UTF-8"
    pageEncoding="UTF-8"%>
<%@ taglib prefix="s" uri="/struts-tags"%>
<%@ include file="inc/header.jsp"%>
<script type="text/javascript">
    // jquery 的就绪函数
    $(document).ready(function() {
        refreshChatList();
    });

    function refreshChatList() {
        // 用 Ajax 技术异步访问 chat_list.jsp，将结果填充在页面上
        $("#chatList").load('chat.action?op=list');
        // 5 秒钟后刷新聊天信息列表
        window.setTimeout(refreshChatList, 5000);
    }
</script>
<h1>Java 聊天室</h1>

你的身份是：<s:property value="%{#session.account.colName}"/>
<s:if test="#session.account != null">
    <s:form action="chat.action?op=save" method="post">
        <s:textfield name="chat.colMessage" value="" label="内容"/>
        <s:submit name="submit" value=' 发言'/>
    </s:form>
</s:if>
聊天内容如下：
<div id="chatList"></div>
<%@ include file="inc/footer.jsp"%>
```

将显示聊天内容的 chat_list.jsp 的代码改为如下。

【例 5-11】 聊天列表页面 chat_list.jsp。

```
<%@ page language="java" contentType="text/html; charset=UTF-8"
```

```
    pageEncoding="UTF-8"%>
<%@ taglib prefix="s" uri="/struts-tags"%>
<s:iterator var="chat" value="%{chatList}">
    <s:property value="%{#chat.tblUser.colName}"/>说：
    <s:property value="%{#chat.colMessage}"/>
    [<s:property value="%{#chat.colIpAddress}"/>]<br>
</s:iterator>
```

3．配置控制器的 struts.xml 文件

修改 Struts2 的配置文件 struts.xml，加上一个 Action 配置，代码如下。

```
<action name="chat" class="org.ngweb.jee.chat.action.ChatAction">
    <result name="success">chat_list.jsp</result>
    <result name="input">chat.jsp</result>
</action>
```

经过上述配置后，聊天功能可以正常工作。访问的 URL 是。

```
http://127.0.0.1:8080/chat5
```

5.6.6 实现用户信息修改和删除

在聊天项目前几个阶段的开发中，仅实现了注册信息的添加，而没有实现用户的修改和删除。本实训为管理员提供的用户管理界面的功能包括：用户列表、查看用户详情、编辑用户信息和删除用户，但管理员无权添加用户，用户只能通过注册获得身份。由于 SSH 工具已经生成了对用户表进行增删改的 Action 以及相应的视图层 JSP 文件，因此本步骤复制相应的 Action 类和 JSP 文件，在此基础上再进行修改。

1．复制文件

（1）复制 Action 类

复制 TblUserAction.java 文件为 AdminUserAction.java，新文件与 TblUserAction.java 在同一个包中。

（2）复制 JSP 文件

在 WebContent 目录下创建一个名为 admin 的目录，将 chat 目录下由 SSH 工具生成的下述文件复制到 admin 目录中，然后对它们进行修改。

- inc 目录：该目录含有两个文件，header.jsp 和 footer.jsp。
- tblUser_list.jsp：
- tblUser_detail.jsp：
- tblUser_edit.jsp

原来的 chat 目录下的文件不作改动，万一修改错了，还可以从这些文件中复制部分代码。

2．界面设计

分别修改 header.jsp 和 footer.jsp 文件，页头文件 header.jsp 的代码如下。

```
<%@ page language="java" contentType="text/html; charset=UTF-8"
    pageEncoding="UTF-8"%>
```

```
<html>
<head>
<meta http-equiv="Content-Type" content="text/html; charset=UTF-8">
<title>例子</title>
</head>
<body>
<div align="center">
<table border="0" width="1000" cellpadding="12' cellspacing="0">
      <tr>
            <td height="40" bgcolor="#99CCCC" valign="bottom">
                  <h1 align="center">用户管理</h1>
            </td>
      </tr>
      <tr>
            <td bgcolor="#99CCCC">
                  <div align="right">
                        <a href="adminUser?op=list">用户列表</a>
                        <a href="../">返回聊天页</a>
                  </div>
            </td>
      </tr>
      <tr>
            <td height="400" bgcolor="#CCFFCC" valign="top">
```

注意上述代码中“用户列表”和“返回聊天页”两个超链接的地址的写法。页尾文件 footer.jsp 的代码如下。

```
<%@ page language="java" contentType="text/html; charset=UTF-8"
   pageEncoding="UTF-8"%>
            </td>
      </tr>
      <tr>
            <td height="40" bgcolor="#99CC99">
                  <div align="center">
                        《Java EE 应用开发及实训》 (黄能耿) <br>Copyright 2015 by 机械工业出版社
                  </div>
            </td>
      </tr>
</table>
</div>
</body>
</html>
```

上述页头和页尾的效果如图 5-8 所示，但还需要在 struts.xml 中配置后才能看到这个界面。

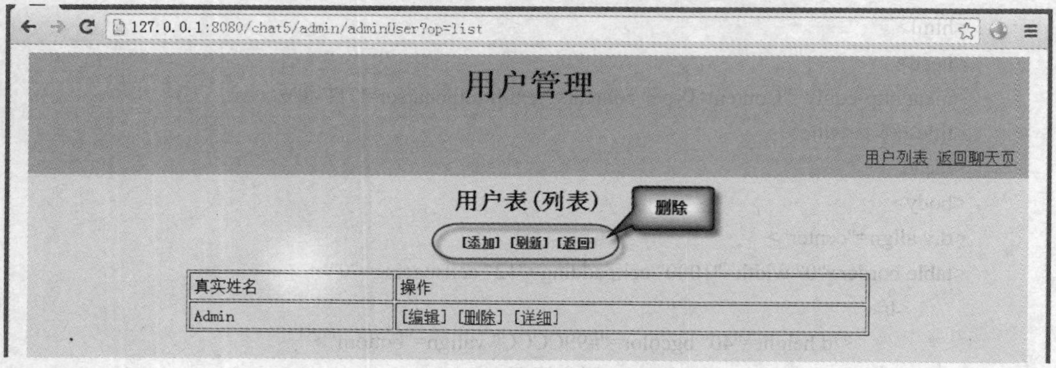

图 5-8　用户管理的界面

3．控制器（struts.xml）

为 WebConten/inc/header.jsp 中的项目菜单中的“用户管理”添加一个超链接，用于从聊天室中链接到用户管理界面。

```
<li><a href="admin/adminUser?op=list">用户管理</a></li>
```

其中 admin 表示视图层的文件位于 admin 目录中，adminUser 表示 struts.xml 中的一个 action，因此配置文件 struts.xml 中需要增加一个 action 的配置，对应的 Action 类复制的 Action 类，对应的视图层是在 admin 目录下的 JSP 文件，代码如下。

```
<action name="adminUser" class="org.ngweb.jee.chat.action.AdminUserAction">
    <result name="edit">tblUser_edit.jsp</result>
    <result name="save">tblUser_list.jsp</result>
    <result name="delete">tblUser_list.jsp</result>
    <result name="detail">tblUser_detail.jsp</result>
    <result name="list">tblUser_list.jsp</result>
</action>
```

4．视图层（JSP）

视图层文件有 3 个，它们已被复制到 admin 目录下。

- tblUser_list.jsp：列出所有用户，并提供修改和删除的链接。本实训对该文件基本不做修改，只需删除如图 5-8 所示的 3 个超链接。
- tblUser_edit.jsp：显示新增或修改用户信息的表单。本实训中重点讨论该文件的修改。详见下述。
- tblUser_detail.jsp：显示用户的详细信息。本实训将该文件留给读者自行修改（可参照 tblUser_edit.jsp 文件的修改方式，并充分利用生成的代码中的注释）。

SSH 工具生成的 tblUser_edit.jsp 文件代码如下，SSH 工具同时生成了一些示例代码，作为注释，放在该文件的最后。

```
<%@ page language="java" contentType="text/html; charset=UTF-8"
    pageEncoding="UTF-8"%>
<%@ taglib prefix="s" uri="/struts-tags"%>
<%@ taglib prefix="sx" uri="/struts-dojo-tags" %>
```

```
<s:head/>
<sx:head/>
<%@ include file="inc/header.jsp"%>
    <h2    align="center"><s:text    name="table.tblUser"    />(<s:if    test="%{op=='add'}"><s:text
name="title.add" /></s:if><s:else><s:text name="title.edit" /></s:else>)
    </h2>
    <h5 align="center">
        [<a href="?op=list"><s:text name="title.back" /></a>]
    </h5>
    <p />
    <table width="70%" align="center" border="1" cellpadding="4">
        <tr>
            <td>
            <s:form action="?op=save">
                <s:hidden name="tblUser.idTblUser" value="%{tblUser.idTblUser}" />
                <s:textfield name="tblUser.colName" key="table.tblUser.colName" />
                <s:textfield name="tblUser.colLoginName" key="table.tblUser.colLoginName" />
                <s:textfield name="tblUser.colPassword" key="table.tblUser.colPassword" />
                <s:textfield name="tblUser.colType" key="table.tblUser.colType" />
                <s:textfield name="tblUser.colStatus" key="table.tblUser.colStatus" />
                <s:textfield name="tblUser.colMobile" key="table.tblUser.colMobile" />
                <s:textfield name="tblUser.colSex" key="table.tblUser.colSex" />
                <s:textfield name="tblUser.colBirthday" key="table.tblUser.colBirthday" />
                <s:textfield name="tblUser.colEducation" key="table.tblUser.colEducation" />
                <s:textfield name="tblUser.colFavorite" key="table.tblUser.colFavorite" />
                <s:textfield   name="tblUser.colDescription"   key="table.tblUser.colDescription"
/>
                <s:textfield     name="tblUser.colRegisterDate"     key="table.tblUser.colRegister
Date" />
                <s:textfield   name="tblUser.colAvatarFileName"   key="table.tblUser.colAvatar
FileName" />
                <s:submit name="submit" value="%{getText('title.save')}" />
            </s:form>
            </td>
        </tr>
    </table>
<%-- 表单元素的例子(采用国际化资源)
<br>隐藏:<s:hidden name="tblUser.idTblUser" value="%{tblUser.idTblUser}" />
<br>单行:<s:textfield name="tblUser.colName" key="table.tblUser.colName" />
<br>密码:<s:password name="tblUser.colPassword" key="table.tblUser.colPassword" />
<br>日期:<sx:datetimepicker name="tblUser.colBirthday" key="table.tblUser.colBirthday" />
<br>单选:<s:radio name="tblUser.colSex" key="table.tblUser.colSex"
    list="#{'F':getText('table.tblUser.colSex.F'),
```

```
                'M':getText('table.tblUser.colSex.M')}"/>
    <br>多选:<s:checkboxlist name="tblUser.colFavorite" key="table.tblUser.colFavorite"
        value="tblUser.colFavorite.split(', ')"
        list="#{'sports':getText('table.tblUser.colFavorite.sports'),
                'reading':getText('table.tblUser.colFavorite.reading'),
                'travel':getText('table.tblUser.colFavorite.travel'),
                'music':getText('table.tblUser.colFavorite.music')}"/>
    <br>下拉:<s:select name="tblUser.colEducation" key="table.tblUser.colEducation"
        list="#{'primary':getText('table.tblUser.colEducation.primary'),
                'middle':getText('table.tblUser.colEducation.middle'),
                'college':getText('table.tblUser.colEducation.college')}" />
    <br>多选下拉:<s:select name="tblUser.colEducation" key="table.tblUser.colEducation"
        multiple="true" size="2"
        value="tblUser.colEducation.split(', ')"
        list="#{'sports':getText('table.tblUser.colFavorite.sports'),
                'reading':getText('table.tblUser.colFavorite.reading'),
                'travel':getText('table.tblUser.colFavorite.travel'),
                'music':getText('table.tblUser.colFavorite.music')}"/>
    <br>多行:<s:textarea name="tblUser.colDescription" key="table.tblUser.colDescription" />
    --%>
    <%@ include file="inc/footer.jsp"%>
```

（1）修改国际化资源文件

上述代码使用了国际化功能，因此，需要先修改国际化资源文件。SSH 工具生成了国际化资源文件，由于相关的键比较复杂，因此资源文件中包含了一些注释资源项，删除这些注释的#符号，并把这一部分移到文件的后半部分。修改后的资源文件代码如下。

```
######国际化资源文件
######由键-值对组成
######一行一个键-值对
######注意键的命名规律
######title.起头的表示标题类
######message.起头的表示提示类
#####table.起头的是数据库的表及列名(其中中文列名是从数据库的列备注中提取)

title.title=数据库增删改样列
title.list=列表
title.edit=编辑
title.add=添加
title.save=保存
title.delete=删除
title.detail=详细
title.refresh=刷新
title.back=返回
title.action=操作

message.auto_created=根据数据模型自动生成的内容有:
```

message.delete_confirm=要删除这一行吗

table.table=表

column.column=列

table.tblChat=聊天表
table.tblChat.idTblChat=主键，自动增量
table.tblChat.colMessage=聊天内容（不为空）
table.tblChat.colChatDate=发言时间（自动记录）
table.tblChat.colIpAddress=发言人的 IP 地址（自动记录）
table.tblChat.idTblUser=外键（发言人）

table.tblUser=用户表
table.tblUser.idTblUser=主键，自动增量
table.tblUser.colName=真实姓名
table.tblUser.colLoginName=登录账号（唯一约束）
table.tblUser.colPassword=登录密码
table.tblUser.colType=用户类型：0=普通用户，1=管理员
table.tblUser.colStatus=用户状态：0=正常；1=禁言；2=禁止登录
table.tblUser.colMobile=手机号码
table.tblUser.colSex=性别：M=男，F=女
table.tblUser.colBirthday=生日
table.tblUser.colEducation=教育程度（学历）
table.tblUser.colFavorite=兴趣爱好
table.tblUser.colDescription=个人介绍
table.tblUser.colRegisterDate=注册日期（自动记录）
table.tblUser.colAvatarFileName=个人头像文件名

######例如:
######这是表名，格式: table.表名
table.tblUser=用户表
######这是列名，格式: table.表名.列名
table.tblUser.idTblUser=用户 ID
table.tblUser.colName=真实姓名
table.tblUser.colType=用户类型
######这是列的可能取值的罗列，格式: table.表名.列名.值(这部分无法自动生成)
table.tblUser.colType.0=普通用户
table.tblUser.colType.1=管理员
table.tblUser.colStatus=用户状态
table.tblUser.colStatus.0=正常
table.tblUser.colStatus.1=禁言
table.tblUser.colStatus.2=禁止登录
table.tblUser.colSex=性别
table.tblUser.colSex.M=男

```
table.tblUser.colSex.F=女
table.tblUser.colEducation=教育程度（学历）
table.tblUser.colEducation.primary=小学
table.tblUser.colEducation.middle=中学
table.tblUser.colEducation.college=大学
table.tblUser.colFavorite=兴趣爱好
table.tblUser.colFavorite.sports=体育
table.tblUser.colFavorite.reading=阅读
table.tblUser.colFavorite.music=音乐
table.tblUser.colFavorite.travel=旅游
```

上述有些键是重复的，先定义的键将被后定义的键覆盖。

（2）修改 JSP 文件

对照自动生成的 JSP 文件中的代码以及注释，对表单中的表单元素作如下修改。

1）保留文本框表单元素。

保留文本框表单元素（姓名、账号和手机号码）等的代码不变。例如下述代码不变。

```
<s:textfield name="tblUser.colName" key="table.tblUser.colName" />
```

其中属性 name 的值是 Action 类的属性 tblUser 对象，这个对象有一个属性 colName，对应表的 col_name 列，通过这种方式赋值，可以在表单元素和 Action 类的属性之间同步数据。

属性 key 的值是 table.tblUser.colName，这是 i18n 国际化资源文件中的一个翻译项，对应的中文文本是“真实姓名”。

2）保留隐藏表单元素。

保留隐藏表单元素的代码不变。例如下述代码不变。

```
<s:hidden name="tblUser.idTblUser" value="%{tblUser.idTblUser}" />
```

这是一个隐藏域，它的值是用户表的主键，它标识了当前修改的记录，这个值在编辑完成后提交时必须重新提交给 Action 类。

隐藏表单元素没有可显示的内容，它在表单内的位置不受顺序的影响，但必须位于表单之内。隐藏表单元素通常用于传递一些不允许用户修改的信息，在表单中起着非常重要的作用。

3）删除密码、注册日期和头像文件名表单元素。

管理员不应该修改用户的密码、注册日期和头像文件名。因此删除这些表单元素。

4）修改日期表单元素。

将日期表单元素改为使用 Struts2 的 Ajax 表单标签，允许用户从中选择日期。代码如下。

```
<sx:datetimepicker name="tblUser.colBirthday" key="table.tblUser.colBirthday" />
```

标签 s:datetimepicker 是一个 Struts2 的 Ajax 表单标签，它的使用需要在 JSP 文件的头部加上下述代码。

```
<%@ taglib prefix="sx" uri="/struts-dojo-tags" %>
<sx:head/>
```

5）修改多行文本框类元素。

将个人介绍表单元素改为多行文本框。代码如下。

```
<s:textarea name="tblUser.colDescription" key="table.tblUser.colDescription" />
```

标签 s:textarea 是多行文本框，需要时还可以设置其高度和宽度。

6）修改单选表单元素。

单选表单元素有 3 个，它们是用户类型、状态和性别，例如性别将修改为如下。

```
<s:radio name="tblUser.colSex" key="table.tblUser.colSex"
        list="#{'F':getText('table.tblUser.colSex.F'),
                'M':getText('table.tblUser.colSex.M')}"/>
```

单选表单元素是 s:radio 标签，其中的 list 属性是一个以 Map 表示的用户可选择的键值对，其值是从国际化资源文件中取得的，在中文环境下的结果将是"#{'F':'女'), 'M':'男')}"，其中的#是 OGNL 表示式用于构建 Map 的专用符号。

按照类似方式，修改用户类型、状态表单元素。

7）修改下拉菜单表单元素。

下拉菜单表单元素（单选）是教育程度，修改后的代码如下。

```
<s:select name="tblUser.colEducation" key="table.tblUser.colEducation"
        list="#{'primary':getText('table.tblUser.colEducation.primary'),
                'middle':getText('table.tblUser.colEducation.middle'),
                'college':getText('table.tblUser.colEducation.college')}" />
```

下拉菜单表单元素是 s:select 标签，它的 list 属性的作用与 radio 标签的相同。

如果需要使用多选的下拉菜单表单元素，则可以增加一个属性：multiple="true"。

8）修改多选框表单元素。

多选框表单元素是兴趣爱好，修改后的代码如下。

```
<s:checkboxlist name="tblUser.colFavorite" key="table.tblUser colFavorite"
        value="tblUser.colFavorite.split(', ')"
        list="#{'sports':getText('table.tblUser.colFavorite.sports'),
                'reading':getText('table.tblUser.colFavorite.reading'),
                'travel':getText('table.tblUser.colFavorite.travel'),
                'music':getText('table.tblUser.colFavorite.music')}"/>
```

多选框表单元素是 s:checkboxlist 标签，其中的 value 属性比较特别，它的值用于初始化多选框的各个选项是否是选中状态，因此，需要一个数组来保存选中状态的值。但是表单提交到服务器端的形式是以逗号分隔的字符串，这样的值也保存在数据库中，这就需要将逗号分隔的字符串转换为数组，办法是用 Java 字符串的 split()方法来实现。例如 tblUser.colFavorite 的值是"sports, reading"，则 tblUser.colFavorite.split(', ')的值就是有两个元素的数组"sports", "reading"，这里要注意在逗号之后有一个空格。

对于多选的下拉菜单也需要作类似的处理。

9）修改完成的 tblUser_detail.jsp 文件。

经过上述修改后，admin 目录下的 tblUser_detail.jsp 文件的代码如下。

```
<%@ page language="java" contentType="text/html; charset=UTF-8"
    pageEncoding="UTF-8"%>
<%@ taglib prefix="s" uri="/struts-tags"%>
<%@ taglib prefix="sx" uri="/struts-dojo-tags" %>
<s:head/>
<sx:head/>
<%@ include file="inc/header.jsp"%>
        <h2 align="center"><s:text name="table.tblUser" />(<s:if test="%{op=='add'}">
        <s:text name="title.add" /></s:if><s:else><s:text name="title.edit" /></s:else>)</h2>

        <table width="70%" align="center" border="1" cellpadding="4">
            <tr>
                <td>
                <s:form action="?op=save">
                    <s:hidden name="tblUser.idTblUser" value="%{tblUser.idTblUser}" />
                    <s:textfield name="tblUser.colName" key="table.tblUser.colName" />
                    <s:textfield name="tblUser.colLoginName" key="table.tblUser.colLoginName" />
                    <s:radio name="tblUser.colType" key="table.tblUser.colType"
                        list="#{'0':getText('table.tblUser.colType.0'),
                            '1':getText('table.tblUser.colType.1')}"/>

                    <s:radio name="tblUser.colStatus" key="table.tblUser.colStatus"
                        list="#{'0':getText('table.tblUser.colStatus.0'),
                            '1':getText('table.tblUser.colStatus.1'),
                            '2':getText('table.tblUser.colStatus.2')}"/>

                    <s:radio name="tblUser.colSex" key="table.tblUser.colSex"
                        list="#{'F':getText('table.tblUser.colSex.F'),
                            'M':getText('table.tblUser.colSex.M')}"/>
                    <s:textfield name="tblUser.colMobile" key="table.tblUser.colMobile" />
                    <sx:datetimepicker name="tblUser.colBirthday" key="table.tblUser.colBirthday" />
                    <s:select name="tblUser.colEducation" key="table.tblUser.colEducation"
                        list="#{'primary':getText('table.tblUser.colEducation.primary'),
                            'middle':getText('table.tblUser.colEducation.middle'),
                            'college':getText('table.tblUser.colEducation.college')}" />
                    <s:checkboxlist name="tblUser.colFavorite" key="table.tblUser.colFavorite"
                        value="tblUser.colFavorite.split(', ')"
                        list="#{'sports':getText('table.tblUser.colFavorite.sports'),
                            'reading':getText('table.tblUser.colFavorite.reading'),
                            'travel':getText('table.tblUser.colFavorite.travel'),
                            'music':getText('table.tblUser.colFavorite.music')}"/>
                    <s:textarea name="tblUser.colDescription" key="table.tblUser.colDescription" />

                    <s:submit name="submit" value="%{getText('title.save')}" />
                </s:form>
                </td>
```

```
        </tr>
    </table>
<%@ include file="inc/footer.jsp"%>
```

上述代码使用了单选按钮（类型、状态、和性别）、下拉菜单（教育程度）、Ajax 日期选择（生日）、多选框（兴趣爱好）和文本区（个人介绍）。修改后的运行效果如图 5-9 所示。

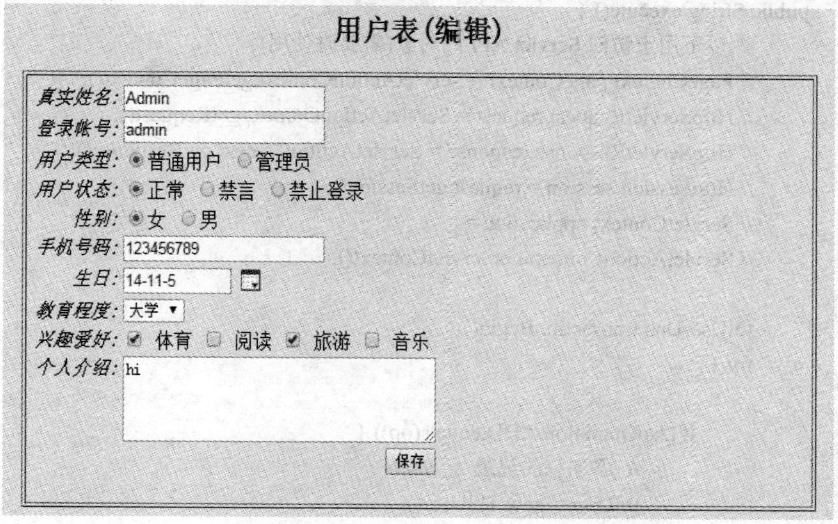

图 5-9 修改用户信息界面

5．模型层（Action）

上述代码还不能正常运行，还需要修改 Action 类，从 SSH 工具生成的 TblUserAction.java 文件复制过来的 AdminUserAction.java 的代码如下。

```
package org.ngweb.jee.chat.action;

import java.util.List;

import org.ngweb.jee.chat.dao.TblUserDao;
import org.ngweb.jee.chat.model.TblUser;

import org.ngweb.javaee.JspOperation;

import com.opensymphony.xwork2.Action;
import com.opensymphony.xwork2.ActionSupport;

public class TblUserAction extends ActionSupport {
    private static final long serialVersionUID = 1L;

    private String op; // 记录用户选择的操作（URL 参数）
    private String id; // 通过 URL 传入的 ID 主键值（URL 参数）
```

```
private String submit; // 用于判断是否提交（提交按钮的名字必须是 submit）

private TblUserDao tblUserDao = new TblUserDao();
private TblUser tblUser; // 一条记录，用于编辑或显示详情
private List<TblUser> tblUserList; // 返回所有记录，用于列表显示

@Override
public String execute() {
	// 以下用于访问 Servlet API 的对象(需要时使用)
	// PageContext pageContext = ServletActionContext.getPageContext();
	// HttpServletRequest request = ServletActionContext.getRequest();
	// HttpServletResponse response = ServletActionContext.getResponse();
	// HttpSession session = request.getSession();
	// ServletContext application =
	// ServletActionContext.getServletContext();

	tblUserDao.transactionBegin();
	try {

		if (JspOperation.ADD.equals(op)) {
			// 添加空的记录
			tblUser = new TblUser();
		} else if (JspOperation.EDIT.equals(op)) {
			// 修改原有记录，返回将被修改的记录
			tblUser = tblUserDao.findById(new Integer(id));
		} else if (JspOperation.SAVE.equals(op)) {
			// 保存新的记录或被修改的记录
			tblUserDao.attachDirty(tblUser);
			// 然后返回所有最新记录，以备列表之用
			tblUserList = tblUserDao.hqlQuery("");
		} else if (JspOperation.DELETE.equals(op)) {
			// 删除 URL 参数 id 指定的记录
			TblUser instance = tblUserDao.findById(new Integer(id));
			tblUserDao.delete(instance);
			tblUser = null;
			// 然后返回所有最新记录，以备列表之用
			tblUserList = tblUserDao.hqlQuery("");
		} else if (JspOperation.DETAIL.equals(op)) {
			// 返回当前记录
			tblUser = tblUserDao.findById(new Integer(id));
		} else if (JspOperation.LIST.equals(op)) {
			// 列出所有记录，返回一个列表
			tblUserList = tblUserDao.hqlQuery("");
		} else {
```

```java
                    op = Action.ERROR;
                }
            } catch (Exception e) {
                e.printStackTrace();
                tblUserDao.transactionRollback();
            } finally {
                try {
                    tblUserDao.transactionCommit();
                } catch (Exception e) {
                    e.printStackTrace();
                }
            }

            return op;
        }

        @Override
        public void validate(){
            if(submit == null){
                // 只有保存时才需要校验，否则清除一切校验出错的结果
                this.clearErrors();
                this.clearActionErrors();
                this.clearFieldErrors();
                return;
            }else{

            }
        }
        // 以下是 getters 和 setters 方法，如果新增了属性，同时应该添加相应的 getters 和 setters 方法
        // 这些 getters 和 setters 方法保证了与 JSP 页面的数据交互
    }
```

这个 Action 类包括了对用户表的增、删、改、查操作，不同的操作是通过 URL 参数 op 来传递的，JspOperation 类中定义了 op 参数预定义的值。

```java
public class JspOperation {
    public static final String ADD = "add";
    public static final String EDIT = "edit";
    public static final String SAVE = "save";
    public static final String DELETE = "delete";
    public static final String DETAIL = "detail";
    public static final String SEARCH = "search";
    public static final String LIST = "list";
    public static final String LOGIN = "login";
}
```

需要修改的部分是接收表单数据时保存记录的代码，修改后的代码如下。

```
} else if (JspOperation.SAVE.equals(op)) {
    // 保存被修改的记录(保留原来的密码)
    TblUser tblUser1 = tblUserDao.findById(tblUser.getIdTblUser());
    tblUserDao.detach(tblUser1);            // 注意需要将查找到的记录脱管
    tblUser.setColPassword(tblUser1.getColPassword());
    tblUser.setColRegisterDate(tblUser1.getColRegisterDate());
    tblUserDao.attachDirty(tblUser);
    // 然后返回所有最新记录，以备列表之用
    tblUserList = tblUserDao.hqlQuery("");
} else if (JspOperation.DELETE.equals(op)) {
```

当保存无密码的修改时，要从数据库中查找该记录，将找到的记录的密码和注册时间赋给新记录，再保存新记录，从而实现了密码和注册时间的转移。在保存新记录之前，必须将查找到的记录脱管，否则会报错。

5.6.7 实现用户注册

用户注册的实质就是向用户表添加一条新记录，因此复制 TblUserAction.java 文件并将此文件改名为 RegUserAction.java，将 tblUser_edit.jsp 代码复制到 register.jsp 文件（覆盖实训 4 修改的这个文件）并作一些修改，并修改配置 struts.xml 文件。

1．模型层

模型层的 RegUserAction 类无需修改，也可以删除除 save 之外的所有功能，因为 RegUserAction 类的功能仅仅是保存用户的注册信息，即新增一条记录。

```
public String execute() {
    tblUserDao.transactionBegin();
    try {
        if (JspOperation.SAVE.equals(op)) {
            // 保存新的记录 (用户注册)
            tblUser.setColStatus((byte)0);
            tblUser.setColRegisterDate(new Date());
            tblUserDao.attachDirty(tblUser);
        } else {
            op = Action.ERROR;
        }
    } catch (Exception e) {
        e.printStackTrace();
    } finally {
        try {
            tblUserDao.transactionCommit();
        } catch (Exception e) {
            e.printStackTrace();
        }
```

```
        }
        return op;
    }

    @Override
    public void validate(){
        if(submit == null){
            // 只有保存时才需要校验，否则清除一切校验出错的结果
            this.clearErrors();
            this.clearActionErrors();
            this.clearFieldErrors();
            return;
        }else{

        }
    }
```

在保存注册信息之前，需要为该记录设置默认的用户类型，设置注册日期为当前日期。

2．视图层

将前一小节的 tblUser_edit.jsp 代码复制到原来的 register.jsp 文件（原来的数据校验功能暂时删除，在第 6 章再加上）。修改后的代码如下。

【例 5-12】 register.jsp 文件

```
<%@ page language="java" contentType="text/html; charset=UTF-8"
    pageEncoding="UTF-8"%>
<%@ taglib prefix="s" uri="/struts-tags"%>
<%@ taglib prefix="sx" uri="/struts-dojo-tags" %>
<s:head/>
<sx:head/>
<%@ include file="inc/header.jsp"%>
<h1>用户注册</h1>
    <s:form action="regUser.action?op=save">
        <s:hidden name="tblUser.idTblUser" value="%{tblUser.idTblUser}" />
        <s:textfield name="tblUser.colName" key="table.tblUser.colName" />
        <s:textfield name="tblUser.colLoginName" key="table.tblUser.colLoginName" />
        <s:textfield name="tblUser.colPassword" key="table.tblUser colPassword" />
        <s:radio name="tblUser.colSex" key="table.tblUser.colSex"
            list="#{'F':getText('table.tblUser.colSex.F'),
                'M':getText('table.tblUser.colSex.M')}"/>
        <s:textfield name="tblUser.colMobile" key="table.tblUser.colMobile" />
        <sx:datetimepicker name="tblUser.colBirthday" key="table.tblUser.colBirthday" />
        <s:select name="tblUser.colEducation" key="table.tblUser.colEducation"
            list="#{'primary':getText('table.tblUser.colEducation.primary'),
                'middle':getText('table.tblUser.colEducation.middle'),
                'college':getText('table.tblUser.colEducation.college')}" />
```

```
            <s:checkboxlist name="tblUser.colFavorite" key="table.tblUser.colFavorite"
                    value="tblUser.colFavorite.split(', ')"
                    list="#{'sports':getText('table.tblUser.colFavorite.sports'),
                        'reading':getText('table.tblUser.colFavorite.reading'),
                        'travel':getText('table.tblUser.colFavorite.travel'),
                        'music':getText('table.tblUser.colFavorite.music')}"/>
            <s:textarea name="tblUser.colDescription" key="table.tblUser.colDescription" />

            <s:submit name="submit" value="%{getText('title.save')}" />
        </s:form>
    <%@ include file="inc/footer.jsp"%>
```

注意代码中 form 的 action 属性的值。其中的密码应该要有一个复核（重输两遍）的过程，这个功能留到第 6 章再加入。

3. 控制器

在 struts.xml 文件中 tblUser 的配置如下。

```
<action name="tblUser" class="org.ngweb.jee.chat.action.TblUserAction">
    <result name="add">tblUser_edit.jsp</result>
    <result name="edit">tblUser_edit.jsp</result>
    <result name="save">tblUser_list.jsp</result>
    <result name="delete">tblUser_list.jsp</result>
    <result name="detail">tblUser_detail.jsp</result>
    <result name="list">tblUser_list.jsp</result>
</action>
```

复制一份上述代码，改为如下的代码，作为 regUser 的配置。注意当用户注册成功后，跳转到 index.jsp 而不是 tblUser_list.jsp。

```
<action name="regUser" class="org.ngweb.jee.chat.action.RegUserAction">
    <result name="save">index.jsp</result>
</action>
```

当完成模型层、视图层和控制器的代码后，再次启动服务器，测试注册功能，结果应该是正常的。比较注册功能修改前后的代码，可以发现修改后代码的可读性得到了极大的改善，所有 Java 代码都从 JSP 文件移到了 Action 类中，也方便了今后的维护，这就是 MVC 构架的优势所在。

5.7 小结

本章讨论了 MVC 设计模式，并通过 Struts2 技术详细讲解了 MVC 的应用。本章主要学习了 Struts2 技术，包括 3 方面的内容：① Action 类的编写及其 execute()方法、逻辑视图和结果视图、从 Action 类访问 JSP 内置对象等；② JSP 的编写、Stauts2 标签和 OGNL 表达式；③ Struts2 的配置文件 struts.xml。本章还重点讨论了各种常用的 Struts2 标签和 i18n 国际化。

5.8 作业

一、问答题

1．什么是 MVC 设计模式，它有什么优缺点？

2．Struts2 的 Action 有哪 3 种形式，它们的区别是什么？

3．简述 Struts2 中结果与视图的关系。

4．Struts2 标签的分类有哪几种，各举一个例子。

5．详述采用 Struts2 实现登录的方法，视图层、模型层和控制器各需要编写哪些代码？

二、探索题

1．比较 Java 语言本身的 i18n 功能与本章讨论的 i18n 功能之间的相同和不同之处。

2．从网上查阅有关 Spring MVC 的资料，比较 Struts2 和 Spring MVC 的优缺点。

第 6 章　Struts2 增强——聊天室细节完善

通过前一章的学习，我们掌握了 Struts2 技术的基本使用方法，Struts2 还提供了许多方便的功能，帮助开发出完善的 Web 应用程序。

本章将学习 Struts2 的一些常用功能，包括数据校验、分页和文件上传，对聊天室的功能作进一步的完善和细化。

6.1　聊天室项目需求分析

6.1.1　项目需求

为聊天室项目增加下述功能。

- 为注册界面增加数据校验
- 增加数据分页功能
- 增加图片上传功能

6.1.2　学习需求

为此需要先学习数据校验、分页和文件上传的有关知识。

6.2　数据录入校验

数据录入校验是指数据在 Web 表单录入后，数据被接受前对数据进行的合法性检查。非法的数据常常影响到 Web 应用程序的安全性和稳定性。因此一个良好的 Web 应用程序应该能及时检测这种错误，并防止系统接受错误的数据。对于 Web 应用程序，数据是通过表单提交的，可以在两个关键点进行数据校验，一是客户端；二是服务器端。

6.2.1　数据校验概述

1．客户端校验

客户端校验是在浏览器上通过 JavaScript 实现的，它的特点是：

- 由于它在客户端上实现，错误的数据不必传输到服务器即可校验，因此减少了网络传输量，降低了服务器的负担，响应及时，因此效率高。
- 由于浏览器可以禁用 JavaScript，因此用户可以绕过客户端校验，将错误的数据发送到服务器上，因此客户端校验不能保证校验的有效性。另外，黑客也可以绕过 JavaScript 直接向服务器发送非法数据。

2．服务器端校验

由于客户端不能保证校验的有效性，因此服务器端校验是必不可少的。它的特点是：

- 由于是服务器端校验，因此可以保证校验不会被绕过。
- 服务器必须为所有用户进行校验，因此增加了服务器的负担。

6.2.2 客户端校验

在第 2 章的实训 2 中已有讨论，本章不再复述。

6.2.3 服务器端校验

Jitor实验 实验 6-1：数据校验。本实验在第 5 章的 helloStruts 的基础上进行，将验证服务器端数据校验的 3 种方法。在第 5 章的实验 5-2 实现了基于 Struts2 的登录功能，但对于登录时账号或密码长度不够的情况没有进行校验，本实训将分别用 3 种方法进行校验。

1．在 execute()方法中校验

登录表单将提交到 LoginAction 类，因此校验将在 LoginAction 类进行。首先将 LoginAction 类修改为 ActionSupport 的子类。在 LoginAction 中的 execute()方法增加下述语句。

```
public String execute() {
    if(account!=null){
        if(account.length()<5){
            addFieldError("account","账号必须至少 4 个字符");
        }
    }
    if(password!=null){
        if(password.length()<5){
            addFieldError("password","密码必须至少 4 个字符").
        }
    }

    if(hasErrors()){
        return Action.INPUT;
    }
  // 其余部分不变
```

校验失败时，将自动返回结果视图 input．要求用户重新输入。因此在 struts.xml 文件中应该包括一条对 input 结果的处理。

```
<result name="input">login.jsp</result>
```

将视图层 login.jsp 文件中的表单改为如下。

```
<s:form action="/demo/login" method="post">
    <s:textfield name="account" label="账号"/>
    <s:password name="password" label="密码"/>
    <s:submit label="登录"/>
</s:form>
```

视图层（index.jsp）将会自动显示校验失败的信息。注意这时并不需要非表单 UI 标签的支持，就能显示校验失败的信息。运行的结果见图 6-1。

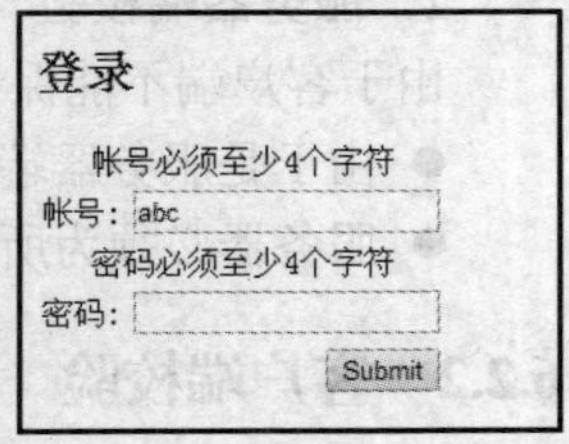

图 6-1　校验界面

2．在 validate()方法中校验

在上述方式中，校验代码与业务逻辑的代码混在一起，降低了可读性。因此 Struts2 提供了分离校验和业务逻辑的方法，将所有的校验代码放在 validate()中，在 execute()方法中不需要显式调用 validate()方法，Struts2 的过滤器会自动处理。

要使用 validate()方法中的校验，创建一个 validate()方法，将上述在 execute()的校验代码移入 validate()方法中，注意不需要出错时返回任何结果的语句，因为出错后将自动返回结果 input。

```
public void validate(){
    if(account!=null){
        if(account.length()<5){
            addFieldError("account","账号必须至少 4 个字符");
        }
    }
    if(password!=null){
        if(password.length()<5){
            addFieldError("password","密码必须至少 4 个字符");
        }
    }
}
```

校验失败时，将自动返回结果视图 input，要求用户重新输入。因此在 struts.xml 文件中必须包括一条对 input 结果处理的配置。

```
<result name="input">login.jsp</result>
```

3．使用 Struts2 校验器

前述的方式是由程序员编写校验代码，校验的类型很单调，经常在多处用到相同或类似的校验代码，因此 Struts2 提供了一组校验器，通过校验器进行校验，既提高了编程效率，又规范了代码，提高了代码的可读性和可维护性。

使用 Struts2 校验器不需要编写 Java 代码，代之以编写一个校验配置文件。首先将前述的 validate()或 execute()的校验代码删除，然后创建一个校验配置文件，这是一个 xml 文件，必须与 Action 类保存在同一个包（目录）中，而配置文件名字与 Action 类名相同，并在其后加上“-validation.xml”。在这个例子中，Action 类名字是 LoginAction，因此校验配置文件名为“LoginAction-validation.xml”，该文件代码如下。

【例 6-1】 Struts2 校验器代码 LoginAction-validation.xml。

```
<?xml version="1.0" encoding="UTF-8" ?>
<!DOCTYPE validators PUBLIC "-//Apache Software Foundation//XWork Validator 1.0.2//EN"
"http://struts.apache.org/dtds/xwork-validator-1.0.2.dtd">
<validators>
    <field name="account">
```

```
            <field-validator type="requiredstring">
                <message>账号不能为空</message>
            </field-validator>
            <field-validator type="stringlength">
                <param name="minLength">4</param>
                <param name="maxLength">20</param>
                <param name="trim">true</param>
                <message>账号至少 4 个字符，最多 20 字符</message>
            </field-validator>
        </field>

        <field name="password">
            <field-validator type="requiredstring">
                <message>密码不能为空</message>
            </field-validator>
            <field-validator type="stringlength">
                <param name="minLength">4</param>
                <param name="maxLength">20</param>
                <param name="trim">true</param>
                <message>密码至少 4 个字符，最多 20 字符</message>
            </field-validator>
        </field>
    </validators>
```

然后修改 Action 类继承 ActionSupport，这样服务器端的校验就完成了。对于继承了 ActionSupport 的 Action 类，Struts2 将自动查找按照文件命名规范命名的校验配置文件，实现服务器端的校验。校验失败时，同样将自动返回结果视图 input，也需要在 struts.xmt 文件中配置对应的物理视图。

这个校验配置文件使用了 Struts2 校验框架提供的校验器，在表 6-1 中列出了常用的 Struts2 校验器，上述例子中使用了其中两个校验器 requiredstring 和 stringlength，每个校验器还需要提供一些参数。

表 6-1　常用的 Struts2 校验器

校验器名称	类　型　名	作　　用
RequiredStringValidator	requiredstring	确保一个 String 类型的属性不是 null，并且非空
StringLengthFieldValidator	stringlength	检查 String 的长度范围是否与所期望的一致
IntRangeFieldValidator	int	检查 int 类型的数字是否超出所期望的大小范围
DateRangeFieldValidator	date	检查 date 类型的属性是否超出所期望的范围
EmailValidator	email	保证该属性是一个有效的 email 地址
UrlValidator	url	保证该属性是一个有效的 URL
RegexFieldValidator	regex	检查该属性的值是否与某个正则表达式相匹配

6.2.4　客户端与服务器端校验协同工作

前面讨论了服务器端校验的 3 种方法，Struts2 还与校验器一起同时提供了客户端校验。

只要将视图层的 JSP 作适当的修改，Struts2 校验器可以同时工作在服务器端和客户端，就是说一个校验器同时生成两套程序，一套是 Java 代码，工作于服务器端，一套是 JavaScript 代码，工作于客户端。

JSP 文件需要修改如下两处。

- 在头部<head>增加一个 Struts2 标签“<s:head/>”。
- 在 Struts2 的表单标签中加上属性“validate="true"”。

下面将 login.jsp 加上客户端校验。

```
<%@ page language="java" contentType="text/html; charset=UTF-8" pageEncoding="UTF-8"%>
<%@ taglib prefix="s" uri="/struts-tags"%>
<!DOCTYPE html PUBLIC "-//W3C//DTD HTML 4.01 Transitional//EN" "http://www.w3.org/TR/
html4/loose.dtd">
<html>
<head>
<s:head/>
<meta http-equiv="Content-Type" content="text/html; charset=UTF-8">
<title>Insert title here</title>
</head>
<body>
<h2>登录</h2>
<s:form action="/demo/login" method="post" validate="true">
    <s:textfield name="account" label="账号"/>
    <s:password name="password" label="密码"/>
    <s:submit label="登录"/>
</s:form>
</body>
</html>
```

比较这个文件在修改前后生成的 HTML 代码，可以发现客户端校验的代码（见下面的粗体代码）。

```
<!DOCTYPE html PUBLIC "-//W3C//DTD HTML 4.01 Transitional//EN" "http://www.w3.org/TR/
html4/loose.dtd">
<html>
<head>
<link rel="stylesheet" href="/helloStruts/struts/xhtml/styles.css" type="text/css"/>
<script src="/helloStruts/struts/utils.js" type="text/javascript"></script>
<meta http-equiv="Content-Type" content="text/html; charset=UTF-8">
<title>Insert title here</title>
</head>
<body>
<h2>登录</h2>
    <script type="text/javascript" src="/helloStruts/struts/xhtml/validation.js"></script>
    <script type="text/javascript" src="/helloStruts/struts/utils.js"></script>
<form id="login" name="login" onsubmit="return validateForm_login();" action="/helloStruts/
demo/login" method="post" onreset="clearErrorMessages(this);clearErrorLabels(this);"
```

```
>
<table class="wwFormTable">
    <tr>
    <td class="tdLabel"><label for="login_account" class="label">账号:</label></td>
    <td
><input type="text" name="account" value="" id="login_account"/></td>
</tr>
    <tr>
    <td class="tdLabel"><label for="login_password" class="label">密码:</label></td>
    <td
><input type="password" name="password" id="login_password"/></td>
</tr>
    <tr>
    <td colspan="2"><div align="right"><input type="submit" id="login_0" value="Submit"/>
</div></td>
</tr>
</table></form>
</body>
</html>
```

6.3 分页技术

Web 应用常常需要处理大量的数据，例如显示成千上万条记录，但是这些数据不可能一次性全部显示在一个页面上，因此需要采用分页技术来实现一次显示大量数据中的一部分，允许用户根据需要浏览数据。

分页可以通过多种手段实现，既可在客户端实现，也可以在服务器端实现。

- 客户端分页：当数据量不是特别大，一次性将所有数据传到浏览器上不至于影响到网络速度时，可以采用 JavaScript 技术实现客户端分页。
- 服务器端分页：当数据量大时，就应该采用服务器端分页，每次只传输部分数据到客户端。

本书仅讨论服务器端分页技术。

6.3.1 分页设计的思路

1．分页的基本参数

- 总记录数：它表示将要显示的记录数，根据查询结果得到，例如共有 235 条记录。
- 每页记录数：它表示每次显示的记录数，例如每页 20 条记录。
- 总页数：总记录数除以每页记录数就是总页数，注意最后一页的记录数可能不是正好等于每页记录数。例如 235 条记录，每页 20 条显示，总页数是 12 页，最后一页只有 15 条记录。
- 首页和末页：首页是 1，末页是总页数。
- 当前页索引号：当前显示的页号。用户通过超链接来选择将要显示的页面。

● 上一页：当前页的上一页，如果当前页是 1，则没有上一页。

● 下一页：当前页的下一页，如果当前页号是总页数，则没有下一页。

2．分页导航的显示

一个例子就是 Google 的分页导航条，见图 6-2。

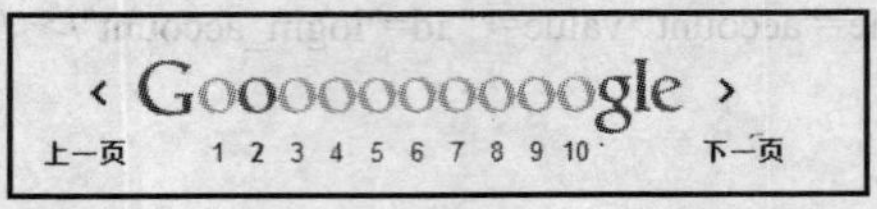

图 6-2　分页导航条

3．URL 地址中分页参数的传入

用户在浏览器上选择的页面索引号通常是通过 URL 地址的分页参数传到服务器端，例如下述代码以 page 为分页参数名将第 5 页的信息传给服务器。

```
<a href="?page=5">5</a>
```

4．分页时数据的提取

当服务器端接收到分页参数后，可以有两种方式来获取数据。

● 一种是直接向数据库查询所有记录，然后再筛选出指定页的数据，可以在 Action 类中进行筛选。

● 另一种是在向数据库发出查询时，同时提供开始的记录号和返回的记录条数，即由数据库实现分页。显然这种方式可以最大限度地减少数据处理的工作量。

6.3.2　分页的实现

Hibernate 提供了一个基于数据库的分页功能，在进行 HQL 查询时接受分页参数。代码如下。

```
public List<TblUser> hqlQuery(String hqlWhere, int pageNum, int pageSize) {
        Session session = getSessionFactory().getCurrentSession();
        Query query = session.createQuery("from TblUser " + hqlWhere)
                        .setFirstResult((pageNum - 1) * pageSize)
                        .setMaxResults(pageSize);

        List<TblUser> list = query.list();
        return list;
}
```

除此之外，还需要一个查询总记录条数的方法，代码如下。

```
// 返回总记录条数（根据相同的 HQL 查询条件），可用于计算需要分多少页。
public long getRowCount(String hqlWhere) {
        Session session = getSessionFactory().getCurrentSession();
        Query query = session.createQuery(
                        "select count(*) from TblUser " + hqlWhere);
        @SuppressWarnings("unchecked")
        List<Object> list = query.list();
```

```
        Long count = (Long)list.get(0);
        return count;
    }
```

以上两段代码已经在*Home.java 中预先编写好了，现在需要的是编写显示分页导航条的代码。代码如下：

```
共计 <s:property value="rowCount" />条
<s:iterator var="x" begin="1" end="rowCount" step="pageSize"
    status="s">
    <a href="?page=${s.count}">[${s.count}]</a>
</s:iterator>
```

其中的${}是 JSP 的 EL 表达式，它用一种简单的方式访问 OGNL 中的变量，rowCount 等几个参数是在 Action 类中定义的。

```
public class TblChatAction extends ActionSupport {
    // 与分页有关
    private int rowCount;                    //需要 setters()和 getters()方法
    private int pageSize = 8;
    private int page = 1;
```

并且需要在 execute()方法中为 rowCount 赋值，该值应该是实际的记录条数，应该在添加或删除记录之后再为其赋值，因此 Action 类中应该修改如下代码：

```
tblUserList = tblUserDao.hqlQuery("", page, pageSize);
```

并加上如下代码：

```
rowCount = tblUserDao.getRowCount("");
```

6.3.3 分页示例

实验 6-2：分页处理。为演示分页功能，在 helloStruts 项目的员工表上增加分页处理功能。为此，要为员工表增加一些员工，然后修改 TblEmployeeAction 类和 tblEmployee_list.jsp 文件。

对 TblEmployeeAction 类作下述修改。

```
private int rowCount;        // 需要 setters()和 getters()方法
private int pageSize = 8;
private int page = 1;

public String execute() {
    tblEmployeeDao.transactionBegin();
    try {
        tblDepartmentList = tblDepartmentDao.hqlQuery("");

        if (JspOperation.ADD.equals(op)) {
            tblEmployee = new TblEmployee();
```

```
            } else if (JspOperation.EDIT.equals(op)) {
                tblEmployee = tblEmployeeDao.findById(new Integer(id));
            } else if (JspOperation.SAVE.equals(op)) {
                tblEmployeeDao.attachDirty(tblEmployee);
                tblEmployeeList = tblEmployeeDao.hqlQuery("", page, pageSize);
            } else if (JspOperation.DELETE.equals(op)) {
                TblEmployee instance = tblEmployeeDao.findById(new Integer(id));
                tblEmployeeDao.delete(instance);
                tblEmployee = null;
                tblEmployeeList = tblEmployeeDao.hqlQuery("", page, pageSize);
            } else if (JspOperation.DETAIL.equals(op)) {
                tblEmployee = tblEmployeeDao.findById(new Integer(id));
            } else if (JspOperation.LIST.equals(op)) {
                tblEmployeeList = tblEmployeeDao.hqlQuery("", page, pageSize);
            } else {
                op = Action.ERROR;
            }
        } catch (Exception e) {
            e.printStackTrace();
            tblEmployeeDao.transactionRollback();
        } finally {
            try {
                rowCount = tblEmployeeDao.getRowCount("");
                tblEmployeeDao.transactionCommit();
            } catch (Exception e) {
                e.printStackTrace();
            }
        }
        return op;
    }
```

对 tblEmployee_list.jsp 作一处修改，将下述代码添加在页面的尾部。

```
<div align="center">
        共计 <s:property value="rowCount" /> 条
    <s:iterator var="x" begin="1" end="rowCount" step="pageSize"
        status="s">
        <a href="?op=list&page=${s.count}">[${s.count}]</a>
    </s:iterator>
</div>
```

6.4 文件上传

6.4.1 文件上传概述

文件上传是 Web 开发中经常遇到的，同样也需要客户端和服务器端两方面的支持。

1．客户端对文件上传的支持

客户端的 Web 表单本身就支持文件上传，其表单必须加上 enctype="multipart/form-data" 属性，使用文件类型的 input 输入域。文件上传的 HTML 代码如下。

```
<form method="POST" enctype="multipart/form-data" action="upload.jsp">
    <p><input type="file" name="doc" size="20"></p>
</form>
```

2．服务器对文件上传的支持

在服务器端需要有一段程序接收上传的文件，接收文件上传的细节是比较复杂的。通常都是使用比较可靠的第三方开源框架来实现，在 Java 开源领域，Apache 基金会下的 Common-FileUpload 是一个非常优秀的文件上传组件，得到了广泛的应用。

3．图片显示和文件下载

上传的文件需要得到适当的管理，才能被有效地利用。因此，需要保存其上传的目录路径以及文件名。目录路径通常是网站内的一个目录，可以通过 application.getRealPath()方法来获得当前网站的目录，这样才能从网站目录找到相应的物理目录。目录可能是一个固定的目录，也可能是一个目录下的几个子目录，文件名可以是用户上传时使用的文件名，也可能是按一定规则改名后的名字，例如根据记录的主键名进行命名。

（1）图片显示

如果上传的文件是图片，例如商品的图片则可能需要将其显示在某个网页上，只要知道它的路径和文件名就能方便地显示它。

（2）文件下载

如果上传的文件是其他类型，则需要以超链接的形式提供下载。

6.4.2 Struts2 文件上传

Jitor 实验 实验 6-3：文件上传。本实训在 helloStruts 项目中演示一个最简单的文件上传功能。它需要一个 Action 类和一个 JSP 页面。Struts2 框架本身没有提供文件上传功能，但它可以集成其他的文件上传开源框架，如 Common-FileUpload。

1．导入 Common-FileUpload 包

在项目中必须导入 commons-fileupload-1.2.1.jar 包，该文件已经包含在本书提供的 struts.zip 文件中，所以不必再次导入。

2．模型层 Action 类

接收上传文件的 Action 类的代码如下。

```
public class FileUploadAction {
        private File doc;                          // 表单中名为 doc 的 file 域
        private String docFileName;                // 在 doc 后加上 FileName
        private String docContentType;             // 在 doc 后加上 ContentType

        public String execute() throws Exception {
                ServletContext application = ServletActionContext.getServletContext();
```

```
        String targetDirectory = application.getRealPath("/upload");
        new File(targetDirectory).mkdirs();          // 目录如果不存在，则创建它
        File target = new File(targetDirectory, docFileName);
        // 实现文件上传的代码只有这一行
        FileUtils.copyFile(doc, target);

        System.out.println("接收到" + docContentType + "类型的文件" + docFileName);
        return Action.SUCCESS;
    }
```

3．视图层 JSP 文件

上传文件的 JSP 文件代码如下，它使用 Struts2 标签。

```
<h2>上传文件</h2>
<s:form action="fileUpload.action" method="post" enctype="multipart/form-data">
    <s:file name="doc"    label="上传图片" />
    <s:submit />
</s:form>
<s:if test="docFileName!=null">
上传的文件为<img src='/helloStruts/upload/<s:property value="docFileName"/>'>
</s:if>
```

4．配置 struts.xml 文件

```
<action name="fileUpload" class="org.ngweb.demo.action.FileUploadAction">
    <result name="success">upload.jsp</result>
</action>
```

在 upload.jsp 中，只有 doc 一个字段（file 标签的 name 属性），而 FileUploadAction.java 中，却有 3 个属性，这是 Struts2 文件上传框架的一个特殊之处，它将上传的文件放在 doc 字段中，而把这个文件相关的信息放在其他两个属性中。需要注意的是属性的命名：doc 后加 FileName 表示文件名，doc 后加 ContentType 表示上传文件的类型。

在 struts.xml 文件中为这个 Action 指定名字为 fileUpload，在 upload.jsp 文件表单的 action 属性的值为"fileUpload.action"。

上述上传的文件将被保存在 Eclipse 工作目录下的如下目录中。

```
.metadata\.plugins\org.eclipse.wst.server.core\tmp0\wtpwebapps\helloStruts\upload
```

因此，通过绝对路径就能方便地将图片文件显示出来。

```
<img src='/helloStruts/upload/<s:property value="docFileName"/>'>
```

6.5 实训 6 聊天室项目的细节完善

实训 6：在第 5 章的实训 5 中采用 Struts2 技术重构了聊天室项目，优化了其框架结构，但 Struts2 的作用还不只这些，Struts2 还提供了一些工具来改进项目的功能。本实训将在数据校验、分页技术和文件上传三方面对聊天室项目进行完善。

6.5.1 创建和初始化项目

1．创建项目

首先创建一个名为 chat6 的动态 Web 项目，下载和安装 Jitor 客户端，但不要运行。

2．安装 JDBC 驱动程序、Hibernate 包和 Struts2 包

从 Jitor 网站下载 JDBC 驱动程序、Hibernate 包和 Struts2 包，复制或解压到 WebContent/WEB-INF/lib 目录中。安装完成后要记得刷新项目。

3．下载实训 5 代码，生成数据库

运行 Jitor 客户端，从 Jitor 客户端进入“实训 6”，单击“下载项目初始代码并生成数据库”链接，Jitor 客户端将会自动下载实训 5 的项目代码到新项目中，同时还会生成数据库和初始记录，从而保证所有的学生都在同一个起点上进行本次实训。

4．测试项目

先刷新项目，将项目添加到 Tomcat 服务器中，启动服务器，然后访问项目首页。

```
http://127.0.0.1:8080/chat6
```

通过测试证明实训 5 的代码工作正常，在此基础上进行实训 6 的操作。

6.5.2 增加数据校验功能

采用 Struts2 校验器对登录表单、发言表单和注册表单进行数据校验，实现客户端与服务器端校验协同工作。

1．登录表单的录入校验

登录表的录入校验分为如下 3 个步骤。

- 首先修改 LoginAction 类为继承 ActionSupport 类。
- 在 org.ngweb.jee.chat.action 包内创建一个名为 LoginAction-validation.xml 的文件，其代码与【例 6-1】完全相同。
- 在 index.jsp 文件中的<head>部分加上<s:head/>，以及为表单加上属性“validate="true"”。
- 在 struts.xml 文件 login 的 action 中，为 input 结果配置其物理视图为 index.jsp。

完成后检查客户端的网页代码中是否有校验代码，检查录入校验是否工作。

2．发言表单的录入校验

以与前一小节完全相同的方式为发言表单添加录入校验，修改 ChatAction 类继承 ActionSupport 类。然后需要编写 ChatAction-validation.xml 校验代码，代码如下。

【例 6-2】 ChatAction-validation.xml

```
<?xml version="1.0" encoding="UTF-8" ?>
<!DOCTYPE validators PUBLIC "-//Apache Software Foundation//XWork Validator 1.0.2//EN"
"http://struts.apache.org/dtds/xwork-validator-1.0.2.dtd">
<validators>
    <field name="chat.colMessage">
        <field-validator type="requiredstring">
            <message>发言内容不能为空</message>
        </field-validator>
        <field-validator type="stringlength">
```

```
                <param name="minLength">2</param>
                <param name="trim">true</param>
                <message>发言内容必须至少 2 个字符</message>
            </field-validator>
        </field>
    </validators>
```

为 chat.jsp 文件加上客户端同步校验代码：<s:head/>和 validate="true"。

3．注册表单的录入校验

以同样的方式为注册表单的前 3 个文本输入域添加录入校验。文件的内容为：

【例 6-3】 RegUserAction-validation.xml

```
    <?xml version="1.0" encoding="UTF-8" ?>
    <!DOCTYPE validators PUBLIC "-//Apache Software Foundation//XWork Validator 1.0.2//EN"
"http://struts.apache.org/dtds/xwork-validator-1.0.2.dtd">
    <validators>
        <field name="tblUser.colName">
            <field-validator type="requiredstring">
                <message>呢称不能为空</message>
            </field-validator>
            <field-validator type="stringlength">
                <param name="minLength">2</param>
                <param name="trim">true</param>
                <message>呢称至少有 2 个字符</message>
            </field-validator>
        </field>

        <field name="tblUser.colLoginName">
            <field-validator type="requiredstring">
                <message>账号不能为空</message>
            </field-validator>
            <field-validator type="stringlength">
                <param name="minLength">2</param>
                <param name="trim">true</param>
                <message>账号至少有 2 个字符</message>
            </field-validator>
        </field>

        <field name="tblUser.colPassword">
            <field-validator type="requiredstring">
                <message>密码不能为空</message>
            </field-validator>
            <field-validator type="stringlength">
                <param name="minLength">6</param>
                <param name="trim">true</param>
                <message>密码至少有 6 个字符</message>
            </field-validator>
```

```
    </field>

    <field name="tblUser.colMobile">
        <field-validator type="regex">
            <param name="expression"><![CDATA[(^1[2|3|4|5|8][0-9]\d{4,8}$)]]></param>
            <message>手机号码格式不正确</message>
        </field-validator>
    </field>
</validators>
```

对重复输入密码的校验，需要在注册页面的 JSP 代码中增加一个重复输入的密码项。

```
<s:password name="tblUser.colPassword" key="table.tblUser.colPassword" />
<s:password name="password2" key="table.tblUser.colPassword" />
```

然后需要分别在服务器端和客户端加上额外的校验。服务器端校验如下。

【例 6-4】 RegUserAction.java 中的校验用代码。

```
private String password2;            // 需要 getters()和 setters()
```

以及如下校验代码。

```
@Override
public void validate(){
    if(submit == null){
        // 只有保存时才需要校验, 否则清除一切校验出错的结果
        this.clearErrors();
        this.clearActionErrors();
        this.clearFieldErrors();
        return;
    }else{
        if(password2!=null && tblUser!=null && !password2.equals(tblUser.getColPassword())){
            addFieldError("password2","二次密码输入不匹配。");
        }
    }
}
```

客户端校验如下。

【例 6-5】 register.jsp 中的校验代码

```
<script type="text/javascript">
    function checkForm() {
        if (document.getElementsByName("tblUser.colPassword")[0].value != document
                .getElementsByName("password2")[0].value) {
            alert("输入的 2 次密码不匹配。");
            return false;
        }
        return validateForm_login();              // 调用 Struts2 的客户端校验代码
    }
```

```
</script>
```

并修改表单的 onsubmit 属性，代码如下。

```
<s:form action="regUser.action?op=save" validate="true" onsubmit="return checkForm()">
```

在 struts.xml 中需要为校验出错配置一个 input 逻辑视图，将代码改为如下。

```
<action name="regUser" class="org.ngweb.jee.chat.action.RegUserAction">
    <result name="save">index.jsp</result>
    <result name="input">register.jsp</result>
</action>
```

还可以用同样的方式为用户管理中的修改功能添加数据校验功能，这里不再讨论。

6.5.3 增加分页功能

聊天项目中可能出现条目比较多的页面有用户列表页面和聊天列表页面。下面分别对这两个页面添加分页处理功能。

1．用户列表分页

为用户管理的用户列表添加分页功能，在模型层修改 AdminUserAction 类，与 6.3 节中讨论的一样，添加几个属性。修改后的代码如下。

```
public class AdminUserAction extends ActionSupport {
    private String op; // 记录用户选择的操作（URL 参数）
    private String id; // 通过 URL 传入的 ID 主键值（URL 参数）
    private String submit; // 用于判断是否提交（提交按钮的名字必须是 submit）

    private TblUserDao tblUserDao = new TblUserDao();
    private TblUser tblUser; // 一条记录，用于编辑或显示详情
    private List<TblUser> tblUserList; // 返回所有记录，用于列表显示

    private long rowCount;          // 需要 setters()和 getters()方法
    private int pageSize = 8;
    private int page = 1;

    @Override
    public String execute() {
        tblUserDao.transactionBegin();
        try {
            if (JspOperation.ADD.equals(op)) {
                // 添加空的记录
                tblUser = new TblUser();
            } else if (JspOperation.EDIT.equals(op)) {
                // 修改原有记录，返回将被修改的记录
                tblUser = tblUserDao.findById(new Integer(id));
            } else if (JspOperation.SAVE.equals(op)) {
                // 保存被修改的记录(保留原来的密码)
                TblUser tblUser1 = tblUserDao.findById(tblUser.getIdTblUser());
```

```
                tblUserDao.detach(tblUser1);        // 注意需要将查找到的记录脱管
                tblUser.setColPassword(tblUser1.getColPassword());
                tblUser.setColRegisterDate(tblUser1.getCclRegisterDate());
                tblUserDao.attachDirty(tblUser);
                // 然后返回所有最新记录，以备列表之用
                tblUserList = tblUserDao.hqlQuery("", page, pageSize);

            } else if (JspOperation.DELETE.equals(op)) {
                // 删除 URL 参数 id 指定的记录
                TblUser instance = tblUserDao.findById(new Integer(id));
                tblUserDao.delete(instance);
                tblUser = null;
                // 然后返回所有最新记录，以备列表之用
                tblUserList = tblUserDao.hqlQuery("", page, pageSize);
            } else if (JspOperation.DETAIL.equals(op)) {
                // 返回当前记录
                tblUser = tblUserDao.findById(new Integer(id));
            } else if (JspOperation.LIST.equals(op)) {
                // 列出所有记录，返回一个列表
                tblUserList = tblUserDao.hqlQuery("", page, pageSize);
            } else {
                op = Action.ERROR;
            }
            rowCount = tblUserDao.getRowCount("");
        } catch (Exception e) {
            e.printStackTrace();
        } finally {
            try {
                tblUserDao.transactionCommit();
            } catch (Exception e) {
                e.printStackTrace();
            }
        }

        return op;
    }
    // 印刷时省略后续代码
}
```

然后在视图层（admin/tblUser_list.jsp 文件的末尾）添加分页导航条：

```
<div align="center">
        共计  <s:property value="rowCount" />  条
    <s:iterator var="x" begin="1" end="rowCount" step="pageSize"
        status="s">
        <a href="?op=list&page=${s.count}">[${s.count}]</a>
    </s:iterator>
```

```
    </div>
```

分页功能即告完成。

2．聊天列表分页

聊天列表的分页比较复杂，原因是有两个 JSP 文件，并且其中一个 JSP 文件使用 Ajax 技术在页面内嵌入另一个 JSP 文件，定时刷新聊天内容。首先在模型层修改 ChatListAction 类，代码如下。

```
public class ChatAction extends ActionSupport{
    private String op;

    private String submit;
    private TblChat chat;
    private List<TblChat> chatList;

    private long rowCount;              // 需要 setters()和 getters()方法
    private int pageSize = 8;
    private int page = 1;

    public String execute() {
        TblChatDao dao = new TblChatDao();
        dao.transactionBegin();
        if ("save".equals(op)) {                // 保存聊天内容，每条聊天作为一条记录保存
            // 取得 session 对象
            HttpServletRequest request = ServletActionContext.getRequest();
            HttpSession session = request.getSession();

            TblUser user = (TblUser) session.getAttribute("account");
            chat.setTblUser(user);
            chat.setColChatDate(new Date());
            chat.setColIpAddress(request.getRemoteAddr());

            dao.attachDirty(chat);
            dao.transactionCommit();
            return Action.INPUT; // 继续聊天
        } else {                                // 取出所有聊天信息，按发言时间倒序排列
            chatList = dao.hqlQuery("order by colChatDate desc", page, pageSize);
            rowCount = dao.getRowCount("");
            //dao.transactionCommit();
            return Action.SUCCESS; // 列出聊天列表
        }
    }
    // 印刷时省略后续代码
}
```

而视图层的代码与两个 JSP 文件有关，在 chat_list.jsp 的后面加上下述代码实现分页功能。

```
<div align="center">
        共计 <s:property value="rowCount" /> 条
    <s:iterator var="x" begin="1" end="rowCount" step="pageSize"
        status="s">
        <a href="chat.jsp?page=${s.count}">[${s.count}]</a>
    </s:iterator>
</div>
```

再修改 chat.jsp 页面中的 JavaScript 代码，作用是定时刷新当前页面的内容，因此需要一个 JavaScript 函数获取当前页的 page 参数的值，就是说，从 URL 中取得 page 的值，通过 Ajax 技术传给 chat_list.jsp，如果 page 值不存在，则默认为 1（第 1 页）。

```
function refreshChatList() {
    // 用 Ajax 技术异步访问 chat_list.jsp，将结果填充到页面上
    $("#chatList").load('chat.action?op=list&page=' + getUrlParam("page"));
    // 5 秒钟后刷新聊天信息列表
    window.setTimeout(refreshChatList, 5000);
}

function getUrlParam(name) { // 从 URL 中获得 page 的值
    var reg = new RegExp("(^|&)" + name + "=([^&]*)(&|$)"); // 正则表达式对象
    var r = window.location.search.substr(1).match(reg); //匹配目标参数
    if (r != null){
        return unescape(r[2]); // 返回 URL 中的 page 值
    }
    return 1; //返回默认参数值
}
```

从运行中可以看到，如果有其他用户参与聊天，聊天内容能够及时以分页的形式刷新，如果当前用户发言，则总是刷新第一页的内容。

6.5.4 增加头像上传功能

为个人信息增加上传个人头像以及显示上传的头像的功能。

1．模型层

在 org.ngweb.jee.chat.action 包中增加一个 Action 类，代码如下。

```
public class FileUploadAction {
    private File avatar;
    private String avatarFileName;
    private String avatarContentType;

    private String error; // 这个 Action 类没有继承 ActionSupport，所以通过属性来传递出错信息。

    public String execute() throws Exception {
        ServletContext application = ServletActionContext.getServletContext();
```

```
            String targetDirectory = application.getRealPath("/upload");
            new File(targetDirectory).mkdirs();

            HttpServletRequest request = ServletActionContext.getRequest();
            HttpSession session = request.getSession();

            if(session.getAttribute("account")==null){
                error = "你还没有登录。";
                return    Action.SUCCESS;
            }

            if(avatar==null){
                error = "你没有选择文件。";
                return    Action.SUCCESS;
            }

            System.out.println("接收到" + avatarContentType + "类型的文件" + avatarFileName
                    + "长度=" + avatar.length());
            error = "";
            if(!avatarContentType.endsWith("jpeg")){
                error = "上传的图片必须是 JPG 格式。";
                return    Action.SUCCESS;
            }
            if(avatar.length()>12*1024){
                error = "上传的图片不能大于 12KB。";
                return    Action.SUCCESS;
            }

            TblUser user = (TblUser) session.getAttribute("account"); //将当前登录的用户保存在会话中

            avatarFileName = user.getIdTblUser() + ".jpg";        // 将文件改名为以用户主键命名
                // 如果要支持多种图片格式，则需要在 col_avatar_file_name 列中保存文件后缀名
            File target = new File(targetDirectory, avatarFileName);

            // 实现文件上传的代码只有这一行
            FileUtils.copyFile(avatar, target);

            return Action.SUCCESS;

        }
        // getters 和 setter 方法
    }
```

上述代码是将上传的文件从原来的名字改为用户主键加上扩展名“.jpg”，它只能处理 jpg 文件，因此先检查文件类型是否符合要求，然后检查文件是否太大，头像文件一般不能太大。

保存在 upload 目录中的图片文件名是以用户主键命名的，因此原来文件名的信息被丢弃，这样有几个好处，一是允许不同的用户上传相同文件名的图片；二是显示图片时只要知

道主键值就能显示正确的图片。

2．视图层

在 WebContent 目录下创建一个名为 upload.jsp 的 JSP 文件，代码如下。

```
<%@ page language="java" contentType="text/html; charset=UTF-8"
    pageEncoding="UTF-8"%>
<%@ taglib prefix="s" uri="/struts-tags"%>
<%@ include file="inc/header.jsp"%>
<h2>上传文件</h2>
<s:form action="fileUpload" method="post" enctype="multipart/form-data">
    <s:file name="avatar" label="File" />
    <s:submit />
</s:form>
<s:property value="error"/><!-- 显示出错信息 -->
<br><!-- 下一行能够显示已经上传的本人头像 -->
头像文件为<img src='upload/<s:property value="#session.account.idTblUser"/>.jpg'>
<%@ include file="inc/footer.jsp"%>
```

3．控制器

structs.xml 中增加配置如下。

```
<action name="fileUpload" class="org.ngweb.jee.chat.action.FileUploadAction">
    <result name="success">upload.jsp</result>
</action>
```

4．修改菜单

最后再修改 head.inc 文件中“上传头像”的超链接，使其仅在登录后才有超链接地址。

```
<s:if test="#session.account==null">
    <li>上传头像</li>
</s:if>
<s:else>
    <li><a href="upload.jsp">上传头像</a></li>
</s:else>
```

经过对模型层、视图层和控制器三方面的编程，一个上传头像的功能就完成了。

5．聊天信息中显示头像

在每一条聊天内容之前显示用户的头像，并限制图片的显示大小为 32 像素×32 像素。只需在 chat_list.jsp 文件中增加一代码，代码如下。

【例 6-6】 添加了用户头像显示的 chat_list.jsp

```
<%@ page language="java" contentType="text/html; charset=UTF-8"
    pageEncoding="UTF-8"%>
<%@ taglib prefix="s" uri="/struts-tags"%>
<s:iterator var="chat" value="%{chatList}">
    <img src="upload/<s:property value="#chat.tblUser.idTblUser"/>.jpg" width="32" height=
"32">
    <s:property value="%{#chat.tblUser.colName}"/>说：
```

```
        <s:property value="%{#chat.colMessage}"/>
        [<s:property value="%{#chat.colIpAddress}"/>]<br>
</s:iterator>
<div align="center">
        共计 <s:property value="rowCount" /> 条
    <s:iterator var="x" begin="1" end="rowCount" step="pageSize"
        status="s">
        <a href="chat.jsp?page=${s.count}">[${s.count}]</a>
    </s:iterator>
</div>
```

这行代码的作用是根据发言者的 ID，显示其头像图片，如果发言者 ID 为 108，则图片标签为<img src="upload/108.jpg" width="32" height="32">。相关的 HTML 源码如下。

```
<img src="upload/100.jpg" width="32" height="32">
Admin 说：你有问题要提问吗？ [127.0.0.1]<br>

<img src="upload/100.jpg" width="32" height="32">
Admin 说：我们主要聊技术问题 [127.0.0.1]<br>

<img src="upload/108.jpg" width="32" height="32">
Zhangsan 说：这里很热闹呀，都有哪些人呢？ [127.0.0.1]<br>
```

上述代码的显示效果如图 6-3 中前 3 条发言所示。

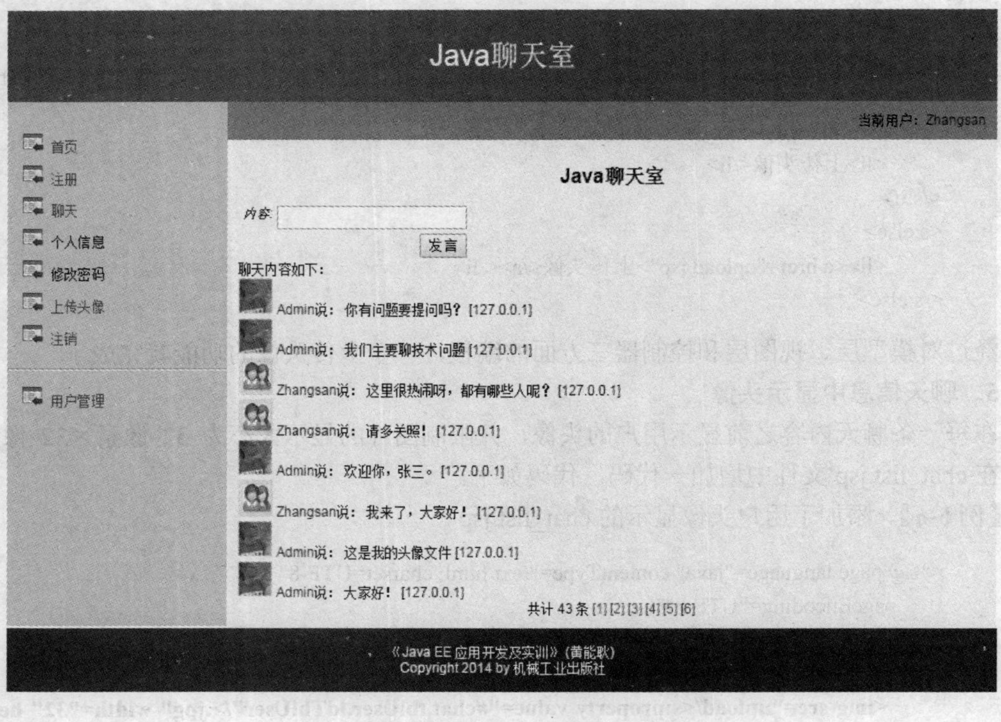

图 6-3 项目完成后的聊天室界面

6.5.5 完善其他功能

1．修改个人信息

对用户表的操作有 4 种需求。

- 新用户注册：新用户注册的处理是在用户表中新增一条记录，有些列采用默认值，如用户类型为“普通用户”，状态为“正常”，注册日期为当前日期。这部分在第 5 章已经实现。
- 用户修改个人信息：对于用户个人，不允许修改本人的用户类型、状态和注册日期等，也不能同时修改密码。
- 用户修改个人密码：应该为用户单独提供一个修改个人密码的功能，这时需要提供原来的密码，并且二次输入新密码，以防输入错误。
- 管理员维护用户信息：管理员可以修改除密码和注册日期之外的用户信息。这部分在第 5 章已经实现。

因此，对本项目的进一步改进主要是添加“个人信息”和“修改密码”功能。如图 6-3 中的菜单所示。这部分由读者自行完成。

2．其他要考虑的问题

实训 6 将结束聊天项目的功能开发。一个好的项目需要不断地改进，本项目在功能方面还有不少需要改进的地方，例如应该限定只有管理员有权修改或删除其他用户、被禁止发言的用户不能发言、被禁止登录的用户不能登录等功能，又如发言列表中应该加上发言的时间信息。对于这些细节本书不再讨论，请学生在此基础上进一步完善。

6.6 小结

本章讨论了 Struts2 提供的功能，有些是 Struts2 自身提供的，如数据校验功能，有些是与 Hibernate 共同提供的，如分页功能，有些是集成了第三方组件，如文件上传，而有些是利用了 Java SE 的功能，如第 5 章讨论的国际化，所有这些功能为开发一个功能完备的 Web 应用是非常有价值的。

6.7 作业

一、问答题

1．什么是客户端校验和服务器端校验？它们有什么区别？各有什么优缺点？

2．Web 应用中为什么要进行分页？分页处理的思路是什么？

3．用一个例子说明文件上传是如何实现的。

二、探索题

1．对聊天项目当前的进展进行分析，找出需要进一步完善的功能，并加以实现。

2．从网上查阅 Struts2 还提供了哪些功能的集成，如发送邮件功能。

3．从网上查阅通过 eChart 为 Struts2 提供统计图表绘制功能的资料。

第 7 章　Spring 技术——聊天室 SSH 集成

通过第 5 和第 6 章的学习，我们掌握了 Struts2 技术的基本使用方法以及 Struts2 提供的工具，开发出了比较完善的 Web 应用程序。

从聊天室的功能和界面来说，这个项目已经完成了全部的开发任务。但是软件设计追求的是完美，因此还要在这个基础上，学习一种新的技术 Spring，Spring 可以用一种更灵活的方式来架设这个项目，并提高项目的性能。

7.1　聊天室项目需求分析

7.1.1　项目需求

到这个阶段，聊天室项目已经从功能性要求转向更高级一些的要求。

- 采用 Spring 技术全面管理 Hibernate 和 Struts，使其能够灵活配置。

7.1.2　学习需求

需要学习 Spring 技术，主要体现在两个方面，即反转控制（IoC）和面向方面的程序设计（AOP），其中重点是学习反转控制。

7.2　IoC 技术

IoC（Inversion of Control，反转控制）也称为 DI（Dependency Injection，依赖注入），这是近年来兴起的一种思想，其主导思想是协调各组件间相互的依赖关系，同时大大提高组件的可移植性，使组件的重用机会变得更多。在传统的实现中，由程序内部代码来控制程序之间的关系，使用 new 关键字来实现两个组件间的组合，这种实现方式会造成组件之间有较高的耦合度，而一个好的设计，不但要实现代码重用，还要尽量减少组件间的耦合度，即解耦。IoC 能很好地解决这个问题，它将实现组件间关系从程序内部提到外部容器来管理。也就是说，由容器在运行期将组件间的某种依赖关系动态注入组件中。控制程序间关系的实现交给了外部的容器来完成。

7.2.1　IoC 概述

本节将以一个斧头的例子说明不同的设计思想的应用。

在原始社会里，几乎没有社会分工，需要斧头的人（调用者）只能自己去磨一把斧头（被调用者）。对应的情形为：Java 程序里的调用者自己创建（new）被调用者，即类的实例。

进入工业社会后，随着工厂的出现，斧头不再由普通人磨制，而是在工厂里被生产出来，这时需要斧头的人（调用者）只需找到工厂，购买斧头，无需关心斧头的制造过程。对应的情形为简单的工厂设计模式：调用者只需要定位工厂，向工厂请求一个类的实例，而无须管理被调用者具体的实现。

而进入未来社会后，需要斧头的人甚至无需定位工厂，“坐等”社会提供即可，社会提供给使用斧头的人哪种斧头，他就用哪种斧头。对应的情形为调用者无需关心被调用者的实现，也无需理会工厂，等待运行环境（即 Spring 上下文环境）向调用者提供类的实例。Spring 向调用者提供实例的过程称为依赖注入，也称为反转控制。

Jitor 实验 实验 7-1：IoC 实例。本章的实验项目是 helloSpring，首先创建一个名为 helloSpring 的动态 Web 项目，然后在这个项目中安装并运行 Jitor 实训指导软件，根据指导软件的要求进行实验，通过实验来体验 IoC 的概念和思路。

本实验采用斧头的例子，以比较直观的方式从斧头的各种使用方式来说明各种不同的设计思想。

（1）创建项目

首先创建一个名为 helloSpring 的动态 Web 项目。在这个项目中创建 org.spring.ioc 包来保存有关的接口和类。本小节的程序是 Java 应用程序，而非 Web 应用程序。

然后在这个项目中安装 Jitor 实训指导软件。

（2）各种斧头，以及人的接口

下面先编写好斧头接口和各种斧头的实现，以及人的接口。首先是斧头接口（Axe.java），所有斧头都有砍的方法。注意下述代码中接口和类的包的命名方式。

```
package org.spring.ioc.axe;

public interface Axe {
    //斧头有个砍的方法
    String chop();
}
```

然后是石斧的实现（StoneAxe.java），它实现了斧头接口。

```
package org.spring.ioc.axe.impl;

import org.spring.ioc.axe.Axe;

public class StoneAxe implements Axe {
    public String chop(){
        return("石斧砍柴好慢.");
    }
}
```

以及钢斧的实现（SteelAxe.java），它也实现了斧头接口。

```
package org.spring.ioc.axe.impl;

import org.spring.ioc.axe.Axe;
```

```
public class SteelAxe implements Axe {

        public String chop(){
                return("钢斧砍柴好快.");
        }
}
```

现在定义人的接口（Person.java），人会使用斧头，因此有使用斧头的方法。

```
package org.spring.ioc.person;

public interface Person {
        //人会使用斧头
        void useAxe();
}
```

（3）古人的实现

古人（Acient.java）是自己制造斧头的，就是直接用 new 来生产斧头。

```
package org.spring.ioc.person.impl;

import org.spring.ioc.axe.Axe;
import org.spring.ioc.axe.impl.StoneAxe;
import org.spring.ioc.person.Person;

public class Acient implements Person {
        Axe axe;

        public static void main(String args[]) {
                Person man = new Acient();
                man.useAxe();
        }

        @Override
        public void useAxe() {
                // 古人需要自己制造（new）一把石斧 StoneAxe
                axe = new StoneAxe();
                System.out.println(axe.chop());
                // 如果古人要用钢斧，则要自己制造（new）一把 SteelAxe
                // axe = new SteelAxe();
                // System.out.println(axe.chop());
        }
}
```

这种方式是传统的经典的实现方式，它的缺点是人和斧头的耦合度高，如果要换一把斧头，需要修改源代码，并且需要知道代码的细节。

（4）现代人的实现

先为现代人开一家斧头工厂（AxeFactory.java），斧头工厂会根据使用者的需求生产斧头。

```
package org.spring.ioc.axe;

import org.spring.ioc.axe.impl.SteelAxe;
import org.spring.ioc.axe.impl.StoneAxe;

public class AxeFactory {
    public Axe getAxe(String axeType){                    // 通过参数告诉工厂，调用者需要什么斧头
        if("stone".equals(axeType)){
            return new StoneAxe();
        }else{
            return new SteelAxe();
        }
    }
}
```

现代人（Modern.java）只需从工厂中买斧头，而不必自己制造斧头。

```
package org.spring.ioc.person.impl;

import org.spring.ioc.axe.Axe;
import org.spring.ioc.axe.AxeFactory;
import org.spring.ioc.person.Person;

public class Modern implements Person{
    Axe axe;

    public static void main(String args[]){
        Person man = new Modern();
        man.useAxe();
    }

@Override
    public void useAxe(){
        AxeFactory af = new AxeFactory();
        axe = af.getAxe("stone");
        System.out.println(axe.chop());
        // 如果现代人要使用钢斧，则只要从工厂中购买一把就可以了，不需要自己制造（new）
        //axe = af.getAxe("steel");
        //System.out.println(axe.chop());
    }
}
```

这种方式比传统方式好，降低了耦合度，但如果要换一把斧头，只需要修改源代码，但不需要知道细节。

（5）未来人的实现

需要一种注入技术来实现，因此要安装 Spring，由 Spring 来提供斧头。见下一小节的讨论。

7.2.2 用 Spring 技术实现 IoC

1. Spring 的下载和安装

（1）下载 Spring 及其依赖文件

从 http://www.springsource.org/下载 Spring，本书使用的版本是 Spring 3.0.5。它需要的依赖文件有从http://www.apache.org/下载的 commons-logging-1.1.1-bin.zip 和 apache-log4j-1.2.16.zip。本书的 Jitor 实训指导软件已将这些 Jar文件压缩在文件 Spring.zip 和 Hibernate.zip 中，下载这两个文件并解压缩到 lib 目录即可。

（2）创建 applicationContext.xml 配置文件

在 src 目录中创建 applicationContext.xml 配置文件，以后再进行实质性配置。

```
<?xml version="1.0" encoding="UTF-8"?>
<beans
        xmlns="http://www.springframework.org/schema/beans"
        xmlns:xsi="http://www.w3.org/2001/XMLSchema-instance"
        xmlns:p="http://www.springframework.org/schema/p"
        xsi:schemaLocation="http://www.springframework.org/schema/beans
http://www.springframework.org/schema/beans/spring-beans-3.0.xsd">
        <!-- Spring 配置将放在这里 -->
</beans>
```

（3）创建 log4j.properties 日志配置文件

Spring 需要使用 apache 基金会的 log4j 项目。在 src 目录中创建 log4j.properties 配置文件，其内容如下。

```
log4j.rootLogger=WARN,stdout
log4j.appender.stdout=org.apache.log4j.ConsoleAppender
log4j.appender.stdout.layout=org.apache.log4j.PatternLayout
log4j.appender.stdout.layout.ConversionPattern=%d %5p (%F:%L) - %m%n
```

2. Spring 的使用

（1）编写未来人的类

未来人的类（FutureMan.java）如下。

```
package org.spring.ioc.person.impl;

import org.spring.ioc.axe.Axe;
import org.spring.ioc.person.Person;
import org.springframework.context.ApplicationContext;
import org.springframework.context.support.FileSystemXmlApplicationContext;

public class FutureMan implements Person {
        private Axe axe;

        public void setAxe(Axe axe) { // setters 方法
                this.axe = axe;
        }
```

```
        @Override
        public void useAxe() {
                System.out.println(axe.chop());
                // 如果未来人要使用另一种斧头,他只需等待(通过修改 applicationContext.xml).
        }

        public static void main(String args[]) {
                ApplicationContext ctx = new FileSystemXmlApplicationContext(
                                "src/applicationContext.xml");
                Person man = (Person) ctx.getBean("futureMan");
                man.useAxe();
        }
}
```

注意：在上面的代码中 ctx.getBean()返回的是一个 Object 对象，需要进行强制类型转换。

这种方式最为灵活，人和斧头的耦合度非常低（不可能没有耦合），如果要换一把斧头，不必修改源代码，只需在运行时通过配置即可实现。这个编程思想就是 IoC。在代码中没有出现用 new 来实例化对象的语句，甚至连未来人的实例化都不需要显式用 new 来创建，实现了 FutureMan 类与 Axe 的子类的松耦合，对象的实例化都在 xml 配置文件中实现，需要配置后这个类才能运行。

（2）修改配置文件

在 applicationContext.xml 配置文件中增加配置的内容。

```
<bean id="stoneAxe" class="org.spring.ioc.axe.impl.StoneAxe" /> <!-- 创建一把石斧 -->
<bean id="steelAxe" class="org.spring.ioc.axe.impl.SteelAxe" /> <!-- 创建一把钢斧 -->

<bean id="futureMan" class="org.spring.ioc.person.impl.FutureMan"> <!-- 创建未来人 -->
        <property name="axe">  <!-- 采用设值方法注入斧头 -->
                <ref local="steelAxe" />
        </property>
</bean>
```

配置后就可以运行 FutureMan 类，将得到预期的结果。

（3）重新配置

如果要给未来人一把石斧，则在配置中为其注入一把石斧：

```
<ref local="stoneAxe" />
```

不需要修改 FutureMan 类的任何代码，就可以实现让未来人使用石斧。未来人的代码不需修改，就是说他是坐等一把斧头的到来，社会（Spring）给他什么斧头，他就只能用这种斧头，从而实现基于配置的编程。

如果现在有人新发明了一种陶瓷斧，那么写一个类 CeramicAxe，因为它是一种斧头，所以它必须实现 Axe 接口。

```
package org.spring.ioc.axe.impl;
```

```
public class CeramicAxe implements Axe {
        public String chop(){
                return("陶瓷斧砍柴要小心.");
        }
}
```

这时不需要修改其他 Java 代码，只需在配置文件中创建陶瓷斧，再将其作为斧头的实例注入给未来人，代码如下。

```
<bean id="ceramicAxe" class="org.spring.ioc.axe.impl.CeramicAxe" /> <!-- 创建一把陶瓷斧 -->

<bean id="futureMan" class="org.spring.ioc.person.impl.FutureMan"> <!-- 创建未来人 -->
        <property name="axe">    <!-- 把陶瓷斧注入给未来人 -->
                <ref local="ceramicAxe" />
        </property>
</bean>
```

因此，仅仅需要修改配置，就能实现对功能的调整，甚至是在对原有代码做非常少的修改的情况下，添加新的功能。

在这里，接口扮演了一个极其关键的角色，斧头接口是所有斧头的抽象，即具有砍的功能，任何一种斧头都必须实现斧头接口，才能注入给人使用，因为人使用的是斧头，虽然斧头有多种多样，但人使用斧头的目的就是砍柴，只有实现了斧头接口的类才能被人使用。

7.3 SSH 集成

Spring 与 Struts2、Hibernate 的集成涉及控制层和模型层中有关的类，以及 Struts2、Hibernate 的配置文件，与视图层无关，不需要修改任何 JSP 文件，也不会影响到用户界面。

7.3.1 体验 SSH 集成

实验 7-2：体验 SSH 集成。在实验 7-1 创建的项目 helloSpring 中运行 Jitor 实训指导软件，根据指导软件的要求进行实验，通过实验来体验一个 SSH 集成。

前一小节的例子是用纯 Java 应用程序来说明 IoC 的概念。本实验先把 Spring 和 Struts2 集成，然后再与 Hibernate 集成在一起。本实验仍然用前一小节的项目 helloSpring，但是用 Jitor 客户端从第 6 章的 helloStruts 项目复制代码，在实验 6-3 的代码的基础上进行，以便所有学生在同一起点开始实训。

1．下载类库，复制第 6 章 helloStruts 项目代码

在实验 7-1 中已经下载 Hibernate.zip 和 Spring.zip 文件，并解压缩到 lib 目录中。为了实现 SSH 集成，还需要从 Jitor 网站下载 MySQL 的 JDBC 和 Struts2 类库，解压缩到 lib 目录中。

Struts2 提供了与 Spring 的集成，这是通过一个名为 struts2-spring-plugin-2.2.1.1.jar 的类库实现的，该类库已经包含在 Struts.zip 文件中。

使用 Jitor 实训指导软件复制教师准备好的第 6 章的 helloStruts 项目代码到本项目中。

2．配置项目

在 web.xml 中删除原来为 Hibernate 建立的配置，即删除或注释下述 5 行代码。

```
<servlet>
    <servlet-name>InitSessionFactory</servlet-name>
    <servlet-class>org.ngweb.javaee.InitSessionFactory</servlet-class>
    <load-on-startup>0</load-on-startup>
</servlet>
```

并在 web.xml 中添加配置 Spring，代码如下。

【例 7-1】 web.xml 文件中的 Spring 配置

```
<listener>
    <listener-class>org.springframework.web.context.ContextLoaderListener</listener-class>
</listener>
<context-param>
    <param-name>contextConfigLocation</param-name>
    <param-value>/WEB-INF/classes/applicationContext*.xml</param-value>
</context-param>
```

上述配置的作用与前述的 Java application 中 FutureMan 类的下述代码的作用相同，即初始化 Spring，并读取配置文件。

```
ApplicationContext ctx = new FileSystemXmlApplicationContext(
        "src/applicationContext.xml");
```

3．将项目转换为 SSH 集成项目

通过 Jitor 软件的“SSH 工具”将项目转换为 SSH 集成项目，即单击“Spring”按钮，完成 SSH 集成。

生成 Spring 相关代码时，SSH 工具在 Eclipse 的控制台上输出一些提示信息，这些信息也被保存在文件 readme_spring.txt 中，请仔细阅读这些信息。

重启动项目后，可以发现项目中对每张表的增删改查操作能够正常执行，但是项目中的登录功能将导致异常，这部分将在讨论完下一节的内容后，在理解 SSH 集成的基础作进一步的完善。

7.3.2 SSH 集成前后比较

在前一小节中，实现了项目的 SSH 集成。SSH 工具对项目中的文件进行了下述几个方面的修改。

1．修改所有*Home.java

将所有*Home.java 文件中的代码

```
private final SessionFactory sessionFactory = getSessionFactory();
```

替换为下述代码。

```
protected SessionFactory sessionFactory;
```

2．修改所有*Dao.java

在所有*Dao.java 文件中加入下述代码，并导入 org.hibernate.SessionFactory 类。

```
public SessionFactory getSessionFactory() {
    return sessionFactory;
}

public void setSessionFactory(SessionFactory sessionFactory) {
    this.sessionFactory = sessionFactory;
}
```

上述两个步骤将 sessionFactory 的初值从直接通过 new 赋值，改为用 setSessionFactory() 方法赋值，后者将在 Spring 的配置文件中进行配置。

3．修改所有*Action.java

将所有 Action 文件中的 Dao 的创建 new 部分注释，并保证这些 Dao 对象具有 setters 方法，从而允许这些 Dao 通过 Spring 注入。修改的部分举例如下。

```
private EmployeeDao employeeDao; // = new EmployeeDao();
```

4．修改配置文件 struts.xml

修改 struts.xml 文件，使所有的 Action 类都改为由 Spring 注入。例如将下面这行代码

```
<action name="tblDepartment" class="org.ngweb.demo.action.TblDepartmentAction">
```

改为如下代码。

```
<action name="tblDepartment" class="tblDepartmentAction">
```

5．创建配置文件 applicationContext_ssh.xml

创建配置文件 applicationContext.xml_ssh.xml，配置所有由 Spring 注入的类。

在 web.xml 文件中配置该文件的代码如下。

```
<param-value>/WEB-INF/classes/applicationContext*.xml</param-value>
```

这行配置表示所有 src 目录下以/applicationContext 起头的 xml 文件都被认为是 Spring 的配置文件。在 Web 项目中，src 目录下的所有 java 源代码将被编译为字节码，然后复制到 WEB-INF/classes 目录中，src 目录下的其他文件则全部被复制到 WEB-INF/classes 目录中，因此，这些 XML 将会被自动复制到 WEB-INF/classes 目录中。

【例 7-2】 Spring 配置文件 applicationContext.xml_ssh.xml 实例。

```
<?xml version="1.0" encoding="UTF-8"?>
<beans xmlns="http://www.springframework.org/schema/beans"
    xmlns:xsi="http://www.w3.org/2001/XMLSchema-instance"
xmlns:p="http://www.springframework.org/schema/p"
    xsi:schemaLocation="http://www.springframework.org/schema/beans
http://www.springframework.org/schema/beans/spring-beans-3.0.xsd">

    <!-- 创建数据源，是 BasicDataSource 的实例 -->
    <bean id="dataSource" class="org.apache.commons.dbcp.BasicDataSource">
```

```xml
        <!-- 向数据源注入有关参数，其中的密码需根据需要修改 -->
        <property name="driverClassName" value="org.gjt.mm.mysql.Driver"></property>
        <property name="url" value="jdbc:mysql://127.0.0.1/demo"></property>
        <property name="username" value="root"></property>
        <property name="password" value="sa"></property>
    </bean>

    <!-- 创建 session 工厂，是 LocalSessionFactoryBean 的实例 -->
    <bean    id="sessionFactory"    class="org.springframework.orm.hibernate3.LocalSessionFactory
Bean">
        <!-- 向 session 工厂注入数据源 -->
        <property name="dataSource">
            <ref bean="dataSource" />
        </property>
        <property name="hibernateProperties">
            <!-- 向 session 工厂注入 hibernate 参数 -->
            <props>
                <prop key="hibernate.dialect">org.hibernate.dialect.MySQLDialect</prop>
                <prop key="hibernate.show_sql">true</prop>
                <prop key="hibernate.format_sql">true</prop>
                <prop key="hibernate.current_session_context_class">thread</prop>
            </props>
        </property>
        <!-- 配置 ORM 映射文件，根据需要修改 -->
        <property name="mappingResources">
            <list>
                <value>org/ngweb/demo/model/TblDepartment.hbm.xml</value>
                <value>org/ngweb/demo/model/TblEmployee.hbm.xml</value>

            </list>
        </property>
    </bean>

    <!-- 创建每一个 Dao，并为其注入 sessionFactory，作用域默认为 singleton -->
    <bean id="tblDepartmentDao" class="org.ngweb.demo.dao.TblDepartmentDao">
        <property name="sessionFactory">
            <ref bean="sessionFactory" />
        </property>
    </bean>

    <bean id="tblEmployeeDao" class="org.ngweb.demo.dao.TblEmployeeDao">
        <property name="sessionFactory">
            <ref bean="sessionFactory" />
        </property>
    </bean>
```

```
        <!-- 创建每一个 Action，并为其注入 Dao，有时需要注入多个不同的 Dao，其作用域应该是
prototype-->
        <bean  id="tblDepartmentAction"  class="org.ngweb.demo.action.TblDepartmentAction"  scope=
"prototype">
            <property name="tblDepartmentDao">
                <ref bean="tblDepartmentDao" />
            </property>
        </bean>

        <bean  id="tblEmployeeAction"  class="org.ngweb.demo.action.TblEmployeeAction"  scope=
"prototype">
            <property name="tblEmployeeDao">
                <ref bean="tblEmployeeDao" />
            </property>
            <property name="tblDepartmentDao">
                <ref bean="tblDepartmentDao" />
            </property>
        </bean>
    </beans>
```

Spring 的 bean 是有作用域范围的，默认的作用域范围是 singleton，它表示这个 bean 是共享的，包括数据也是共享的，这对于 dataSource 和 Dao 类等没有成员变量的类并没有问题，还可以提高效率，但对于 Action 类，由于其含有成员变量，一旦共享将导致混乱，因此要设为非共享，即设置为 prototype 作用域范围。

6．删除 hibernate 配置文件

因为 hibernate 配置文件的信息已全部包含在 Spring 的配置文件中，hibernate 配置文件已经没有存在的必要，因此可以删除 hibernate 配置文件。为备份原有信息起见，也可以将配置文件 hibernate.cfg.xml 改名为 hibernate.cfg.xml.bak，而不是直接删除。

7.3.3 理解 SSH 集成

通过 SSH 集成，整个项目由 Spring 管理，例如对 Hibernate 的管理从 Hibernate 自身的配置文件转移到 Spring 的配置文件 applicationContext.xml_ssh.xml 中，所有 Dao 类和 Action 类也是由 Spring 创建后，再将实例注入到相关的类中。

1．依赖注入

仔细分析上述配置文件 applicationContext.xml_ssh.xml【例 7-2】，可以看出 Spring 按照实例创建的顺序，管理了下述几个对象，见图 7-1。Spring 根据提供的参数创建 dataSource 实例后，将其注入到 sessionFactory 实例中（实现了 Spring 与 Hibernate 的集成），后者又被注入到所有的 Dao 实例中，而 Dao 实例又被注入到需要这些 Dao 实例的 Action 实例中，最后在 struts.xml 中映射 Action 名字和 Action 实例。最后这一步是由 struts2-spring-plugin-2.2.2.1.jar 类完成的（实现了 Spring 和 Struts2 的集成）。

在 Spring 中，每个实例都称为 Java Bean 或简称为 Bean，用于创建 dataSource 实例和 sessionFactory 实例的类是由 Spring 框架提供的。

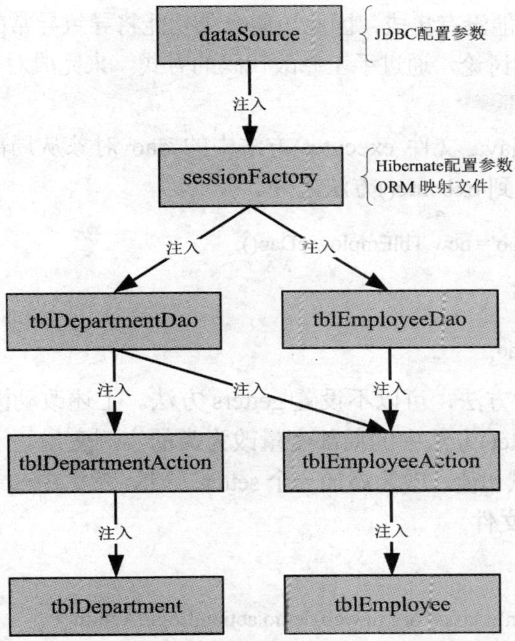

图 7-1 【例 7-2】中的 Bean 注入关系

如果从反方向来看图 7-1，当用户访问下述 URL 时。

http://127.0.0.1:8080/helloSpring/demo/tblEmployee?op=list

访问的是 struts.xml 文件中定义的名为 tblEmployee 的 Action，它对应的实例是 tblEmployeeAction，这个实例需要两个 Dao，一个是 tblEmployeeDao 实例，另一个是 tblDepartmentDao 实例，这两个实例都需要 sessionFactory 实例，sessionFactory 实例是一个 Hibernate 的会话工厂对象，这个对象需要 dataSource 实例。所有这些实例由 Spring 管理，这些实例之间是相互依赖的，所以控制反转也叫作依赖注入。

2．SSH 的配置文件

SSH 集成以后，项目可以正常运行，并且不需要 hibernate.cfg.xml 配置文件，也不需要在 web.xml 配置对 SessionFactory 的初始化等。整个项目的配置文件共有3个。

- web.xml：项目的全局配置文件，所有 Web 项目都必须有该文件，是整个项目的核心。由它配置使用 Spring 和 Struts2，而不再配置使用 Hibernate。
- applicationContext.xml：是 Spring 的配置文件，是整个项目最大的工厂，负责整个项目的管理，包括 Hibernate 的配置。注意配置文件可以不只一个，所有以 applicationContext 起始的 xml 文件都是 Spring 的配置文件。
- struts.xml：是 Struts2 的配置文件，它负责用户请求 action 与 Action 类的映射，当使用了 Spring 后，Struts2 不再负责生产类的实例，而是使用 Spring 生产的实例。

7.3.4 使用 SSH 集成

Jitor 实验 实验 7-3：使用 SSH 集成。前一小节实验 7-2 使用 SSH 工具修改了项目中的多个文件，完成了 SSH 的集成，但 SSH 工具仅对该工具生成的 Action 类进行转换，而对在实训 5-2 所添加的登录功能没有集成，因此访问登录功能将导致异常的出现。本实验将根据前一小节对 SSH 集成所作的讨论，通过手工修改代码的方式，来完成对登录功能进行集成。

1. 修改 Action

将原来 LoginAction.java 文件 execute()方法中的 dao 对象从局部变量改为实例属性，即将 dao 对象的声明语句移到 execute()方法之外。

```
TblEmployeeDao dao = new TblEmployeeDao();
```

改为如下代码。

```
TblEmployeeDao dao;
```

并为 dao 设置 setters 方法，可以不设置 getters 方法。上述改动涉及下述两个方面。

- 变量类别由 execute()方法中的局部变量改为类的实例变量。
- 变量不通过 new 赋初值，改为添加一个 setter 方法，然后由 Spring 为其赋值（注入）。

2. 修改 Struts 配置文件

将下述代码。

```
<action name="login" class="org.ngweb.demo.action.LoginAction">
    <result name="success">index.jsp</result>
    <result name="input">login.jsp</result>
</action>
```

改为如下代码。

```
<action name="login" class="loginAction">
    <result name="success">index.jsp</result>
    <result name="input">login.jsp</result>
</action>
```

原来的配置在执行时，由 Struts2 通过 new 操作创建一个 org.ngweb.demo.action.LoginAction 类的实例，而修改后的配置则是等待一个名为 loginAction 对象的注入。

3. 配置 applicationContext.xml

在这个配置文件中配置一个名为 loginAction 的 bean，并将已经配置好的 tblEmployeeDao 注入到 loginAction 的属性 dao 中。

```
<bean id="loginAction" class="org.ngweb.demo.action.LoginAction">
    <property name="dao" ref="tblEmployeeDao" />  <!-- 向 Action 注入 Dao 的实例 -->
</bean>
```

经过上述修改后，Spring 管理的实例如图 7-2 所示。

4. 运行

经过修改，运行效果与第 6 章的例子完全相同，不同的是内部的处理过程。

当没有与 Spring 集成时，Struts2 接收到 login.action 请求时，调用名为 login 的 Action，这时，需要由 Struts2 创建该 Action 的一个实例（由 class 属性指定的类的实例），然后运行这个实例的 execute()方法等。

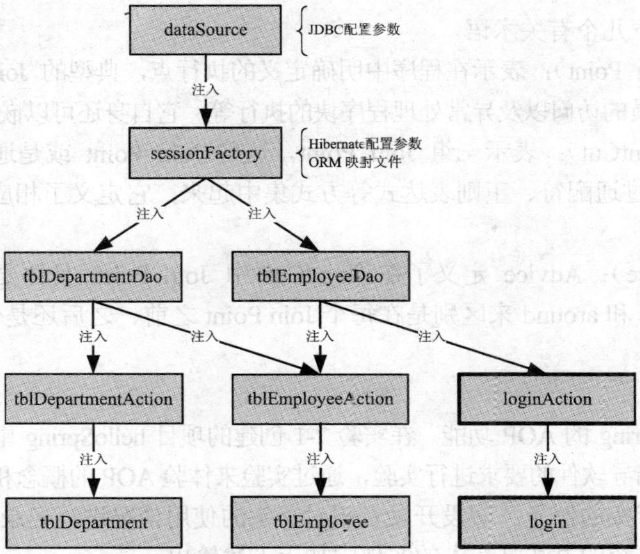

图 7-2　修改后的【例 7-2】的 Bean 注入关系

而与 Spring 集成之后，Struts2 接收到 login.action 请求时，同样是调用名为 login 的 Action，但是其后的运行便不同了，该 Action 的实例不是由 Struts2 创建，而是事先由 Spring 创建，并且注入到 Struts2 中。Struts 配置文件中对应于 login 的 class 属性不再是一个类，而是一个实例，这个实例名与 applicationContext.xml 配置文件的 bean 的 id 相对应，而这个 Spring 中的 bean 对应的 class 才是真正要被实例化的类的全路径名。这个类在创建后也被注入了名为 dao 的一个 tblEmployeeDao 实例，这个实例的全路径名也是在 applicationContext.xml 配置的，依此可以一直倒推到 dataSource 实例。

从上述的分析可以看到，Spring 的作用就是将类与类之间的关系变得更加松散，即降低了类与类之间的耦合度。低的耦合度对于大型应用程序来说是很重要的，当程序规模比较小时，类与类之间可以有比较紧密的关系（高耦合度），这时需要修改一个类，由此引起对另一个类的修改是比较容易实现的。但是对于大型程序，类与类之间的关系错综复杂，由于对一个类的修改而引起对其他一个或多个类的连锁修改，将是一项巨大的工程。

与 Spring 集成时，Spring 就是一个最大的生产 bean 的工厂。用 Spring 来管理 Action 以及 beans，有利于代码的维护和修改。

7.4　AOP 技术

7.4.1　AOP 概述

面向方面的程序设计（Aspect Oriented Programming，AOP）是 Spring 的另一个重要应用。在应用系统开发中可以提取出很多共性的东西作为方面（Aspect，也有译为切面），即在系统中需要多次重复实现的功能。比如计算某个方法运行了多少毫秒，判断用户是不是具有访问权限，用户是否已登录，数据库的事务处理，日志记录等。

先简单介绍一下几个有关术语。

- 连接点（Join Point）：表示在程序中明确定义的执行点，典型的 Join Point 包括方法调用，对类成员的访问以及异常处理程序块的执行等，它自身还可以嵌套其他 Join Point。
- 加入点（PointCut）：表示一组 Join Point，这些 Join Point 或是通过逻辑关系组合起来，或是通过通配符、正则表达式等方式集中起来，它定义了相应的 Advice 将要发生的地方。
- 通知（Advice）：Advice 定义了在 PointCut 中 Join Point 具体要做的操作，它通过 before、after 和 around 来区别是在每个 Join Point 之前、之后还是代替执行的代码。

7.4.2 AOP 示例

Jitor 实验 实验 7-4：Spring 的 AOP 功能。在实验 7-1 创建的项目 helloSpring 中运行 Jitor 实训指导软件，根据指导软件的要求进行实验，通过实验来体验 AOP 的概念和思路。

这里还要引用斧头的例子。假设开发者想对斧头的使用情况进行记录，记录什么人使用了什么斧头，一种传统的办法是在人的实现中加上下述输出：

```
public class Acient implements Person {
    public static void main(String args[]) {
        Person man = new Acient();
        man.useAxe();
    }

    public void useAxe() {
        Axe axe = new StoneAxe();
        System.out.println(axe.chop());
        System.out.println(this.getClass().getSimpleName() + "使用了"
                + axe.getClass().getSimpleName());
    }
}
```

采用这种实现方式需要对每一个实现都要加上这条语句，一是增加了工作量；二是对代码的入侵，就是说记录什么人使用了什么斧头这个工作与业务逻辑没有任何关系，这段代码是强加进来的。

使用 Spring 的 AOP 技术，则可以在不修改人的实现的代码的基础上，以配置的方式来完成这类通用性操作。

1．日志记录

首先编写一个日志记录类：

```
package org.spring.aop;

import java.lang.reflect.Method;

import org.spring.ioc.person.Person;
import org.springframework.aop.MethodBeforeAdvice;
```

```java
public class AxeLog implements MethodBeforeAdvice {
    @Override
    public void before(Method arg0, Object[] arg1, Object arg2) {
        Person p = (Person) arg2;
        System.out.print(p.getClass().getSimpleName()+"使用了");
        System.out.println(p.whichAxe());
    }
}
```

2．导入包

在本例子中需要一些相关的包，因此还需要从 Jitor 网站下载 spring-aop.zip 文件并解压到 lib 目录中。

3．配置

然后在 Spring 配置文件进行下述两个方面的配置。

第一部分是配置日志类：

```xml
<bean id="logAdvisor" class="org.spring.aop.AxeLog" />
<bean id="logPointcut"
    class="org.springframework.aop.support.RegexpMethodPointcutAdvisor">
    <property name="advice">
        <ref local="logAdvisor" />
    </property>
    <property name="patterns">
        <list>
            <!--记录所有的 useAxe-->
            <value>.*useAxe.*</value>
        </list>
    </property>
</bean>
```

第二部分是配置人使用斧头，并且指定对其进行记录。

```xml
<bean id="man1" class="org.springframework.aop.framework.ProxyFactoryBean">
    <property name="target">
        <bean name="futureMan" class="org.spring.ioc.person.impl.FutureMan"> <!-- 创建未来人 -->
            <property name="axe">   <!-- 采用设值方法注入斧头  -->
                <ref local="steelAxe" />  <!-- 这个未来人使用钢斧  -->
            </property>
        </bean>
    </property>
    <property name="interceptorNames">
        <value>logPointcut</value>
    </property>
</bean>

<bean id="man2" class="org.springframework.aop.framework.ProxyFactoryBean">
    <property name="target">
        <bean name="futureMan" class="org.spring.ioc.person.impl.FutureMan">
```

```
                <property name="axe">   <!-- 采用设值方法注入斧头   -->
                        <ref local="stoneAxe" />   <!-- 这个未来人使用石斧   -->
                </property>
        </bean>
    </property>
    <property name="interceptorNames">
        <value>logPointcut</value>
    </property>
</bean>
```

4．测试

测试代码如下，这是一个 Java Application，而不是 Web Application。

```java
package org.spring.aop;

import org.spring.ioc.person.Person;
import org.springframework.context.ApplicationContext;
import org.springframework.context.support.FileSystemXmlApplicationContext;

public class Man {

    public static void main(String[] args) {
        ApplicationContext ctx = new FileSystemXmlApplicationContext(
                "src/applicationContext1.xml");
        Person man = (Person) ctx.getBean("man1"); // 使用钢斧的未来人
        man.useAxe();
        Person man2 = (Person) ctx.getBean("man2");   // 使用石斧的未来人
        man2.useAxe();
    }
}
```

未来人使用什么斧头，并非在 Java 代码中硬编程，而是在 Spring 的配置文件中注入，并且日志的记录完全不入侵到业务类的代码中。前者体现的是 Spring 的 IoC 功能，后者体现的是 Spring 的 AOP 功能。

7.4.3 AOP 的应用

AOP 的应用范围非常广，其中一个典型的应用是权限控制，通常使用 Spring 的一个安全框架来实现，这个安全框架的名称为 Spring Security，是 AOP 的一个应用，它的功能非常强大，使用也比较复杂，本书不予讨论。

7.5 实训 7 聊天室项目的 SSH 集成

实训 7：在第 6 章的实训 6 中采用 Struts2 技术完善了聊天室项目，从聊天室的功能和界面来说，这个项目已经全部完成了。本实训将从另一个方面，对项目进行改进，那就是采用 Spring 技术，实现 Spring、Struts 和 Hibernate 的集成。

7.5.1 创建和初始化项目

1．创建项目

首先创建一个名为 chat7 的动态 Web 项目，下载和安装 Jitor 客户端，但不要运行。

2．安装 JDBC 驱动程序、Hibernate 包和 Struts2 包

从 Jitor 网站下载 JDBC 驱动程序、Hibernate 包和 Struts2 包，复制或解压到 WebContent/WEB-INF/lib 目录中，这一步千万不要安装 Spring。安装完成后要记得刷新项目。

3．下载实训 6 代码，生成数据库

运行 Jitor 客户端，从 Jitor 客户端进入“实训 7”，单击“下载项目初始代码并生成数据库”链接，Jitor 客户端将会自动下载实训 6 项目代码到新项目中，同时还会生成数据库和初始记录，从而保证所有的学生都在同一个起点上进行本次实训。

4．测试项目

先刷新项目，将项目添加到 Tomcat 服务器中，启动服务器，然后访问项目首页。

```
http://127.0.0.1:8080/chat7
```

通过测试证明实训 6 的代码工作正常，在此基础上进行实训 7 的操作。

7.5.2 下载和安装 Spring

停止 Tomcat 服务器，从 Jitor 网站下载 Spring.zip 压缩包，解压到 WebContent/WEB-INF/lib 目录中。安装完成后要记得刷新项目。

在 web.xml 中删除原来为 Hibernate 建立的配置，并在 web.xml 中加上下述配置。

```
<listener>
    <listener-class>org.springframework.web.context.ContextLoaderListener</listener-class>
</listener>
<context-param>
    <param-name>contextConfigLocation</param-name>
    <param-value>/WEB-INF/classes/applicationContext*.xml</param-value>
</context-param>
```

7.5.3 SSH 集成

1．SSH 集成

采用“SSH 工具”，将项目转换成 SSH 集成项目，见图 7-3。

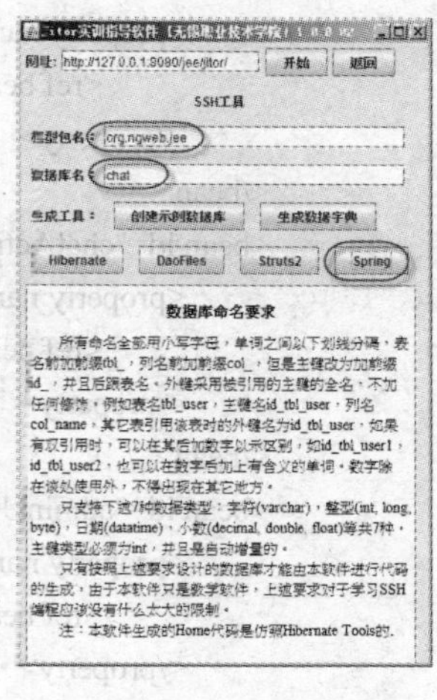

图 7-3　进行 Spring 集成

SSH 工具对项目的转换有一定的限制，它将项目的架构转换为 Spring 集成，还能将原来由 SSH 工具生成的代码进行转换，生成和修改配置文件、修改*Home 类、*Dao 类和*Action 类等，但对手工添加的*Action 类，则无法转换。因此测试转换后的项目，会发现登录、聊天、注册等功能均不能运行，因此要对这些*Action 类进行配置。

2．完善 Spring 配置

（1）修改 struts.xml

“SSH 工具”已经自动修改了两个 action 的配置，而对另外 5

个 action 的配置则需要手工修改，代码如下。

```
<!-- 新增的 action -->
<action name="login" class="loginAction">
    <result name="success">chat.jsp</result>
    <result name="input">index.jsp</result>
</action>
<action name="chat" class="chatAction">
    <result name="success">chat_list.jsp</result>
    <result name="input">chat.jsp</result>
</action>
<action name="adminUser" class="adminUserAction">
    <result name="edit">tblUser_edit.jsp</result>
    <result name="save">tblUser_list.jsp</result>
    <result name="delete">tblUser_list.jsp</result>
    <result name="detail">tblUser_detail.jsp</result>
    <result name="list">tblUser_list.jsp</result>
</action>
<action name="regUser" class="regUserAction">
    <result name="save">index.jsp</result>
    <result name="input">register.jsp</result>
</action>
<action name="fileUpload" class="fileUploadAction">
    <result name="success">upload.jsp</result>
</action>
```

（2）修改 applicationContext.xml

“SSH 工具”已经自动添加了两个 action 的 bean 配置，对另外 5 个 action 需要手工添加 bean 配置。applicationContext.xml 文件中添加的 Spring 配置代码如下。

```
<!-- 新增的 Action -->
<bean id="loginAction" class="org.ngweb.jee.chat.action.LoginAction" scope="prototype">
    <property name="dao">
        <ref bean="tblUserDao" />
    </property>
</bean>
<bean id="chatAction" class="org.ngweb.jee.chat.action.ChatAction" scope="prototype">
    <property name="dao">
        <ref bean="tblChatDao" />
    </property>
</bean>
<bean id="adminUserAction" class="org.ngweb.jee.chat.action.AdminUserAction" scope="prototype">
    <property name="tblUserDao">
        <ref bean="tblUserDao" />
    </property>
</bean>
```

```
<bean id="regUserAction" class="org.ngweb.jee.chat.action.RegUserAction" scope="prototype">
    <property name="tblUserDao">
        <ref bean="tblUserDao" />
    </property>
</bean>
<bean id="fileUploadAction" class="org.ngweb.jee.chat.action.FileUploadAction" scope="prototype">
</bean>
```

注意下述 3 个方面。

- 注入时，属性名（property name）应该是 Action 类中的属性名，引用的 bean（ref bean）是 Spring 配置的 bean 的名字。
- 所有 Action 类的 bean 的作用域必须是 prototype，而不是默认的 singleton。
- 本项目中，fileUploadAction 不需要注入 Dao，因为它没有这个属性。

（3）修改 4 个 Action 类

"SSH 工具"已经自动修改了两个 Action 类，还有 4 个 Action 类需要手工修改。这 4 个 Action 类列在下面（包括一个无需修改的类）。

- LoginAction 类：将 TblChatDao dao; // = new TblChatDao();改为实例变量，不需初始化，并为之加一个 setters()方法。
- ChatAction 类：将 TblChatDao dao; // = new TblChatDao();改为实例变量，不需初始化，并为之加一个 setters()方法。
- AdminUserAction 类：将 private TblUserDao tblUserDao;// = new TblUserDao();的初始化部分删除。
- RegUserAction 类：将 private TblUserDao tblUserDao;// = new TblUserDao();的初始化部分删除。
- FileUploadAction 类：无需修改，因为它没有 Dao 对象。

3．测试

先刷新项目，启动服务器，然后访问项目首页。

```
http://127.0.0.1:8080/chat7
```

可以看到，整个项目同 SSH 集成前运行情况完全相同。

7.6　小结

本章讨论了 IoC 技术的原理，通过 Spring 的 IoC 技术实现了 Spring + Struts2 + Hibernate 的集成，SSH 技术是 Java EE 开发中的主流技术。本章还简单讨论了 Spring 的 AOP 技术。

7.7　作业

一、问答题

1．什么是 IoC？它的作用是什么？接口在 IoC 中起到了什么作用？

2．Spring 配置文件的作用是什么？举一个例子加以说明。

3．在 SSH 集成前后，配置文件 web.xml、hibernate.cfg.xml 和 struts.xml 分别要做什么修改？

4．在 SSH 集成前后，项目中的 Java 代码需要做什么修改？

5．什么是 AOP？它的作用是什么？

二、探索题

1．从网上查阅关于 Spring 的优缺点讨论的资料。

2．从网上查阅有关 Spring Security 的资料，它有什么作用。

3．Spring 框架本身也提供了一个 MVC 解决方案，请查阅相关资料，并与 Struts2 的 MVC 解决方案进行比较。

第 8 章　项目发布——聊天室的部署

聊天室项目的开发从第 2 章的界面设计开始，经过各个阶段的改进和完善，基于 MVC 设计模式的设计理念，采用 Hibernate、Struts2 以及 Spring 的 IoC 技术，得到了一个具有良好框架结构、易于维护的项目，项目开发告一段落。

本章学习 Java EE 应用软件的发布和维护，最后将聊天室项目发布到生产性环境，供用户使用。

8.1　聊天室项目需求分析

8.1.1　项目需求

经过第 2 章到第 7 章共 6 个阶段的开发和测试，聊天室项目的开发基本结束，现在要做以下工作。

- 将聊天室项目打包成发布用的 war 文件，用于在生产环境中发布。
- 备份数据库的数据结构和数据。
- 准备基于 Tomcat 的生产环境。
- 在生产环境中部署聊天室项目。

8.1.2　学习需求

为此，要学习如何为 Java EE 项目打包，如何将打包文件在生产性的运行环境中安装。

8.2　制作发布包和数据备份

1．项目内容

在 Eclipse 开发平台中，一个动态 Web 项目的内容如下（见图 8-1）。

1）项目配置文件（Eclipse 的配置文件）：以点起头的文件和目录。

2）源代码文件：保存在 src 目录下。

3）静态内容：包括 HTML、JS、CSS、图片、动画、音频和视频等，这些文件保存在 WebContent 目录下。

4）动态内容：即 JSP 文件，保存在 WebContent 目录下。

5）源代码编译后的字节码文件：*.class 文件，在项目中保存在 build\classes 目录下，最终会被复制到 WebContent/WEB-INF/classes 目录下。

6）Web 项目的全局配置文件：web.xml，这个文件保存在 WebContent/WEB-INF 目录下。

7）其他配置文件：如 struts.xml、和 applicationContext.xml 文件，保存在 src 目录下，

在发布时会被复制到 WebContent/WEB-INF/classes 目录下。

8）第三方 Jar 包：在 WebContent/WEB-INF/lib 目录之下。

上述内容中前两项是专门为开发服务的，而其他部分是运行时需要的，因此要将运行时需要的文件复制到运行环境中去。为此 Java EE 制定了一个发布这些文件的统一标准，这个标准将所有需要的文件压缩成一个 zip 文件，但文件的扩展名是.war，它的含义是 Web ARchive。

2．制作发布包

制作发布包的目的是将项目运行时需要的所有文件制作成一个发布包，即扩展名为 war 的发布包的过程。具体过程是选择将要制作发布包的项目，从其鼠标右键菜单中选择 Export → WAR file，然后在弹出的 Export 对话框中填入 war 文件的文件名和目标目录（见图 8-1），单击 Finish 完成制作。

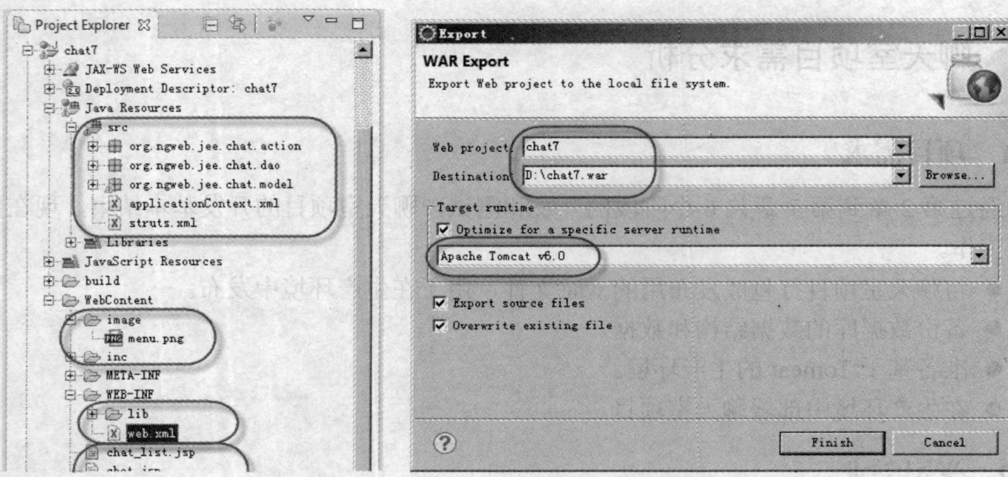

图 8-1　动态 Web 项目的内容和制作发布包

这个 war 文件就是运行整个项目所需要的所有文件的集合，是项目开发的最终成果，用于安装到生产环境中。

3．数据备份

一个 Web 项目除了程序之外，几乎不可避免地还需要有数据的支持，这就是数据库，与数据库有关的内容有：

- 数据库管理系统的类型和版本。
- 数据库结构。
- 测试数据或实际运行的数据。

对于 MySQL 数据库管理系统，可以使用 mysqldump 命令来备份数据库，包括数据库的数据结构和数据本身，都将备份到一个数据备份文件中，数据库备份见图 8-2。命令格式是：

```
mysqldump -u root -p 数据库名 > 备份文件名
```

通过上述命令生成的 MySQL 数据备份文件是一个文本文件，其部分内容如下所示。

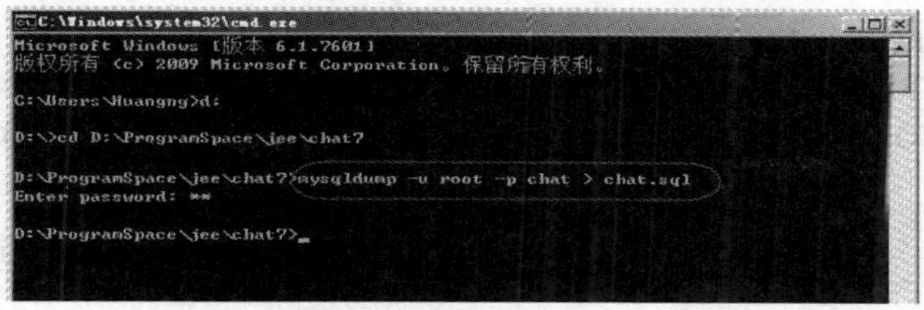

图 8-2　数据库备份

```
-- MySQL dump 10.13  Distrib 5.1.71, for Win32 (ia32)
--
-- Host: localhost    Database: chat
-- ------------------------------------------------------
-- Server version 5.1.71-community

/*!40101 SET @OLD_CHARACTER_SET_CLIENT=@@CHARACTER_SET_CLIENT */;
/*!40101 SET @OLD_CHARACTER_SET_RESULTS=@@CHARACTER_SET_RESULTS */;
/*!40101 SET @OLD_COLLATION_CONNECTION=@@COLLATION_CONNECTION */;
/*!40101 SET NAMES utf8 */;
/*!40103 SET @OLD_TIME_ZONE=@@TIME_ZONE */;
/*!40103 SET TIME_ZONE='+00:00' */;
/*!40014 SET @OLD_UNIQUE_CHECKS=@@UNIQUE_CHECKS, UNIQUE_CHECKS=0 */;
/*!40014 SET @OLD_FOREIGN_KEY_CHECKS=@@FOREIGN_KEY_CHECKS, FOREIGN_KEY_CHECKS=0 */;
/*!40101 SET @OLD_SQL_MODE=@@SQL_MODE, SQL_MODE='NO_AUTO_VALUE_ON_ZERO' */;
/*!40111 SET @OLD_SQL_NOTES=@@SQL_NOTES, SQL_NOTES=0 */;

--
-- Table structure for table `tbl_chat`
--

DROP TABLE IF EXISTS `tbl_chat`;
/*!40101 SET @saved_cs_client = @@character_set_client */;
/*!40101 SET character_set_client = utf8 */;
CREATE TABLE `tbl_chat` (
  `id_tbl_chat` int(11) NOT NULL AUTO_INCREMENT COMMENT '主键，自动增量',
  `col_message` varchar(500) NOT NULL COMMENT '聊天内容（不为空）',
  `col_chat_date` datetime DEFAULT NULL COMMENT '发言时间（自动记录）',
  `col_ip_address` varchar(50) DEFAULT NULL COMMENT '发言人的 IP 地址（自动记录）',
  `id_tbl_user` int(11) NOT NULL COMMENT '外键（发言人）',
  PRIMARY KEY (`id_tbl_chat`),
  KEY `fk_tbl_chat_tbl_user_idx` (`id_tbl_user`),
  CONSTRAINT `fk_tbl_chat_tbl_user` FOREIGN KEY (`id_tbl_user`) REFERENCES `tbl_user` (`id_tbl_user`) ON DELETE NO ACTION ON UPDATE NO ACTION
) ENGINE=InnoDB AUTO_INCREMENT=145 DEFAULT CHARSET=utf8 COMMENT='聊天表';
/*!40101 SET character_set_client = @saved_cs_client */;

--
-- Dumping data for table `tbl_chat`
--
```

```
LOCK TABLES `tbl_chat` WRITE;
/*!40000 ALTER TABLE `tbl_chat` DISABLE KEYS */;
INSERT INTO `tbl_chat` VALUES (100,'Hello',NULL,NULL,100),(101,'ddfd','2014-04-21 21:32:45',
'127.0.0.1',100);
```

其中有数据库的一些参数设置，创建表的 SQL 语句以及插入初始化数据的 SQL 语句。

8.3 运行环境的安装

由于 Java 语言是一个跨平台的语言，源代码经编译后形成的字节码是跨平台的，既可以在 Windows 环境下运行，也可以在 Linux 环境下运行，真正实现了“一次编译，到处执行”的目标。因此编译出来的.war 文件可以安装在 Windows 环境或 Linux 环境中，并且安装的过程也基本相同。

1．JRE 的安装

采用 Java 语言编写的软件必须要有 JRE 的支持才能运行，因此首先要安装 JRE。JRE 的安装在 Windows 环境或 Linux 环境中有所不同，安装包也不同，需要下载不同的安装包。

- 在 Windows 环境下，直接下载 JRE 的安装文件进行安装即可，与安装 JDK 基本相同（见本书第 1 章 1.5.1）。
- Linux 的安装光盘通常带有 JRE 系统，只要用 Linux 的安装盘在安装过程中勾选 Java 选项即可。

2．Tomcat 的安装

Tomcat 本身是用 Java 语言编写的，因此它的字节码也是跨平台的，但由于 Windows 环境与 Linux 环境有少量区别，Tomcat 的安装包有两种，一种是 Windows 和 Linux 通用的，同一个安装包可在这两种环境下安装。另一种是 Windows 专用的，只能在 Windows 下安装。

本书使用的是前一种，同一个安装包可以在 Windows 环境或 Linux 环境中安装，安装方式相同，解压后即可运行（见本书第 1 章 1.5.4 一节）。

此外，Linux 的安装光盘通常带有 Tomcat 的不同版本，只要用 Linux 的安装盘在安装过程中勾选适当版本 Tomcat 选项即可。

3．MySQL 的安装

MySQL 有 Windows 版本和 Linux 版本的区别，需要下载不同的安装包。

- 在 Windows 环境下，直接下载 MySQL 的安装文件进行安装即可（见本书第 1 章 1.5.3）。
- Linux 的安装光盘通常带有 MySQL 安装包，只要用 Linux 的安装盘在安装过程中勾选 MySQL 选项即可。

8.4 项目发布

当完成了 JRE、Tomcat 和 MySQL 的安装后，就可以安装动态 Web 项目的软件了，安装过程在 Windows 环境或 Linux 环境中是完全相同的。

1．备份数据的恢复

使用下述命令从备份数据中恢复：

```
mysql -u root -p 数据库名 < 备份文件名
```

数据库名应该在 MySQL 中已经存在，如果不存在，则应该先创建：

```
create dataase 数据库名 default character set utf3;
```

2．安装 war 包

安装过程非常简单，只要将 war 文件复制到 Tomcat 安装目录的 webapps/目录下，具体的安装过程（解压缩文件）由 Tomcat 自动完成。

3．修改 Tomcat 配置参数

Tomcat 的默认端口号是 8080，在生产环境中，端口号通常使用 HTTP 的默认端口号 80。因此需要在 Tomcat 的配置文件中修改 Tomcat 的默认端口号，另外，可能需要用域名来访问网站，而不是用 IP 地址来访问，因此也需要在 Tomcat 的配置文件中增加虚拟主机。

（1）修改端口号

Tomcat 的默认端口是 8080，可以通过修改 Tomcat 的配置文件 conf/server.xml 中的下述配置来改变其端口号。

```
<Connector port="8080" protocol="HTTP/1.1"
           connectionTimeout="20000"
           redirectPort="8443" />
```

将其中的 8080 改为 80，修改保存配置文件后需要重新启动 Tomcat，配置文件才能生效。这时从 Eclipse 启动 Tomcat，可以发现其端口号已经变为 80。

（2）安装两个 Tomcat 实例

如果在一个服务器上有多个 Tomcat 实例共存时，例如在开发用计算机上，有一个 Tomcat 实例是 Eclipse 启动的，这时如果还想运行一个新的 Tomcat 实例，则需要采用下述办法来实现。

1）保留原实例

保留原来的 Tomcat 实例不变，即安装给 Eclipse 使用的 Tomcat 安装目录下的配置为原来的配置，不作任何改动。

2）安装新实例

重新安装一个新的实例，即从 apache-tomcat-6.0.39.tar.gz 文件解压缩一份 Tomcat 到另外一个目录中，修改这个 Tomcat 实例的配置（文件 conf/server.xml），将其端口号从 8080 改为 80，然后再修改下述两个端口号（8005 和 8009）为未被占用的端口号（例如分别修改为 8006 和 8010）。

```
<Server port="8005" shutdown="SHUTDOWN">
```

和

```
<Connector port="8009" protocol="AJP/1.3 ' redirectPort="8443" />
```

以避免与另外的 Tomcat 实例的端口号相冲突。

两个 Tomcat 实例可以分别启动，访问时以 URL 中的端口号区分两个不同的实例。

（3）虚拟主机

到目前为止，聊天项目都是通过 IP 地址来访问的，如果要通过域名来访问，则要做两件事。第一是注册一个域名并配置 DNS 解析，第二是为这个域名配置一个虚拟机。

1）注册一个域名，并将域名解析到服务器的 IP 地址上

注册域名是商业行为，注册域名要交年费，而域名的 DNS 解析通常是免费的。用于提供服务的服务器 IP 地址必须是外网的 IP 地址，这样全球的用户才能访问到这个服务器。

对于演示和练习来说，可以采用配置本机 hosts 来模拟一个域名，并解析到本机 127.0.0.1。具体的办法是修改 hosts 文件，增加一条域名记录，hosts 文件位于操作系统的控制下，是一个非常重要的文件，对于 Windows 操作系统来说，host 文件的所在目录是 C:\ Windows\System32\drivers\etc；对于 Linux 操作系统来说，host 文件的所在目录是/etc。两种操作系统下的 host 文件功能是相同的，其结构也完全相同。

假设新的域名是 chat.ngweb.org，则在该文件的最后加上一行。

```
# Copyright (c) 1993-2009 Microsoft Corp.
#
# This is a sample HOSTS file used by Microsoft TCP/IP for Windows.
#
# This file contains the mappings of IP addresses to host names. Each
# entry should be kept on an individual line. The IP address should
# be placed in the first column followed by the corresponding host name.
# The IP address and the host name should be separated by at least one
# space.
#
# Additionally, comments (such as these) may be inserted on individual
# lines or following the machine name denoted by a '#' symbol.
#
# For example:
#
#       102.54.94.97     rhino.acme.com          # source server
#        38.25.63.10     x.acme.com              # x client host

# localhost name resolution is handled within DNS itself.
     127.0.0.1       localhost
#    ::1             localhost

# 这是新增的域名，将被解析到 127.0.0.1，即本机，
127.0.0.1 chat.ngweb.org
```

一般情况下，hosts 文件被操作系统和安全软件（如杀毒软件）保护起来，无法修改。遇到这种情况，一是要解除安全软件对它的保护；二是要用管理员身份来打开它。前者要根据不同的安全软件采用不同的办法（在杀毒软件或防火墙软件的配置中解除对系统文件的保护），后者则需要以管理员身份运行记事本，方法是从记事本的右键菜单中选择“以管理员身份运行（A）”（见图 8-3），然后用这个记事本软件来打开 hosts 文件，就有权限修改这个文件。

图 8-3　以管理员身份运行记事本

修改成功后，用下述命令测试域名是否连通。

```
ping chat.ngweb.org
```

如果显示回复信息，表示网络是连通的。如果找不到主机，表示该域名没有注册或解析。图 8-4 显示的是与域名 chat.ngweb.org 能够正常通信，而与域名 chat1.ngweb.org 无法通信。

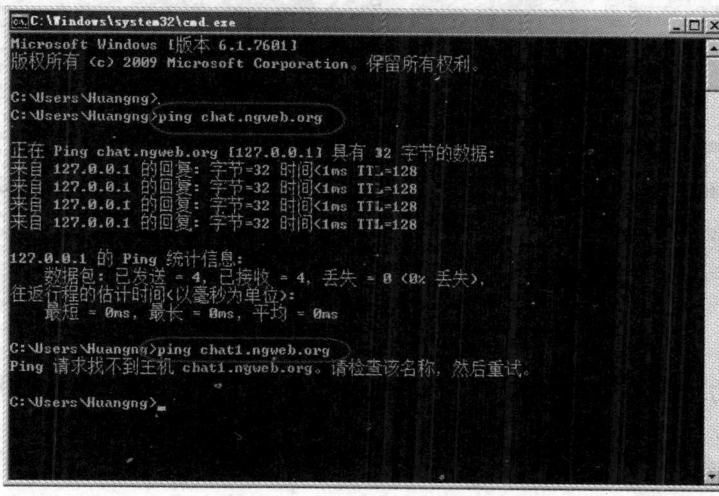

图 8-4 测试网络连通性

2）在 Tomcat 中配置虚拟主机

在 conf/server.xml 文件 Engine 元素的最后（倒数第 3 行之前）添加一个虚拟主机的配置。

```
            <Host name="chat.ngweb.org"   appBase="chat7"
                unpackWARs="true" autoDeploy="true"
                xmlValidation="false" xmlNamespaceAware="false">
            </Host>
        </Engine>
    </Service>
</Server>
```

上述配置只有在域名能够正常解析到服务器时才能工作。

4．运行 Tomcat

启动 Tomcat 是非常简单的，在 Windows 环境下执行 bin 目录下的 startup.bat 文件：

```
startup
```

在 Linux 环境下执行 bin 目录下的 startup.sh 文件：

```
./startup
```

Tomcat 启动界面和首页见第 1 章 1.5.4 和图 1-3，如果启动失败，可能的原因除了第 1 章 1.5.4 所述的原因之外，最可能的是操作系统本身的 Web 服务器占用了 80 端口，在 Windows 下就是微软的 IIS 占用 80 端口，这时应该停止 Windows 自带的 IIS 服务，方法是在资源浏览器中选择“计算机”，从其鼠标右键菜单中选择“管理”，在弹出的“计算机管理”窗口中，选择左侧的“服务”，再在右边选择 World Wide Web Pulishing Service，然后单击“停止服务”按钮（见图 8-5）。如果不希望在下次开机后自动启动微软的 IIS，还可以将其设置为“手动”或“禁用”。

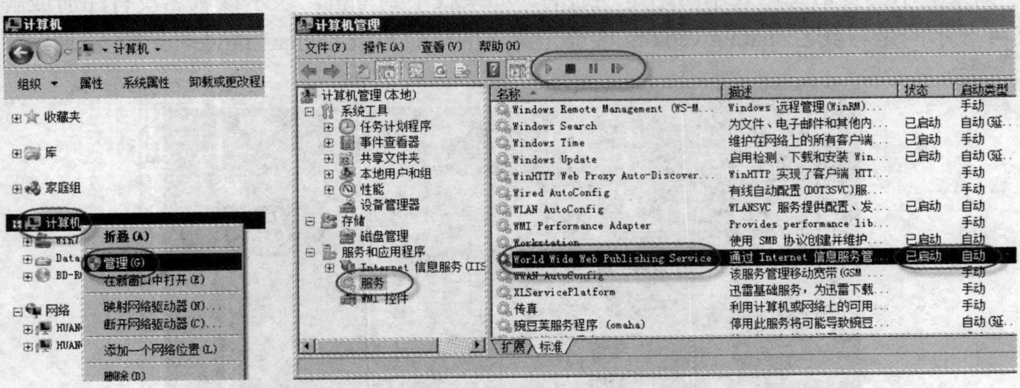

图 8-5　停止 Windows 的 IIS 服务

Tomcat 启动之后，可以检查一下 Tomcat 安装目录的 webapps 目录下将会多出一个名为 chat7 的子目录，该子目录中的内容就是整个项目的文件，是从 chat7.war 文件解压缩得到的，解压缩的过程是在 Tomcat 启动时自动完成的。

然后能够通过浏览器正常打开项目的首页，表示安装完成。

```
http://127.0.0.1/chat7
```

通过上述地址能够访问，表示安装正确。

```
http://chat.ngweb.org/chat7
```

通过上述地址能够访问，表示域名解析正确。

```
http://chat.ngweb.org
```

通过上述地址能够访问，表示虚拟主机配置正确。

8.5　实训 8　聊天室项目的发布

Jitor 实训

实训 8：在第 7 章的实训 7 中采用 SSH 技术已经完成了聊天室项目的全部开发，项目的运行是在开发环境下进行的，主要目的是测试。本实训将把聊天室项目发布到生产环境中，以便用户使用。

8.5.1　制作发布包和数据备份

按照 8.2 所述方法，对实训 7 完成的聊天室项目制作发布包 chat7.war，同时备份数据库 chat。

8.5.2　安装聊天室项目

为方便起见，本实训利用本机上已安装的 JDK、MySQL 和 Tomcat 来完成项目的部署，数据库也不需要恢复，用本机开发过程中测试用的数据库即可。

按 8.4 所述方法，将发布包 chat7.war 复制到 Tomcat 安装目录下的 webapps 目录中。

8.5.3 配置 Tomcat

按 8.4 所述方法，修改 Tomcat 的端口号为 80。本实训不进行域名测试。

8.5.4 运行测试

用下述地址测试安装是否成功。

```
http://127.0.0.1/chat7
```

8.6 小结

本章讨论了动态 Web 项目的发布包制作方法及安装方法。同时讨论了 Tomcat 的常用配置，通过聊天室项目完成了项目的部署。

8.7 作业

一、问答题

1. 一个 Java EE 项目的发布版本有哪些文件，其目录结构是什么样的？

2. 什么是虚拟主机？它有什么作用？是如何实现的？

3. 如果要修改 Tomcat 的端口号，应该修改哪个配置文件？

二、探索题

1. 从网上查阅资料，找出如何在 Windows 环境下开机后自动启动 Tomcat 的方法。

2. 尝试在 Linux 环境下安装运行环境，发布聊天室项目，并且要求在开机后自动启动 Tomcat。

第 9 章　综合案例——电子商店

本项目以“在线电子商店”为例，从项目需求分析开始，进行完整的设计（包括对数据结构的设计），由学生完成项目的实施（编写代码）以及测试、运行、部署。

9.1　电子商店需求分析

实训 9：本实训将进行电子商店的开发，项目名称：eshop。首先进行项目的需求分析、系统设计以及数据结构设计，根据数据结构设计的结果创建数据库结构，然后创建一个名为 eshop 的动态 Web 项目，在这个项目中安装并运行 Jitor 实训指导软件，根据指导软件的提示并利用其 SSH 工具完成本实训。

9.1.1　总体需求

设计和开发一个小型的在线商店系统，通过网络销售户外用品，如登山鞋、帐篷等。用户可以在线注册、下订单、付款以及收到商品后给予评价。公司员工则可以在商店中展示商品、修改相关资料、上传商品图片、统计库存和销售情况。

开发周期 3 个月，90 天后正式上线。

9.1.2　业务分析

系统角色：网上客户、公司员工。

① 网上客户：客户通过注册页面进行注册，成为公司的有效客户。客户登录后，可以分类浏览在线商店的商品，将满意的商品放入购物车，最后为所购商品结账付款。客户收到所购商品后，可以再次登录在线商店，对所购商品进行评价。

② 公司员工：公司员工可以对在线商店进行管理，一是客户管理，可以帮助客户修改密码，对不友好的客户，可以禁止其登录；二是商品管理，每种商品属于某个类别，可添加商品，上传商品图片，将商品上架或下架，修改价格，修改库存数量等；三是销售及发货管理，根据客户的订单发货。

由于财务方面的功能比较复杂，因此在本案例中对销售收入等财务方面的问题不予考虑。

系统还有一个约束条件，如商品数量不足时不能继续销售。

9.2　系统设计

9.2.1　系统架构

本项目采用 B/S 框架体系结构，使用 Struts2 和 Hibernate 技术，尽可能集成 Spring 技术，使项目更加灵活，并提高性能。

在项目设计过程中，以及实施和编写代码的过程中，要时刻牢记系统的体系结构，即MVC 架构，每一层所起的作用，层与层之间的关系，在功能方面层与层之间是如何分工和合作的，在数据方面层与层之间是如何传递和转换的。这是 SSH 集成技术的精髓，需要好好体会与把握。

1．视图层

网站界面使用 JSP 展现数据，应该充分利用 CSS 设计统一的页面风格。在需要时应该使用 jQuery 和 Ajax 技术。

2．控制层

采用 Struts2 框架结构实现，需要做的就是配置 struts.xml 文件。

3．模型层

模型层还可以分为 3 或 4 个子层。

（1）Action 层

由 Struts2 框架的 Action 实现，编写 Action 类，并返回结果字符串。

（2）业务逻辑层 Service

对于大型项目，可能还需要增加一个业务逻辑层，业务逻辑层是介于 Action 层和数据访问层 Dao 之间的。

（3）数据访问层 Dao

采用 Hibernate 技术实现数据访问，统一数据访问接口。

（4）数据服务层 Database

通过 JDBC 驱动程序和 MySQL 数据库表，实现数据的存储，并提供快速的访问。

9.2.2 功能设计

功能分为两部分，一是对外的网上商店；二是对内的后台管理。

1．网上商店

非登录用户：浏览商品、注册、登录

登录用户：浏览商品、购物车、付款结账、服务评价、修改个人资料

2．后台管理

用户管理：浏览用户清单、用户购物资料、信用评价

员工管理：添加员工、修改员工资料、员工角色

商品管理：商品类别、添加商品、修改商品、上传商品图片、商品的上下架

库存管理：进货管理、发货管理

订单管理：订单查询、发货退货

9.3 数据结构设计

1．数据结构分析

在线商店的业务流程是以实体商店的流程为基础的，可以先以实体商店的四联单（订单、发货单、客户和存档）为例进行分析。图 9-1 所示为实体商店的发货单。

×××公司发货单

购　货　人：　　　　　　　　　　　　　　　　　　　　　　编　　号：

购货人电话：　　　　　　　　　购货人邮件：　　　　　　　订货日期：

送 货 地址：

货物名称	品牌	规格	单价	数量	金额
总计（人民币）					
订货要求：					

审 核 人：　　　　　　　审核日期：　　　　　　　发 货 人：　　　　　　　发货日期：

图 9-1　实体商店的发货单

从上述发货单可以得出下述 5 个实体：客户（代表性属性是购货人）、产品（货物名称）、员工（审核人）、订单头（订货日期）、订单行（数量）。另外公司的商品采取分类管理，因此还有一个类别实体，不同的员工有不同的权限，例如某位员工有权审核，而无权发货，而另一位员工无权审核，但是负责发货，因此需要一个角色表。下述是这 7 个实体及其属性。

（1）货物：货物名、品牌、规格、描述、图片地址、单价、库存

（2）类别：类别名、描述

（3）客户：客户名、邮件、电话、送货地址、状态

（4）订单：订单编号、订货日期、说明、评价、状态、审核人、审核日期、发货人、发货日期

（5）订单行：数量

（6）员工：姓名、电话

（7）角色：名称

客户和员工需要登录系统，因此要加上账号和密码两个属性。对于货物、客户和订单 3 个实体，最好加上备注属性。

2. 物理数据模型

在上述分析的基础上，使用设计工具软件设计物理数据模型。如图 9-2 所示的数据结构图是由 MySQL Workbench 工具设计生成的。

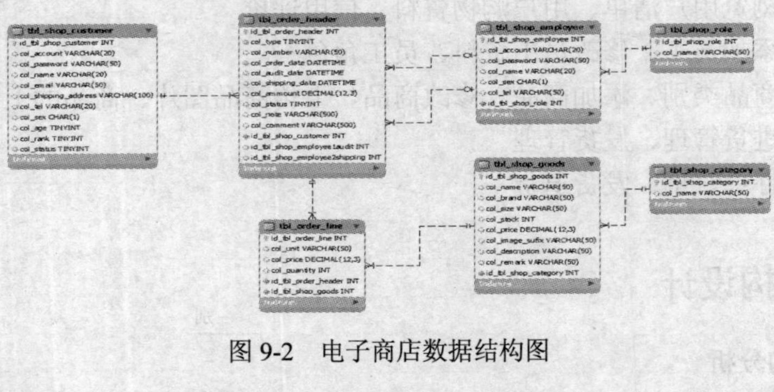

图 9-2　电子商店数据结构图

3. 数据字典

系统一共有 7 张表，它们分别是订单头表、订单行表、客户表、员工表、商品表、商品

类别表、角色表等，其数据字典列于表 9-1 至表 9-7。

表 9-1　订单头表（tbl_order_header）

序号	列名	类型	属性	说明（中文字段名）
1.1	id_tbl_order_header	int(11)	非空, 主键	主键
1.2	col_type	tinyint(4)	非空	订单类型：0=销售订单；1=采购订单
1.3	col_number	varchar(50)	允许空	订单编号
1.4	col_order_date	datetime	非空	订单日期
1.5	col_audit_date	datetime	允许空	审核日期
1.6	col_shipping_date	datetime	允许空	发货日期
1.7	col_ammount	decimal(12,3)	允许空	总金额
1.8	col_status	tinyint(4)	允许空	状态：0=购物车，1=下单，2=审核（已收到货款），3=发货；4=已收
1.9	col_note	varchar(500)	允许空	发货要求
1.10	col_comment	varchar(500)	允许空	售后评论
1.11	id_tbl_shop_customer	int(11)	非空,	客户 ID
1.12	id_tbl_shop_employee1audit	int(11)	允许空,	审核人 ID
1.13	id_tbl_shop_employee2shipping	int(11)	允许空,	发货人 ID

表 9-2　订单行表（tbl_order_line）

序号	列名	类型	属性	说明(中文字段名)
2.1	id_tbl_order_line	int(11)	非空, 主键	主键
2.2	col_unit	varchar(50)	允许空	计量单位
2.3	col_price	decimal(12,3)	允许空	单价
2.4	col_quantity	int(11)	允许空	数量
2.5	id_tbl_order_header	int(11)	非空,	订单头 ID
2.6	id_tbl_shop_goods	int(11)	非空,	商品 ID

表 9-3　商品类别表（tbl_shop_category）

序号	列名	类型	属性	说明(中文字段名)
3.1	id_tbl_shop_category	int(11)	非空, 主键	主键
3.2	col_name	varchar(50)	允许空	商品类别名称

表 9-4　客户表（tbl_shop_customer）

序号	列名	类型	属性	说明(中文字段名)
4.1	id_tbl_shop_customer	int(11)	非空, 主键	主键
4.2	col_account	varchar(20)	允许空	客户账号
4.3	col_password	varchar(50)	允许空	密码
4.4	col_name	varchar(20)	允许空	名字
4.5	col_email	varchar(50)	允许空	电子邮件
4.6	col_shipping_address	varchar(100)	允许空	收件地址
4.7	col_tel	varchar(20)	允许空	电话
4.8	col_sex	char(1)	允许空	性别
4.9	col_age	tinyint(4)	允许空	年龄
4.10	col_rank	tinyint(4)	允许空	客户信用等级
4.11	col_status	tinyint(4)	允许空	状态：0=正常，1=禁用

表 9-5 员工表（tbl_shop_employee）

序号	列名	类型	属性	说明(中文字段名)
5.1	id_tbl_shop_employee	int(11)	非空，主键	主键
5.2	col_account	varchar(20)	允许空	员工账号
5.3	col_password	varchar(50)	允许空	密码
5.4	col_name	varchar(20)	允许空	姓名
5.5	col_sex	char(1)	允许空	性别
5.6	col_tel	varchar(50)	允许空	电话
5.7	id_tbl_shop_role	int(11)	非空，	角色 ID

表 9-6 商品表（tbl_shop_goods）

序号	列名	类型	属性	说明(中文字段名)
6.1	id_tbl_shop_goods	int(11)	非空，主键	主键
6.2	col_name	varchar(50)	允许空	商品名
6.3	col_brand	varchar(50)	允许空	品牌
6.4	col_size	varchar(50)	允许空	规格
6.5	col_stock	int(11)	允许空	当前库存量（在订单行表的 Dao 中实时更新）
6.6	col_price	decimal(12,3)	允许空	单价
6.7	col_image_sufix	varchar(50)	允许空	图片文件后缀名
6.8	col_description	varchar(50)	允许空	商品说明
6.9	col_remark	varchar(50)	允许空	备注
6.10	id_tbl_shop_category	int(11)	非空，	商品类别 ID

表 9-7 角色表（tbl_shop_role）

序号	列名	类型	属性	说明(中文字段名)
7.1	id_tbl_shop_role	int(11)	非空，主键	主键
7.2	col_name	varchar(50)	允许空	角色名称

9.4 详细设计和实施

9.4.1 详细设计

这部分由学生自行完成，可以参考本书从第 2 章到第 8 章的聊天室项目（实训 2 到实训 8 共 7 个阶段）所讨论的技术，进行设计和实施。

在聊天室项目的各个阶段中，为了教学上循序渐进的需要，有些功能在不同阶段的实施时，代码在不断改进和演化，例如第 4 章的实训 4 中 JSP 中的 Java 代码在第 5 章的实训 5 中被彻底删除。因此在本项目的设计和实施时，应该将 Hibernate 和 Struts 技术同时考虑，直接在 DAO 类的基础上，采用 Struts 标签进行开发，并考虑与 Spring 的集成，争取项目在开始时就做到 SSH 集成一步到位。

9.4.2 实施过程

在开发过程中，可以充分利用 Jitor 实训指导软件 SSH 工具提供的功能，生成主要的代码，然后在这些代码的基础上修改，从而完成一个较为完整的项目。使用 SSH 工具进行项目开发见图 9-3。现将项目的实施过程，以及使用 SSH 工具的要点说明如下。

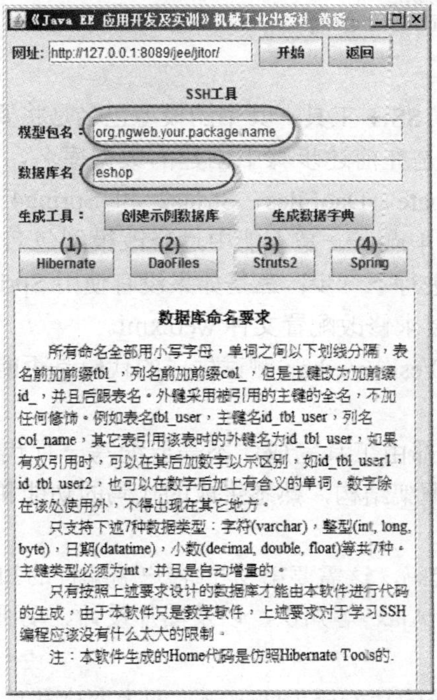

图 9-3　使用 SSH 工具进行项目开发

1．创建动态 Web 项目

在 Eclipse 中创建动态 Web 项目，项目名称应能正确反映项目的功能，例如 eshop。并在项目中安装 Jitor 软件客户端。

2．安装第三方 Jar 包

从 Jitor 网站下载 JDBC 驱动程序，以及 Hibernate、Struts 和 Spring 文件，解压缩到 lib 目录中。需要时，还要下载 jQuery 插件。

注意：如果不想实现 Spring 集成，则千万不要安装 Spring 的 Jar 包。

3．创建数据库

数据库的名称通常与项目名称相同，创建数据库和表有两种方法。

（1）通过正向工程创建

采用设计工具软件可以通过正向工程直接生成数据库。例如采用 MySQL Workbench 软件可以在设计出图 9-1 的物理数据模型后，通过该软件的“正向工程”功能直接在 MySQL 中创建数据库和表。

（2）手工创建

采用手工方式在 MySQL 控制台完成。本书采用这种方法。

首先在 MySQL 控制台上创建数据库。

```
create database eshop;
```

然后从 Jitor 客户端下载 eshop.sql 脚本文件，该文件包含了创建 eshop 数据库中 7 张表的 SQL 语句，然后从该文件中恢复整个数据库。

```
C:\>mysql -u root -p eshop< eshop.sql
```

4．生成 SSH 代码

运行 Jitor 实训指导软件 SSH 工具，其中的模型包名是将要使用的包名，可以为其指定一个合适的包名，数据库名是在前述步骤中创建的数据库名，在本项目中应该用数据库名 eshop，然后顺序单击 Hibernate、DaoFiles、Struts2 和 Spring4 个按钮，分别生成相应的文件。在这个过程中，要注意 4 点：一是不能中途修改模型包名和数据库名；二是每完成一步，应该刷新项目，然后再进行下一步；三是如果没有使用 Spring 集成时，不要安装 Spring 类库，否则会出错；四是按要求修改配置文件 web.xml。

通过 http://127.0.0.1:8080/eshop/eshop 测试生成的代码是否能够正常运行。

5．设计 Web 界面

前述的几个步骤几乎全部由工具完成，不需要编写一行代码。到这一步才开始编写代码，首先要全面理解项目的框架结构，熟悉生成的代码的功能和作用，在此基础上才能对这些代码进行修改。

先编写的是 Web 界面代码，这需要第 2 章客户端编程的知识，需要综合运用 HTML、CSS、JavaScript、jQuery 和 Ajax 等知识，以及图片设计、动画设计等技能，设计并制作一个美观的 Web 界面。

按 9.2.2 节的讨论，系统的功能分为两部分：网上商店和后台管理，需要在 WebContent 目录下创建两个子目录，名为 shop 和 admin，分别保存网上商店和后台管理的网站文件。因此，Web 界面共有两套，一套是用户使用的网上商店网站，要求是界面美观、用户体验好，能够吸引用户。另一套是员工使用的后台管理网站，要求是操作简单、易学易用，界面比较简单。

上述两套界面各自有自己的导航条，因此可以将导航条放在包含文件中，具体实现可以参考第 2 章实训 2 的有关部分。

6．动态网站编程

前一步是静态网页编程，接下来是动态网页编程，SSH 工具已经生成了基本的动态网页和后台代码，需要仔细阅读并理解这些代码，根据需要复制成修改这些代码。

对于增加的新功能，则需要编写新的代码，这些代码分为如下 3 个部分。

（1）模型层

根据系统设计中的要求，每当编写一个功能的实现时，就有可能需要创建一个 Action 类，该类包含了实现功能所需要的 Java 代码，根据不同的业务逻辑，Action 类可能返回不同的结果（字符串）。

（2）视图层

视图层的 JSP 用于获得用户的输入数据，或者展现实现功能后产生的数据，这就需要一个或多个 JSP 文件来提供用户界面，在这个阶段中，需要将 Struts2 标签加入到前一步骤完成的 Web 界面代码中。

（3）控制层

最后通过控制层的 struts.xml 中的配置，将 Action 类返回的结果与视图层进行映射。

7．功能实现

按 9.2.2 节的讨论，系统的功能分为两部分：网上商店和后台管理，因此在 WebContent 目录下创建两个子目录，名为 shop 和 admin，分别保存网上商店和后台管理的 JSP 文件。然后按下述顺序完成各项功能。

（1）输入初始数据

系统中定义 4 个角色：管理员组、审核组（审核订单）、仓管员组（负责采购入库和销售出库）和普通员工，其主键分别是 1、2、3、0，数据通过 SQL 语句直接对数据库进行操作，因此不编写对角色表进行操作的页面。

```
insert into tbl_shop_role values (0, "none");
insert into tbl_shop_role values (1, "admin");
insert into tbl_shop_role values (2, "audit");
insert into tbl_shop_role values (3, "shipping");
```

系统中定义一个管理员账户（员工），对应的角色是管理员组，数据通过 SQL 语句直接对数据库进行操作。

```
insert into tbl_shop_employee (col_account, col_password, col_name, col_sex, col_tel, id_tbl_shop_role)
    values ("admin","admin","Admin","M","13912345678", 1);
```

（2）后台基础数据管理

首先需要实现对基础数据的维护，并添加一些测试用数据，用于开发时调试用。要求员工登录并且身份为管理员时，才能进行后台基础数据的管理。

- 员工登录：文件名 admin/index.jsp，在测试阶段，登录表单中账号和密码的值预置为 admin/admin，这样可以节省调试时频繁输入账号密码的时间。该网页同时用作管理的主页面。
- 增删改商品类别表：文件名 admin/category.jsp 等一组 jsp 文件。
- 增删改商品表：文件名 admin/goods.jsp 等一组 jsp 文件。
- 上传商品图片：文件名 admin/goods_upload.jsp，建议上传的文件名改为以主键为文件名，扩展名保存在 col_image_url 列中，这样就能支持多种图片格式。
- 增删改员工表：文件名 admin/employee.jsp 等一组 jsp 文件，不允许对主键为 1 的管理员进行修改或删除操作。

然后为每一张表增加若干条记录，员工表至少 3 条记录（审核组和发货组至少各一名员工），商品类别表至少 2 条记录，商品表中每类商品至少 3 条记录，并为每种商品上传一张商品图片文件，这些数据将用于开发下述功能时测试。

（3）网上商店的功能

- 用户注册：文件名 shop/register.jsp，功能是在用户表中增加一条记录。
- 用户登录：文件名 shop/index.jsp，同时该文件用作网站的首页。
- 浏览商品：文件名 shop/list.jsp，显示商品（有图片），用户可以在不登录时浏览。
- 购物车：文件名 shop/cart.jsp，用户可以用“购物车”采购商品、结账（订单头和订单行表），用户必须登录后才能使用。

- 用户评价：文件名 shop/comment.jsp，是对本次服务（本订单）进行评价。

购物车的实质是一个完整的订单，包括一条订单头记录和若干条订单行记录。购物车可以是基于内存的（保存在 session 内置对象中，缺点是用户退出后购物车将消失），也可以是基于数据库的（用户选中每件商品后直接保存到数据库中，订单状态=0，如果用户放弃购物车时，需要删除数据库中的相应记录），结账的过程就是将订单保存到数据库中，并将其状态置为 1，订单时间改为当前时间。

项目中有两个难点：一是实时库存的处理，库存不够时不能销售；二是购物时在线支付的处理。由于本项目只是一个简单的案例，可以暂时不考虑这两个问题。

（4）后台销售管理

还有一些与订单有关的后台管理功能需要开发，这些功能需要员工登录后才能进行，并根据角色给予相应权限。

- 订单浏览：文件名 admin/order.jsp，所有员工能够访问。
- 订单审核：文件名 admin/order.jsp，界面上显示一个“审核”按钮，单击该按钮并需要确认。仅管理员组和审核组角色的员工（角色为 1 或 2）可以审核。
- 订单发货（销售发货）：文件名 admin/order.jsp，界面上显示一个“发货”按钮，单击该按钮并需要确认。仅管理员组和发货组角色的员工（角色为 1 或 3）可以发货。订单的浏览、审核和发货用同一个 JSP 文件，根据用户的角色显示不同的功能，例如员工的身份是管理员时，将同时显示“审核”和“发货”按钮，员工的身份是发货组时，则仅显示“发货”按钮。
- 供应商管理：文件名 admin/supplier.jsp，供应商也是客户，区别是供应商提供商品。因此，供应商也保存在客户表中，但是用一个客户类型加以区别。
- 采购入库：文件名 admin/purchase.jsp，采购的过程与销售的过程非常相似，不同的是客户是供应商，而商品的流通方向是入库。因此，采购入库时同样是生成一个订单（类型为采购订单），但采购订单数量为负值，某件商品的入库和销售累计和应该为负值，其绝对值表示库存量。需对订单头表和订单行表进行操作。
- 订单报表：文件名 admin/report.jsp，按日、周或月统计订单数据，用于生成销售报表。所有员工能够访问。

（5）其他功能

还有一些功能，例如退货管理（采购退货是一个数量为正的采购订单，销售退货则是一个数量为负的销售订单）等，由学生自行设计和实现。

8．测试与运行

项目开发过程中，需要不断地测试、修正代码中的错误。

项目完成后，将项目打包，然后就可以在生产环境安装使用。其中特别要注意的是数据库的备份和恢复。

9.5 小结

本章是一个综合性项目，运用本书所有的知识来完成一个在线电子商店的需求分析、系统设计、数据结构设计以及代码编写。

9.6 作业

一、问答题

1．说明需求分析在项目开发过程中的作用。

2．说明系统设计和数据结构设计在项目开发过程中的作用。

二、探索题

1．假设这个项目是一个商业性项目，而你是这个项目的项目组长，分配给你的资源是两个成员，整个项目组一共 3 个人，开发周期是 6 个月，你将如何安排各个成员的工作，如何安排项目开发的进度？

附录　Jitor 实训指导软件使用说明

Jitor（Java InstrucTOR）实训指导软件是本书作者开发的软件（软件著作权登记号 2014SR079784），用于指导学生在 Java EE 实验和实训过程中按照操作指导一步步地进行编程操作，并同步检查操作的完成情况，上传成绩到教师机，便于教师掌握全班学生实验和实训的实时信息。

Jitor 实训指导软件由一个基于 JSP 技术的 Web 服务器端软件和一个用 Java 语言编写的客户端软件组成。Jitor 实训指导软件适用于在计算机机房内由教师安排的实验和实训，对于自学者、或学生在课余时间的学习，可以有以下两个选择。

- 直接访问 http://www.ngweb.org/jee，该网站是一个 Jitor 网站的静态镜像。在这种方式下，学生安装的 Jitor 客户端无法连接到服务器。
- 在自己的计算机上安装 Jitor 实训指导软件（见教师使用说明），建立一个与教师机上相同的服务器。这时学生安装的 Jitor 客户端，可通过地址 http://127.0.0.1:8089/jee/jitor 访问本机的服务器端。

一、学生使用说明

1．访问 Jitor 网站

学生首先通过浏览器访问安装了 Jitor 网站服务器的教师机，端口号是 8089。例如：

http://192.168.1.101:8089/

其中的 IP 地址由教师告诉学生。Jitor 网站首页见附图 1，其中的功能有：

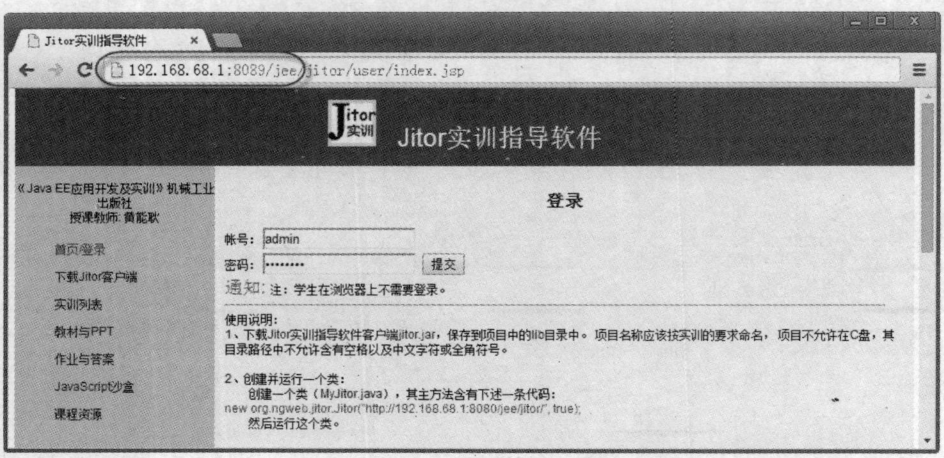

附图 1　Jitor 网站首页

- 登录：供教师使用，学生不需要在 Jitor 网站登录。

● 下载 Jitor 客户端：学生需要从这里下载 Jitor 客户端并按照要求安装它。

● 实训列表：从这里可以看到所有的实训材料的文字部分，但无法进行实际的测评。

● JavaScript 沙盒：这是专门为第 2 章学习 JavaScript 提供的一个模拟测试环境。

● 课程资源：这是 Java EE 相关的第三方 Jar 包下载页面，从这里可以下载 MySQL JDBC 驱动程序、Hibernate、Struts2 和 Spring 的 Jar 包。

2．安装和使用 Jitor 客户端

学生在安装 Jitor 客户端之前需要先创建一个 Dynamic Web Project，项目的名称不能自行命名，应该严格按照课本中每个实训的要求而定，项目不允许在 C 盘，其目录路径中不允许含有空格以及中文字符或全角符号。然后从 Jitor 网站首页上将 Jitor 客户端下载到项目的 WebContent/WEB-INF/lib 目录下，按〈F5〉键刷新项目后，在项目的 src 下创建一个名为 MyJitor 的类，代码如下。

```
public class MyJitor{
        public static void main(String[] args) {
                // 其中的 IP 地址改为教师提供的正确地址
                new    org.ngweb.jitor.Jitor ("http://192.168.68.1:8089/jee/jitor/", true);
        }
}
```

其中的 IP 地址是教师机的 IP 地址，端口号是 8089。运行这个类将启动 Jitor 客户端。在 Jitor 客户端界面上还可以修改网站地址，单击“开始”按钮后，进入登录界面，登录成功后的界面见附图 2a，这是一个实训列表，教师将根据教学的进度打开或关闭某些实训。

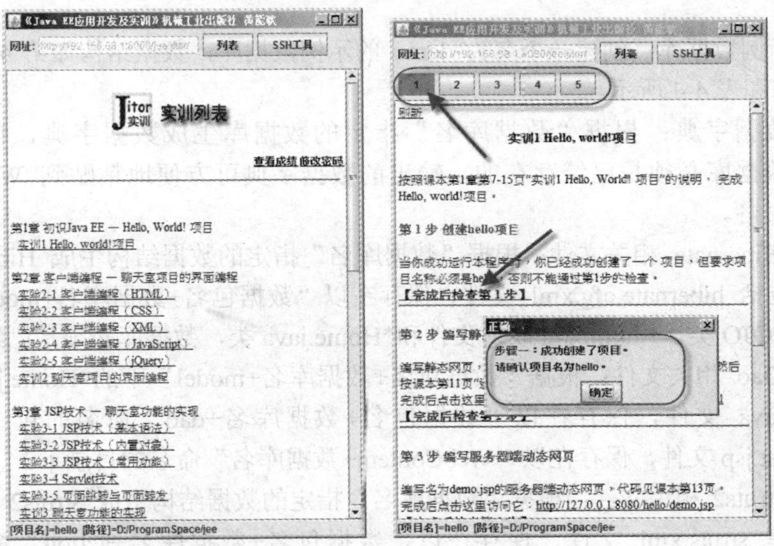

a)　　　　　　b)

附图 2　Jitor 实训列表和实训界面之一

单击某个实训的链接，打开相应的 JSP 网页，将显示实训指导的具体内容，单击左上角的“开始实训”按钮后，将显示出每个步骤的测评按钮。

根据实训步骤的要求，一步一步地进行操作，当完成一个步骤后，可以点击相应的测评按钮，Jitor 软件将根据测评要求检查学生的完成情况，并给出通过或失败的提示，如果成功通过，则将成绩上传到 Jitor 网站上，对应的按钮底色改为淡蓝色（见附图 2b），如果失败，则按钮底色改为淡红色（见附图 2a）。

3．使用 SSH 工具

Jitor 客户端提供了一个“SSH 工具”（见附图 3b），该工具的功能如下。

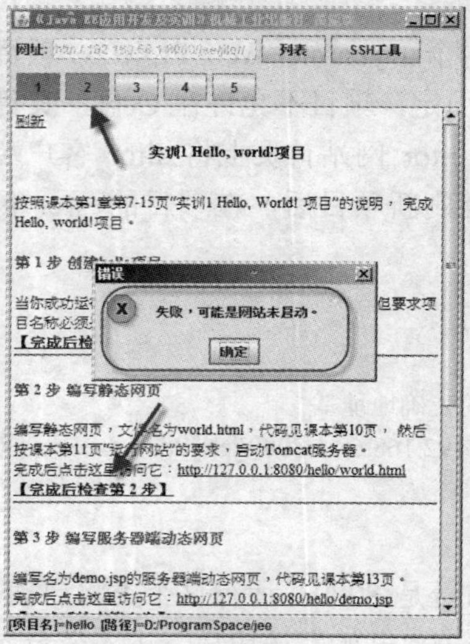

a)

b)

附图 3　实训界面之二和 SSH 工具界面

- 创建示例数据库：创建一个名为 demo 的示例数据库，数据结构如第 4 章的图 4-2、表 4-3 和表 4-4 所示。
- 生成数据字典：根据“数据库名”指定的数据库生成数据字典，输出到控制台上。数据库必须是已经存在的，输出的数据字典可方便地粘贴到 Word 文档并转换为表格。
- 生成 Hibernate 相关文件：根据“数据库名”指定的数据结构生成 Hibernate 相关文件，包括 hibernate.cfg.xml 文件、保存在以“数据包名+数据库名+model”命名的包中的 POJO 类，*.hbm.xml 映射文件和*Home.java 类，数据库必须是已经存在的。
- 生成 Dao 相关文件：根据“数据包名+数据库名+model”下的*Home.java 类，生成*Dao.java 文件，保存在以“数据包名+数据库名+dao”命名的包中，以及一个 dao_test.jsp 文件，保存在以“WebContent+数据库名”命名的目录下。
- 生成 Struts2 相关文件：根据“数据库名”指定的数据结构生成 Struts2 相关文件，包括创建 struts.xml 文件、保存在以“数据包名+数据库名+action”命名的包中的*Action.java 类，以及在“WebContent+数据库名”目录下的一组实现增、删、改、查功能的 JSP 文件，数据库必须是已经存在的。
- 生成 Spring 相关文件：根据“数据包名+数据库名+model”下的*Home.java 类，将项目转换为 Spring 项目（不可逆），创建配置文件 applicationContext.xml，并修改项目中的*Home.java、*Dao.java、*Action.java 以及 struts.xml 文件。

有关的详细操作，见第 4 章、第 5 章和第 7 章的有关部分。SSH 工具对数据库的表名和列名的命名有一定的要求，见 SSH 工具的首页。例如对一个符合数据库表名和列名命名要求的数据库，只需顺序点击 SSH 工具的 4 个按钮，就能生成一个符合 SSH 规范的完整的应用，包括每一张表的增删改 JSP 页面，见“9.4.2 实施过程”一节的说明。

二、教师使用说明

Jitor 实训指导软件服务器端供教师在计算机机房安装使用，也可供自学者或学生在自己的计算机上安装使用。其主要功能如下。

- 添加学生：批量添加学生。
- 管理学生：按班级查看学生名单，删除学生，复位学生密码。
- 实训考勤：按班级查看学生登录的情况，包括登录时间和 IP 地址。
- 实训记录：按班级查看学生实训操作的进度，并可查看某一学生的全部记录。

Jitor 实训指导软件服务器端的下载地址是 http://www.ngweb.org/jee，安装和使用说明参见下载软件中的使用手册。

参 考 文 献

[1] Bibeault B, Katz Y. jQuery 实战[M]. 陈宁，等译. 北京：人民邮电出版社，2009.

[2] Eckel B, 陈昊鹏. Java 编程思想. [M]. 3 版. 饶若楠，译. 北京：机械工业出版社，2005.

[3] Goodman D, Morrison M. JavaScript 宝典. [M]. 6 版. 张文波，译. 北京：人民邮电出版社，2009.

[4] Mak G. Spring 攻略[M]. 丁雪丰，等译. 北京：人民邮电出版社，2009.

[5] 蔡雪焘. Hibernate 开发及整合应用大全[M]. 北京：清华大学出版社，2006.

[6] 黄能耿. Java 程序设计及实训[M]. 北京：机械工业出版社，2011.

[7] 李刚. Struts 2.x 权威指南[M]. 3 版. 北京：电子工业出版社，2012.

[8] 李刚. 基于 J2EE 的 Ajax 宝典[M]. 北京：电子工业出版社，2007.

[9] 孙浏毅. Java 宝典[M]. 北京：电子工业出版社，2009.

[10] 邹竹彪. JSP 宝典[M] . 北京：电子工业出版社，2007.